中国区域环境变迁研究丛书

主　编：王利华

副主编：侯甬坚　周　琼

中国区域环境变迁研究丛书

“十三五”国家重点图书出版规划项目

# 矿业·经济·生态：

## 历史时期金沙江云南段环境变迁研究

耿金　和六花　著

中国环境出版集团·北京

图书在版编目（CIP）数据

矿业·经济·生态：历史时期金沙江云南段环境变迁研究
/耿金，和六花著. —北京：中国环境出版集团，2020.4
（中国区域环境变迁研究丛书）
ISBN 978-7-5111-4323-5

Ⅰ. ①矿… Ⅱ. ①耿…②和… Ⅲ. ①金沙江流域—区域生态环境—变迁—云南—清代 Ⅳ. ①X321.274

中国版本图书馆 CIP 数据核字（2020）第 051659 号

出 版 人　武德凯
责任编辑　李雪欣
责任校对　任　丽
封面设计　彭　杉

出版发行　中国环境出版集团
（100062　北京市东城区广渠门内大街 16 号）
网　　址：http://www.cesp.com.cn
电子邮箱：bjgl@cesp.com.cn
联系电话：010-67112765（编辑管理部）
发行热线：010-67125803，010-67113405（传真）
印　　刷　北京中科印刷有限公司
经　　销　各地新华书店
版　　次　2020 年 4 月第 1 版
印　　次　2020 年 4 月第 1 次印刷
开　　本　880×1230　1/32
印　　张　8.25
字　　数　190 千字
定　　价　35.00 元

# 总 序

环境史研究是生态文化体系建设的一项基础工作，也是传承和弘扬中华优秀传统、增强国家文化实力的一项重要任务。环境史家试图通过讲解人类与自然交往的既往经历，揭示当今环境生态问题的来龙去脉，理解人与自然关系的纵深性、广域性、系统性和复杂性，进一步确证自然界在人类生存发展中的先在、根基地位，为寻求人与自然和谐共生之道、迈向生态文明新时代提供思想知识资鉴。

中国环境出版集团作为国内环境科学领域的权威出版机构，以可贵的文化情怀和担当精神，几十年来一直积极支持环境史学著作出版，近期又拟订了更加令人振奋的系列出版计划，令人感佩！即将推出的这套“中国区域环境变迁研究丛书”就是根据该计划推出的第一批著作。其中大多数是在博士论文的基础上加工完成的，其余亦大抵出自新生代环境史家的手笔。它们承载着一批优秀青年学者的理想，也寄托着多位年长学者的期望。

环境史研究因应时代急需而兴起。这门学问的一些基本理念自 20 世纪 90 年代开始被陆续介绍到中国，20 多年来渐渐被学界和公众所知晓和接受，如今已经初具气象，但仍然被视为一种“新史学”——在很大意义上，“新”意味着不够成熟。其实，在西方环境史学理念传入之前，许多现今被同仁归入环境史的具体课题，中国考古学、地质学、历史地理学、农林史、疾病灾害史等诸多领域的学者早就开展了大量研究，中国环境史学乃是植根于本国丰厚的学术土壤而生。这既是她的优势，也是她的负担。最近一个时期，冠以“环境史”标题的课题和论著几乎呈几何级数增长，但迄今所见的中国环境史学论著（包括本套丛书在内），大多是延续着此前诸多领域已有的相关研究课题和理路，仍然少有自主开发的“元命题”和“元思想”，缺少自己独有的叙事方式和分析工具，表面上热热闹闹，却并未在繁花似锦的中国史林中展示出其作为一门新史学应有的风姿和神采，原因在于她的许多基本学理问题尚未得到阐明，某些严重的思想理论纠结点（特别是因果关系分析与历史价值判断）尚未厘清，专用“工具箱”还远未齐备。那些博览群书的读者急于了解环境史究竟是一门有什么特别的学问？与以往诸史相比新在何处？面对许多与邻近领域相当“同质化”乃至“重复性”的研究论著，他们难免感到有些失望，有的甚至直露微词，对此我们常常深感惭愧和歉疚，一直在苦苦求索。值得高兴的是，中国环境史学不断在增加新的力量，试掘新的园地，结出新的花果。此次隆重推出的 20 多部新人新作就是其中的一部分——不论可能受到何种批评，它们都很令人鼓舞！

这套丛书多是专题性的实证研究。它们分别针对历史上的气候、地貌、土壤、水文、矿物、森林植被、野生动物、有害微生物（鼠疫杆菌、疟原虫、血吸虫）等结构性环境要素，以及与之紧密联系的各种人类社会事务——环境调查、土地耕作、农田水利、山林保护、矿产开发、水磨加工、景观营造、城市供排水系统建设、燃料危机、城镇兴衰、灾疫防治……开展系统的考察研究，思想主题无疑都是历史上的人与自然关系。众位学者从各种具体事物和事务出发，讲述不同时空尺度之下人类系统与自然系统彼此因应、交相作用的丰富历史故事，展现人与自然关系的复杂历史面相，提出了许多值得尊重的学术见解。

这套丛书所涉及的地理区域，主要是华北、西北和西南三大板块。不论从历史还是从现实来看，它们在伟大祖国辽阔的疆域中都具有举足轻重的地位。由于地理环境复杂、生态系统多样、资源禀赋各异，成千上万年来，中华民族在此三大板块之中生生不息，创造了异彩纷呈的环境适应模式，自然认知、物质生计、社会传统、文化信仰、风物景观、体质特征、情感结构……都与各地的风土山水血肉相连，呈现出了显著的地域特征。但三大板块乃至更多的板块之间并非分离、割裂，而是愈来愈亲密地相互联结和彼此互动，共同绘制了中华民族及其文明“多元一体”持续演进的宏伟历史画卷。

我们一直期望并且十分努力地汇集和整合诸多领域的学术成果，试图将环境、经济、社会作为一个相互作用、相互影响的动态整体，采用广域生态—文明视野进行多学科的综合考察，以期构建较为完整的中国环境史学思想知识体系。但是实现这个愿望绝不可能一蹴而就，只能一步一步去推进。就当下情形而言，应当采取的主要技术路线依然是大力开展区域性和专题性的实证考察，不断推出扎实而有深度的研究论著。相信在众多同道的积极努力下，关于其他区域和专题的系列研究著作将会陆续推出，而独具形神的中国环境史学体系亦将随之不断发展成熟。

我们继续期盼着，不断摸索着。

王利华

2020年3月8日，空如斋避疫中

# 目　录

# 绪　论

## 一、导言

环境史研究人类与自然环境之间的互动关系。广义的环境史研究主要包括三个方面的内容：自然环境的自我塑造、人类对自然环境的塑造以及环境对人类的影响与制约。在上亿年的时间跨度中，地球物种的自我变化从未停止，此乃自然环境的自我塑造过程，而不是人文社会科学所要研究的重点；相比之下，人类对自然环境的改变及自然环境对人类的制约则是环境史研究最重要的内容。

江河湖海沿岸是人类居住生活的主要场域，在人类文明史上，人类多依水而居，形成以河流为中心的文明史。通过对河流流域历史的研究，可以更深入地理解流域内人群的生活方式与环境之间的关系。对江河流域历史的研究一直是历史地理学者长期关注的重要问题。近些年，不少学者突破水利史的研究路径，以水域为研究空间，探讨以水域为核心而形成的人群关系、人地关系以及人与环境之间的互动关系。[①]并且希望能从水域视角去重新书写中国历史。在学界也一直有从“流域”来解释区域社会发展进程的传统，国内学者王尚义倡导从地理学视角研究“历史流域”，认为地理学作为一门综合性的学科，不仅研究自然环境的演变规律，也研究不同空间尺度环境变迁中的人类活动干预，探讨人地关系。以流域为单元，从历史观、整体观出发，注重流域的自然属性、人文轨迹、历史演化及其动态发展规律，可以揭示不同流域可持续发展的历史渊源和基本内涵，从而为全球变化的区域响应研究提供科学依据。[②]王赓武先生则在《世界历史：陆地与海洋》一文中，从更大的视角将陆地与海洋作为两种书写历史的路径来探讨，他指出：“我的兴趣使我关注人类是怎样适应高原、草原、沙漠、湿地、江河湖海等不同自然环境，并生存下去，又如何形成与其地理条件相契合的政权体系。”[③]因此，探讨江河流域内人与环境之间的互动关系，不仅可以揭示区域社会发展的驱动因素，从更大视角而言，更是人类社会演进解释的区域脚注。

金沙江是最早有人类活动的地区之一，云南楚雄元谋人在 170 余万年前就居住生活在这片地区。人类在金沙江沿岸耕作、采矿、经商贸易，这些人类活动是金沙江历史的重要组成部分。进入明、清以后，人类对金沙江流域的环境开发与改造力度加大，这种改变直接影响到今天该流域的环境状况。因此，我们以清代以来金沙江

① 徐斌：《以水为本位：对“土地史观”的反思与“新水域史”的提出》，《武汉大学学报（人文科学版）》2017 年第 1 期；刘师古：《清代内陆水域渔业捕捞秩序的建立及其演变——以江西鄱阳湖区为中心》，《近代史研究》2018 年第 3 期；等。

② 王尚义、李玉轩、马义娟：《地理学发展视角下的历史流域研究》，《地理研究》2015 年第 1 期。

③ 王赓武：《世界历史：陆地与海洋》，《国家航海》（第二十辑），上海：上海人民出版社，2018 年，第 171 页。

流域矿业开发为观察视角，集中分析矿业开发本身对环境的影响，以及由开矿带来的农业开发及其对环境变迁之影响。

金沙江流域处于长江上游，范围大致包括今青海省玉树藏族自治州部分县市、西藏自治区的东部地区、四川省西部的大部分、云南省北部以及贵州省部分区域。金沙江自云南省迪庆藏族自治州德钦县进入云南省境，流经迪庆、丽江、大理、楚雄、昆明、曲靖、昭通等 7 个地州（市），涉及 47 个县市。[①]该区域民族众多，矿产资源丰富。从地质构造上说，金沙江—哀牢山弧盆系是西南三江地区最重要的一条构造地带，也是重要的铜、金矿成矿带。

本书以矿业开发作为考量云南省北部金沙江流域环境变迁的重要参考因素，而在具体区域，矿业种类分布有别：在金沙江滇西段，我们以当地金矿的开采为例，具体分析历史时期当地的金矿开采过程，以及金矿开采对区域环境的影响。金沙江滇东北段则主要关注铜矿开采。在本书结构安排上，先述矿业开发过程，再论矿业开发所引发的社会、经济与环境影响。

云南黄金生产持续了上千年的历史，从“滇境多山少树，石率产五金，金、银、铜、锡，在在有之”[②]的认识到享有“有色金属王国”美誉，黄金生产贯穿了整个云南的社会历史发展进程。云南黄金生产经历了从古代先民采用土法开采埋藏于“沙中浪底”的黄金并冶炼制作各种黄金制品，到近代采用各种技术和机械开采冶炼黄金的历程，黄金生产在云南历史上写下了绚丽的篇章。政府从征收黄金贡品和课金，发展到 1949 年以后国家统一管理黄金勘探开采销

① 席承藩、徐琪、马毅杰等：《长江流域土壤与生态环境建设》，北京：科学出版社，1994 年，第 1 页。
② （清）陈弘谋：《大学士广宁张文和公神道碑》，《碑传集》卷二六，转引自中国人民大学清史研究所编：《清代的矿业》（上册），北京：中华书局，1983 年，第 77 页。

售；黄金开采模式从穷民“农隙淘洗”到“听民开采官取其课”，再到设厂开矿；黄金产量从年产数十两到具备全国产金“万两”县；黄金储备也从“在在有之”到“硐老山空”，云南黄金开发经历了一个不断变化发展的历程。黄金生产给云南创造着巨大的财富，成千上万的淘金人靠淘金维持生计，区域环境也随着黄金开采这一有意识的人类生产生活活动发生了一系列的变迁。

文献史料中不乏云南黄金的记载，古代的正史、政书、方志和私人编纂的笔记、文集和游记中，皆有云南黄金、采金之法、产量等记载。民国时期，更有不少文人学者涉足矿山水侧，开展实地调查，留下了有关云南黄金生产的重要资料。“层层金沙淘不尽，浩荡江水永不停”[①]的金沙江，因盛产砂金闻名，是云南重要的黄金产地。金沙江砂金的来源丰富、广杂，是一条名副其实的黄金水道。唐代文献中有今滇西地区产金的记载，元代以后的文献中提及金沙江必记“金，出金沙江，淘洗得之。”[②]金沙江淘金自古有之，多是附近穷民“农隙淘洗”[③]，官府抽取金课。清代，金沙江金厂成为云南“四大”金厂之一。民国年间，政府组织相关人员对金沙江的矿产资源进行调查勘探，金沙江淘金进入了有规模的开采阶段。中华人民共和国成立以后，进一步加强对金矿的科学勘探、开采和经营管理，20世纪80年代以后，金沙江进入机械淘金时期。时至今日，金沙江滇西段沿线到枯水季节仍可看到零星的淘金者。笔者多次走访金沙江滇西段后发现，区域内很多地方都有淘金的历史，现今的居民中还有很多人过去曾淘洗过砂金。众多与淘金有关的地名、故事、传

① 《鲁般鲁饶》，《纳西东巴古籍译注（一）》，昆明：云南民族出版社，1986年，第144页。
② 《元一统志·丽江路二州》，方国瑜主编：《云南史料丛刊》（第三卷），昆明：云南大学出版社，1998年，第94页。
③ 谢彬：《云南游记》，上海：中华书局，1938年，第125页。

说、歌谣、谚语等仍在区域内流传，部分居民家中还存放着金床、金盆等淘金工具。

淘金是金沙江流域数千年漫漫历史长河中不可忽视的历史因素。区域内的居民世代繁衍生活在金沙江边，望着金江水，吃着江中鱼，淘洗江中金。区域居民“靠山吃山，靠水吃水”，依靠区域内丰富的资源进行着日复一日的生产生活。区域环境随着人们的生产生活，也不断变化着它的历史妆容。淘金作为人类有意识的社会生产生活活动，带来了区域内社会环境的变迁。区域内的黄金资源不断萎缩，地质构造、地表环境遭到破坏，水资源受到极大的污染，区域内的生物资源也受到直接或间接的危害。淘金是金沙江沿岸历史变迁中一个重要的因素，区域自然环境和社会环境变迁都与之息息相关。

云南黄金生产史和金沙江淘金史，是云南社会历史发展的重要部分。对云南地方史研究，特别是滇西地区的区域发展史研究有重要的补充意义。长江作为中国的“母亲”河流，长江环境变迁问题关乎重大。近年来，长江流域环境问题的日益严峻，对长江流域乃至整个中国的社会经济发展和人民的生产生活产生了重大的影响。针对长江上游的人类活动、社会发展模式、资源环境变迁情况的研究有重要的现实和历史意义。本书把金沙江淘金与环境变迁结合起来研究，探讨区域社会发展史和环境变迁的关系，既可梳理云南黄金生产史和金沙江淘金史，又可丰富长江环境史研究，因而这是一个兼具学术意义和现实意义的研究课题。

历史时期，金沙江流域的矿业开发较早，而又以清代中期东川、昭通地区的铜矿开发最为引人瞩目，该区域的铜矿开发，成为清朝铸币原材料的重要来源。自清雍乾时期，东川、昭通地区的矿业开发逐步达到兴盛，由于开矿，大量移民进入滇东北地区，围绕当地的矿业开发，又形成了因人口集中而导致的粮食不足问题，由此拉开了清代滇东北地区的农业开发大幕。对滇东北地区矿业开发导致的环境破坏，具体以森林覆被率的影响而言，最新的研究结果也表明：矿业确实严重地破坏了森林，但却不是森林消失的唯一原因，滇东北森林消失的原因是多元的，与农业垦殖及商业、柴薪需求等也有密切的关系。[1]而不可否认的是，滇东北地区的农业开发，有很大部分的推动因素是由于矿业开发导致移民大量进入。因此，从矿业开发角度来分析滇东北地区的粮食供给问题，及由此而带来的农业开发问题，以及这些矿业和农业发展等经济活动行为所造成的环境问题，都具有十分重要的研究价值与意义。

中游下段的研究内容，主要基于以下考虑：首先，滇东北矿产集中，昭通以银矿、东川以铜矿最为集中，可以从整体上视为一个复合型矿业区。其次，矿区的粮食问题相比于云南矿业开采的研究而言，缺乏系统梳理、整合，这是本书研究的一个重要切入口与突破口。

金沙江滇东北段在清代是云南矿业开采最集中、产量最高、规模最大的矿业集中区。初步认为，矿业开采一方面推动着当地社会经济向前发展；另一方面，却又对当地的生态环境带来巨大的破坏，这种破坏不仅是来自开矿本身对森林植被的采伐，也有来自为供应矿区粮食需求而进行的大规模农业垦殖。这种“开发”对森林的破坏是十分严重的。自清中期以后，伴随着滇东北地区的森林被大量砍伐，野生动植物逐渐减少、消亡；而内地农业垦殖的推进，也使

① ［德］金兰中：《清中期东川矿业及森林消耗的地理模型分析（1700—1850）》，周琼译，《云南社会科学》2017 年第 2 期。

原本多元化的滇东北农业生态系统趋于单一化。

清代云南粮食问题的整体研究仍较为薄弱，粮食问题研究还有较大的空间，既有研究主要涉及农业政策、水利、农业开垦、赋税等方面，而对粮食供应问题及粮食需求与生态平衡之间的关系研究不多见。本书以矿区粮食供应为切入点，讨论的是清代金沙江滇东北段的生态变迁历程，复原当地生态变迁轨迹，揭示生态变迁的内在动因。

本书金沙江滇西段淘金与环境变迁集中在现今迪庆、丽江、大理、楚雄境内的河段，时间集中在明清以降，这是金沙江滇西段淘金最为兴盛的时期，也是金沙江环境变迁最为迅速的时期。金沙江滇东北段的环境变迁研究时段集中于清代。具体而言，以滇东北地区划归云南开始，即清雍正五年以后直到清朝结束（1727—1911年）。区域包括清代云南政区管辖下的东川府和昭通府，相当于今天的昭通市全部辖区（昭阳区、鲁甸县、巧家县、盐津县、大关县、永善县、绥江县、镇雄县、彝良县、威信县和水富县）、昆明市东川区以及曲靖市会泽县 13 个县（区）。在清代主要隶属昭通府和东川府管辖。清雍正四年、五年（1726 年、1727 年）以前，东川府、昭通府属于四川省，雍正四年（1726 年），东川府划归云南，雍正五年（1727 年）昭通划归云南，自此，滇东北地区整体区划格局形成。

## 二、学术史

### 1. 清代云南矿业开发与环境变迁

清代云南的矿业研究一直是云南地方史研究中的热点和重点，

矿业开发涉及移民史、经济史、政治史等方方面面的内容，研究成果较多，诸如，严中平的《清代云南铜政考》[①]，论述了清代云南铜矿政策及滇铜产量及运输等方面的问题；董孟雄的《云南近代地方经济史研究》[②]一书，则论述了云南近代铜矿业的发展历程和生产关系，着重阐述了炉、槽、炭、马的经营方式；张增祺《云南冶金史》[③]一书，及云南大学历史系编的《云南冶金史》[④]，夏湘蓉、李仲均、王根元的《中国古代矿业开发史》[⑤]，以及方铁、方慧的《中国西南边疆开发史》[⑥]都对清代云南铜矿的发展历程和云南铜矿兴盛的表现和原因等进行了阐述。中国台湾地区的学者研究也较多，诸如全汉升的《清代云南铜矿工业》、邱澎生的《十八世纪云南铜材市场中的官商关系与利益观念》[⑦]等。此外，日本学者也关注清朝对本国铜矿采买及滇铜兴盛后的铜源体系的转变过程。[⑧]其他涉及矿业开发政策、制度等相关问题的研究在此不一一列出。

需要着重述及的是杨寿川先生最新出版的《云南矿业开发史》，该书总论了云南矿业开发历史进程，吸收了目前关于云南矿业研究的最新研究成果，是杨氏长期从事矿业经济史研究的集大成之作，全书分古代篇和近代篇，古代分时段论及铜、锡、铅、金、银、铁、锌 7 种金属矿产的开发历史，近代篇则扩大为 12 种金属矿产，即金、

① 严中平：《清代云南铜政考》，北京：中华书局，1957 年。
② 董孟雄：《云南近代地方经济史研究》，昆明：云南人民出版社，1991 年。
③ 张增祺：《云南冶金史》，昆明：云南美术出版社，2000 年。
④ 云南大学历史系编：《云南冶金史》，昆明：云南人民出版社，1980 年。
⑤ 夏湘蓉、李仲均、王根元：《中国古代矿业开发史》，北京：地质出版社，1980 年。
⑥ 方铁、方慧：《中国西南边疆开发史》，昆明：云南人民出版社，1997 年。
⑦ 全汉升：《清代云南铜矿工业》，《香港中文大学中国文化研究所学报》1974 年第 1 期；邱澎生：《十八世纪云南铜材市场中的官商关系与利益观念》，《“中央研究院历史语言研究所”集刊》2001 年 3 月。
⑧ [日] 中岛敏：《清代铜政中的洋铜与滇铜》，《东洋史学论集》，东京：汲古书院，1988 年。

银、铜、铁、锡、铅、锌、钨、锑、钴、锰、铝，是一部全面、系统论述云南矿业开发历史的专著。[①]

此外，李中清专著《中国西南边疆的社会经济：1250—1850》[②]统计了大量数据，并进行了空间分析，对解释云南矿业开采中的许多问题具有创新性。近几年，马琦有多篇文章论述清代云贵矿业，其中《清代前期矿产开发中的边疆战略与矿业布局——以铜铅矿为例》[③]一文认为，清代前期矿产开发具有边疆倾向，国家“开边禁内”思想成为了矿业开发的政策导向。这种边疆倾向也可称为清代矿业开发中的边疆战略，受这种战略的影响，大量内地人口移民边疆，使云贵地区成为了全国性的矿产中心。其博士论文《国家资源：清代滇铜黔铅开发研究》[④]从国家资源角度对滇铜、黔铅开发的内在原因、产量及运输路线等进行了分析，也涉及矿区的人口、粮食供应等问题。

近年来，在对矿区矿业开发研究中，关注矿业开发对生态环境影响的成果逐渐增多，其中蓝勇的《历史时期西南经济开发与生态变迁》对云南矿区的森林植被破坏与矿业开发之间的关系进行过阐述，较早关注云南矿业开发对生态环境之影响[⑤]。杨煜达的《清代中期（公元1726—1855年）滇东北的铜业开发与环境变迁》聚焦清中期的滇东北铜矿区，对开矿所造成的森林破坏进行量化分析，深入

---

① 杨寿川：《云南矿业开发史》，北京：社会科学文献出版社，2014年。

②［美］李中清：《中国西南边疆的社会经济：1250—1850》，林文勋、秦树才译，北京：人民出版社，2012年。

③ 马琦：《清代前期矿产开发中的边疆战略与矿业布局——以铜铅矿为例》，《云南师范大学学报（哲学社会科学版）》2012年第5期。

④ 马琦：《国家资源：清代滇铜黔铅开发研究》，博士学位论文，昆明：云南大学，2011年。

⑤ 蓝勇：《历史时期西南经济开发与生态变迁》，昆明：云南教育出版社，1992年。

探讨了开矿与森林植被遭到破坏之间的定量关系。[①]周琼在专著《清代云南瘴气与生态变迁研究》中专辟一节《清代云南矿业经济的发展与瘴气区域的变迁》，对矿业开发与云南生态环境之间的关系进行论述，包括金属矿冶业及盐业的开采及冶炼、熬煮等对云南生态环境之破坏与影响，认为清中后期，确切说是从康熙末年以后，云南各种矿产如雨后春笋般兴起，极大地改变了当地的自然环境，矿区周围森林生态变化的速度加剧，森林覆盖率锐减。[②]对于开矿所造成的森林覆被锐减，刘德隅在《云南森林历史变迁初探》一文中也有森林变迁的宏观阐述，认为近三百年是云南森林变化最为剧烈的时期，在影响森林覆盖率的因素中，开矿位居首位，其次是农业垦殖与生活需要，最后是工业与建筑所耗费之林木。森林不断遭受破坏，对生态影响最直接的反映是加重了山区的自然灾害、河流含沙量增多、泥石流为害加剧、气候不断恶化，甚至影响生物的种群稳定。[③]王德泰、强文学的《清代云南铜矿的开采规模与西南地区社会经济开发》一文也有关于开矿与生态关系的论述，文章不仅仅强调在矿区生态环境变迁中的开矿、炼矿因素，而是指出矿业开发不是导致当地生态变化的唯一原因，矿区人口增加、开垦耕地力度加大也是其中十分关键的因素。[④]

本书对金沙江云南段之矿业开发与环境变迁的阐述，首论金矿，次及铜矿。云南黄金生产情况在文献中早有记载，但资料分散、零

① 杨煜达：《清代中期（公元1726—1855年）滇东北的铜业开发与环境变迁》，《中国史研究》2004年第3期。

② 周琼：《清代云南瘴气与生态变迁研究》，北京：中国社会科学出版社，2007年，第356-406页。

③ 刘德隅：《云南森林历史变迁初探》，《农业考古》1995年第3期。

④ 王德泰、强文学：《清代云南铜矿的开采规模与西南地区社会经济开发》，《西北师范大学学报》2011年第5期。

碎，不易查找；对云南黄金生产史的研究也极少，研究程度尚停留在阐述阶段。铜矿、银矿等矿产资源的开采，需要消耗森林资源来提炼所需的矿物，对自然环境的破坏较为显著。因而，有关滇铜、滇银的开采与环境变迁问题目前学术界关注较多。相比之下，传统的金矿开采，对自然环境的影响是相对较小的，直到近代采用机械化开采对自然环境造成的破坏日益显著，才逐渐引起了重视。到目前为止，尚未发现有关云南黄金生产史和环境变迁的系统研究，涉及选题部分内容的相关研究主要有以下三个方面：

第一，从历史学的角度出发，对云南金矿史的研究。矿产是处于西南边陲的云南与历代中央王朝联系的一个重要的交接点，也是学术研究热点。近代编写的矿产史志和云南省、市、县志中的物产志均有相关记载，但多只记云南金矿床的分布和简单的金矿开发史。《云南矿产志略》[①]《云南产业志》[②]《云南迤西金沙江沿岸之沙金矿业简报》等是民国时期最具代表性的成果，同时，这一时期组织编纂的一系列调查报告提供了当时矿业状况的第一手资料。两部《云南冶金史》，简明地梳理了云南冶金发展史，其中包含了金矿开采史内容。《云南近代矿业档案史料选编》《云南金矿历史资料》（上、下）[③]，对云南省金矿档案和文献史料进行了汇总，资料翔实可靠。杨寿川等的《滇金史略——兼述当今开发滇金的几个问题》[④]一文，对有关云南黄金的历史文献加以综合与分析，简要地概述了云南黄

① 朱熙人、袁见齐等：《云南矿产志略》，林超民、缪文远等编：《中国西南文献丛书》（第三辑）第二十九卷，兰州：兰州大学出版社，2003 年。

② 云南地志编辑处：《云南产业志》，林超民、缪文远等编：《中国西南文献丛书》（第三辑）第二十九卷，兰州：兰州大学出版社，2003 年。

③ 张聚星：《云南金矿历史资料》（上、下），《云南文史》1989 年第 3、4 期。

④ 杨寿川、张永俐：《滇金史略——兼述当今开发滇金的几个问题》，《思想在线》1995 年第 6 期。

金生产史，并对当代云南黄金开发作了一些思考。《永胜县黄金生产史》[①]《金沙江的故乡——太极》[②]《千淘万虑虽辛苦，沙中浪底始得金》[③]等文章，都介绍了金沙江沿岸的砂金矿生产历史和淘金状况，但未做深入的考究。此外《云南主要金属矿产开发史研究》[④]《云南金矿开发史料与勘查成果对比研究》[⑤]《史料考证与找矿（之一）：金矿》[⑥]等文章也有部分内容叙述了云南金矿的历史和史料记载情况。这些研究，宏观地梳理了金矿历史资料和云南黄金生产史，部分涉及金沙江砂金矿和淘金。但资料收集整理的成分较多，还有很大的深入研究空间，部分观点有待斟酌。

第二，从地理学、矿冶学的角度出发，这方面的研究成果显著，为探讨云南黄金储备情况和环境变迁情况提供了理论支撑和数据支持。其一，云南黄金勘探、地理分布、黄金成矿原因等方面的研究，研究成果相当丰富。《金沙江流域（云南段）砂金成因类型及其找矿前景》[⑦]《三江（云南段）铜金多金属找矿问题思考之二》[⑧]《云南省的主要金矿类型及重点找矿区域研究》[⑨]《云南省金矿资源远景评

---

① 李培、李樾：《永胜县黄金生产史》，《永胜文史资料选辑》（第三辑），内部资料，1991年印刷，第165页。

② 木平：《金沙江的故乡——太极》，《丽江日报》1995年12月22日，第4版。

③ 《千淘万虑虽辛苦，沙中浪底始得金》，《丽江日报》1994年4月30日，第2版。

④ 薛步高：《云南主要金属矿产开发史研究》，《矿产与地质》1999年第2期。

⑤ 薛步高：《云南金矿开发史料与勘查成果对比研究》，《地质与勘探》1998年第1期。

⑥ 薛步高：《史料考证与找矿（之一）：金矿》，《云南地质》2002年第1期。

⑦ 黄仲权、史清琴：《金沙江流域（云南段）砂金成因类型及其找矿前景》，《云南地质》2001年第3期。

⑧ 潘龙驹：《三江（云南段）铜金多金属找矿问题思考之二》，《有色金属矿产与勘查》1999年第4期。

⑨ 高振敏、罗泰义：《云南省的主要金矿类型及重点找矿区域研究》，《黄金科学技术》1998年第5-6期合刊。

估》[1]等相关研究论述了黄金矿产的概况。此外，昆明贵重金属研究所、昆明冶金研究所、武警黄金总队等相关机构也进行着持续跟进研究。其二，云南和金沙江生态环境问题研究。自从“三江并流”被列入世界自然文化遗产，相关部门和学术界意识到这一研究领域的重要性，研究成果丰富。《金沙江流域的生态变迁》[2]《云南省金沙江流域生态环境建设的问题与对策研究》[3]《“三江源”地区主要生态环境问题与对策》[4]《金沙江流域生态保护与建设决策支持系统》[5]等文章从宏观角度讨论了金沙江的生态环境变化情况、现状、存在的问题和政策措施等内容。《金沙江流域输沙特性分析》[6]《金沙江泥沙输移特性及人类活动影响分析》[7]《金沙江流域泥沙演变过程及趋势分析》[8]等研究选取具体的环境因子，统计分析数据并讨论环境变迁情况。此外，部分近代编写的通史、云南地方史中都有关于云南矿业的部分，20 世纪 50 年代的少数民族历史调查，近年来的金沙江流域内民族、经济、社会生活的调查报告，也提供了丰富的资料。但这些成果相对零碎，资料上也需进一步考证。

第三，就理论借鉴而言。运用多学科的知识，进行特定区域内

---

① 黄怀勇、张洪恩等:《云南省金矿资源远景评估》,《黄金科学技术》2002 年第 3 期。
② 李锦:《金沙江流域的生态变迁》,《中华文化论坛》2003 年第 1 期。
③ 杨庆媛、汪军等:《云南省金沙江流域生态环境建设的问题与对策研究》,《西南师范大学学报（自然科学版)》2003 年第 3 期。
④ 董锁成、周长进、王海英:《“三江源”地区主要生态环境问题与对策》,《自然资源学报》2002 年 11 月。
⑤ 吴升、华一新等:《金沙江流域生态保护与建设决策支持系统》,《地球信息科学》2004 年第 4 期。
⑥ 潘久根:《金沙江流域输沙特性分析》,《水土保持通报》1997 年第 5 期。
⑦ 邓贤贵、黄川友:《金沙江泥沙输移特性及人类活动影响分析》,《泥沙研究》1997 年第 4 期。
⑧ 黄川、娄霄鹏等:《金沙江流域泥沙演变过程及趋势分析》,《重庆大学学报》2002 年第 1 期。

人口、资源、环境三者的互动研究。目前的研究理论、思路、研究模式值得参考借鉴，但多局限于历史地理学、人口史、经济史等有限的专业领域。一定程度上呈现出分而治之的“两张皮”现象：一方面罗列人口发展状况，另一方面展示资源、环境问题。事实上，人口、资源、环境三者是一个系统体系中的有机组合，合理处理三者之间的相互关系也是研究中应该注意的问题。

2．清代云南农业开发与粮食供应研究

（1）农业开发研究

矿业移民构成了清代移民的重要组成部分，移民带来的粮食需求供给问题，成为云南粮食供应问题的重要环节。学术界对清代云南农业研究已取得极大成就，但主要关注点还是农业政策、赋税、人口移民与农业开垦的关系、水利修建，等等，如韩杰在《明清时期云南的农业垦殖》[1]一文中，对明清以来云南的农业垦殖的条件、特点进行论述，在文中也涉及农业不合理开垦导致的生态与社会问题。秦树才从军事史的角度探讨了清代云南农业开发，认为由于绿营兵制本身的原因，清政府为缓解军费而鼓励绿营兵及其家属从事农业生产，绿营兵及其家属、与绿营兵有着密切联系的移民构成了清代云南耕地垦殖、农业开发的重要力量。由于云南的绿营兵和移民都经历了一个以云南腹里地区为主要分布区向以边疆为分布中心的转化，汛塘的设置与增量又使各地区的人口由本地平坝地区和经济、文化发展水平较高的地区向山区扩散，故清代云南农业不但在整体发展水平上较明代更进一步，而且边疆和山区的农业也获得了

① 韩杰：《明清时期云南的农业垦殖》，《纪念李埏教授从事学术活动五十周年史学论文集》，昆明：云南大学出版社，1992年。

前所未有的发展，形成了清代云南经济发展中最为显著的特点。[①]王文成在《清末民初云南农业政策述论》[②]一文中认为咸同以后，云南的农业生产遭受到了严重破坏，农业人口急剧减少，耕地大量荒芜，农业走向衰败。为改变这样的状况，政府都做出了不断努力，但收效甚微。将农业生产与生态环境进行研究的成果目前并不是太多，但也有一些高质量的研究成果，诸如杨伟兵、周琼等人，对清代云南的农业与生态环境之间的关系进行论述。杨伟兵的《云贵高原的土地利用与生态变迁（1659—1912）》[③]分为上、中、下三篇，偏重对土地利用的探讨，论述了清代以来云贵高原的经济和社会背景、土地利用形式、环境变迁及生态响应，土地利用中以农业垦殖为主。周琼《清代云南瘴气与生态变迁研究》[④]则以瘴气为立足点，通过对影响瘴气变迁的因素，诸如农业生产、矿业开发、人口移民等角度，对清代云南生态环境变迁状况进行解析。其中对农业开垦与瘴气区域变迁、高产作物种植与生态变化、开矿等对云南生态的破坏等进行了详细论述，是研究清代云南生态环境变迁的代表作。

此外，蓝勇从宏观上论述了西部地区农业垦殖的负面影响，其在《西部开发史的反思与“西南”、“西北”的战略选择》[⑤]中认为在中国西部开发历史上，在农林牧三业选择的理论和实践中，存在“农业先进”的误区，从根本上看是不注重资源环境与产业的最优配置；

---

① 秦树才：《绿营兵与清代的云南农业开发》，《李埏教授九十华诞纪念文集》，昆明：云南大学出版社，2003年。

② 王文成：《清末民初云南农业政策述论》，《云南社会科学》1995年第6期。

③ 杨伟兵：《云贵高原的土地利用与生态变迁（1659—1912）》，上海：上海人民出版社，2008年。

④ 周琼：《清代云南瘴气与生态变迁研究》，北京：中国社会科学出版社，2007年。

⑤ 蓝勇：《西部开发史的反思与“西南”、“西北”的战略选择》，《西南师范大学学报（人文社会科学版）》2001年第5期。

在这种思想指导下，历史上西部屯田的经济效益并不高，且对生态的负面影响十分大。西南地区的农业开发也有极大的盲目性与随意性，这些都是农业开发不适应当地环境的最直接反映。张建民的《明清长江流域山区资源开发与环境演变——以秦岭—大巴山为中心》[①]一书，虽然是以秦岭大巴山为中心，但是其关于山区农业开发与生态变迁之间关系的研究可以作为本文研究的重要参考。其他如罗文、陈国生、郑家福合著的《明清云贵少数民族地区农业开发与生态变迁研究》[②]，复原了明清时期云贵两省农业生产和经济变迁的本来面目，包括地理环境、人口和耕地分布、农作物的种类和布局及各民族农业经营特色等，并在此基础上阐述农业开发对生态环境的正、负影响。

在影响清代云南粮食生产、供应的因素中，玉米等高产作物的种植十分重要。在人口压力不断增大、移民人口不断涌入的背景下，玉米等高产作物成为缓解粮食供应不足的有效方式，玉米在清中期的广泛种植，对云南的农业格局、粮食结构等带来巨大影响，而这也在慢慢影响着清代云南的生态环境。“粮食生产革命和人口爆炸是互为因果的”[③]，人口的增长与美洲作物的种植在清代云南历史上互为因果，一方面人口的聚集增加了粮食的需求量，导致美洲高产作物的广泛种植；另一方面，高产作物生产更多粮食，又为人口再次增长提供了物质基础。一般而言，外来农作物的引入以及盲目的扩大推广，将会导致该地区农作物物种结构的变化，这种变化通常会

① 张建民：《明清长江流域山区资源开发与环境演变——以秦岭—大巴山为中心》，武汉：武汉大学出版社，2007年。

② 罗文、陈国生、郑家福：《明清云贵少数民族地区农业开发与生态变迁研究》，北京：中国科学文化出版社，2003年。

③［美］何炳棣：《美洲作物的引进、传播及其对中国粮食生产的影响》，《历史论丛》1985年第5期。

诱发意想不到的生态问题。中国传统的粮食作物，对土地资源的要求较为苛刻，一般在高山坡地难以正常生长。但某些来自域外的粮食作物却能在高山坡地上正常产出，如玉米、番薯就是如此。目前关于玉米等高产作物的研究，国内学术界已经取得许多引人注目的成绩。曹玲曾对 20 世纪以来，国内美洲作物种植研究做过系统的梳理，根据时段划分，对各个时期的研究成果及特点进行阐述，并对其间影响较大的文章进行分析，对研究玉米等高产作物有较大帮助。[①]就云南而言，这方面的研究成果也比较丰富。方国瑜先生在《云南地方史讲义》中，较早即对清代云南的高产作物玉米与马铃薯的种植情况进行了详细论述，对玉米、马铃薯进入中国及云南的时间进行考证，并对高产作物对云南的社会经济等各方面的影响进行了评价，认为玉米和马铃薯传至云南，并迅速成为山区的主要农作物，使云南农业经济提高到一个前所未有的水平，这是云南农业经济史上的一次大飞跃。[②]曹树基根据清代地方文献，把这些外来作物种植状况按大量种植、充当主要的农作物、充当主要的食品等三个标准加以划分，认为在道光年间，贵州省与云南省的边远山区已经大量种植了玉米和马铃薯，并且成了当地居民的主粮。[③]这些高产农作物的传入，对于云贵高原的经济开发作用极大。李中清认为这两种高产农作物的引进，为山区开发提供了条件，刺激了云贵高原人口的超常增长。[④]秦和平认为，“玉米和土豆的传入，扩大了食源，提高了食物的数量与质量，为彝族人口的迅速增长提供了必不可少的物质前

① 曹玲：《明清美洲粮食作物传入中国研究综述》，《古今农业》2004 年第 2 期。
② 方国瑜：《云南地方史讲义》（下册），昆明：云南广播电视大学，1983 年，第 171-176 页。
③ 曹树基：《清代玉米、番薯分布的地理特征》，《历史地理研究》1990 年第 2 期。
④ ［美］李中清：《明清时期中国西南的经济发展和人口增长》，《清史论丛》（第五辑），北京：中华书局，1984 年。

提。”[①]此外，周琼等也对高产作物种植及与生态环境之间的关系进行了大量研究，其在《18—19世纪云南玉米和马铃薯的生态史研究》[②]一文中认为清代中后期，玉米、马铃薯等高产农作物在云南山区、半山区广泛种植，促进了清代云南的山区开发及民族经济的发展。但云南生态环境随之发生了重大变迁，半山区、山区的植被因之减少，地表土壤的附着力和凝聚力大大降低，出现了严重的水土流失，河道淤塞，田亩荒废，自然灾害频繁，农业生产受到极大影响。类似的研究还有潘先林的《高产农作物传入对滇、川、黔交界地区彝族社会的影响》[③]。

对玉米、马铃薯等农作物对生态环境的负面影响，做过研究的还有蓝勇[④]、赵冈[⑤]、张芳[⑥]、张祥稳[⑦]、张建民[⑧]等学人。这些学者对玉米等高产农作物的普遍种植，所导致的生态变迁均有不同程度涉及。但关于玉米等高产作物对滇东北矿区的粮食供应及对区域内的环境影响，大多学者均未给予足够关注，还有研究的必要与空间，这也是本书要解决的问题。

（2）粮食问题研究

山多地少的滇东北，一方面是清代最主要的矿业开发区，特别

---

① 秦和平：《论清代凉山彝族人口发展的原因及其相关的问题》，《民族研究》1992年第1期。
② 周琼、李梅：《清代中后期云南山区农业生态探析》，《学术研究》2009年第10期。
③ 潘先林：《高产农作物传入对滇、川、黔交界地区彝族社会的影响》，《思想战线》1997第5期。
④ 蓝勇：《明清美洲农作物引进对亚热带山地结构性贫困形成的影响》，《中国农史》2001年第4期。
⑤ ［美］赵冈等编著：《清代粮食亩产量研究》，北京：中国农业出版社，1995年。
⑥ 张芳：《明清时期南方山区的垦殖及其影响》，《古今农业》1995年第4期。
⑦ 张祥稳、惠富平：《清代中晚期山地种植玉米引发的水土流失及其遏止措施》，《中国农史》2006年第3期。
⑧ 张建民：《明清农业垦殖论略》，《中国农史》1990年第4期。

是东川乃清政府铜矿资源的主要产地；另一方面，又是云南最主要的缺粮地区，有清一代滇东北的粮价在云南全省都是最高的。

目前，学界关于清代粮食供应问题的研究成果丰硕，其中，又以粮价问题研究最为集中。王跃生的《清代人口与粮食供应》[①]对清代全国的人口增长与粮食供给之间的关系进行宏观阐述。彭凯翔对影响清代粮价波动的因素进行分析，并得出18世纪粮食亩产下降的主要原因即是生态环境急剧恶化。[②]王业键、黄莹珏认为长期气候变迁与粮价无明显关系。冷期粮价未见上升，暖期未见粮价下跌。这个现象显示货币、人口、水利设施等对于粮价长期变动的影响，比气候冷暖周期变迁的影响还来得大。[③]王砚峰对道光至宣统年间的粮食价格资料进行论述，认为粮价的高低直接影响所有生产者和消费者的生计，亦是百物价格的坐标，粮食价格上涨或下跌，也是社会秩序安定与否的晴雨表，或经济繁荣与经济萧条的温度计。[④]邓亦兵研究了边疆地区的粮食运输状况及与内地粮食运输网络的联系，考述了云南与广西之间的粮食运销路线，指出雍正年间两省交界的驮娘江开通，广西粮食大量输入云南。云南的粮食运路一方面与长江相连，另一方面又通过西江与广西相连。[⑤]邓亦兵还在《清代前期的粮食运销和市场》一文中对粮食流通的运道与销路进行阐述，文章提到云南的粮食市场与内地联系不紧密，是一个相对独立的市

---

① 王跃生：《清代人口与粮食供应》，《学术交流》1992年第4期。

② 彭凯翔：《清代以来的粮价——历史学的解释与再解释》，上海：上海人民出版社，2006年。

③ 王业键、黄莹珏：《清代中国气候变迁、自然灾害与粮价的初步考察》，《中国经济史研究》1999年第1期。

④ 王砚峰：《清代道光至宣统间粮价资料概述——以中国社科院经济所图书馆馆藏为中心》，《中国经济史研究》2007年第2期。

⑤ 邓亦兵：《清代前期周边地区的粮食运销——关于粮食运销研究之四》，《史学月刊》1995年第1期。

场空间。[①]

王水乔的《清代云南米价的上涨及其对策》[②]对清代云南米价长期上涨的原因进行分析，认为导致清代云南米价上涨的主要原因有三：一是自然灾害频仍；二是人口的不断增加；三是交通落后。为应对米价上涨，政府采取了鼓励垦殖、兴修水利、建立仓储制度等措施。其《清代云南的仓储制度》[③]一文则认为云南由于生产力水平低下，加上自然的和社会的因素，清代云南粮食一直短缺，这就决定了仓储制度不能解决日益增长的人口对粮食的需求，尤其是大灾之年，仓储近乎“杯水车薪”。该文虽未直接论述滇东北地区，但也为云南全省的粮食供应情况作了总的交代，有一定的参考价值。

直接论述滇东北矿区的粮食供应问题的研究成果并不太多，就笔者目前所见，主要有：李中清的专著《中国西南边疆的社会经济：1250—1850》大篇幅论述西南地区的粮食生产、再分配及价格等，其中有矿区米价等问题的探讨。[④]刘云明《清代云南市场研究》[⑤]一书中的部分章节对云南矿区的农业生产情况及粮食供求问题进行过论述，认为清代前后云南的粮食运销量虽不可考，但数额应相当可观，并对矿区的粮食供给及运输进行简略分析。车辚在《1840 年前云南的经济地理特征》[⑥]中认为鸦片战争以前，东川府因为是矿业中心，需维持庞大矿工的基本生活需求，从而成为粮棉盐的净输入地和消费地，而楚雄府、曲靖府则成为其粮食的供应地。以上诸研究未能

① 邓亦兵：《清代前期的粮食运销和市场》，《历史研究》1995 年第 4 期。
② 王水乔：《清代云南米价的上涨及其对策》，《学术探讨》1996 年第 5 期。
③ 王水乔：《清代云南的仓储制度》，《云南民族学院学报（哲学社会科学版）》1997 年第 3 期。
④［美］李中清：《中国西南边疆的社会经济：1250—1850》，林文勋、秦树才译，北京：人民出版社，2012 年，第 169-297 页。
⑤ 刘云明：《清代云南市场研究》，云南大学出版社，1996 年。
⑥ 车辚：《1840 年前云南的经济地理特征》，《云南财经大学学报》2009 年第 5 期。

对矿区的粮食供应渠道、缺额，矿区粮食价格波动与粮食供应情况，以及为缓解粮食不足，政府与民间所采取的措施等进行关注，而这将是本书要解答的问题。

长江环境史研究是近年来的热点研究课题，亦取得了相当的研究成果。特别是随着“三峡工程”实施，长江中下游环境问题日益显著，学术界对长江环境给予了空前的关注。金沙江是长江的上游河段，亦是长江环境问题的地理源头，但目前金沙江环境史研究相对薄弱。虽然已有不少成果可资借鉴，[①]但要从更细微角度把握金沙江云南段的生态环境、区域开发与人群生计等内容之间的耦合关系，目前之成果明显还是不够的。本书通过对金沙江滇西段的淘金史梳理，讨论了金沙江中游上段的环境变迁；以滇东北地区的人口、粮食供应、耕地开垦及作物种植等方面为突破口，探讨当地生态环境变迁轨迹，以期望从粮食、人口的视角，勾画出一幅清代滇东北矿区生态变迁规律图。在地域上，滇西与滇东北构成了金沙江的中游上下段，可以从整体上分析探讨清代金沙江流域云南段的环境变化轨迹，为金沙江流域人与环境变迁史研究提供一些参考。

## 三、章节内容

全书第一章总论金沙江云南段的自然与人文环境，包括地貌、水系、气候、植被分布等自然环境，也包括民族分布及其生计方式等内容。

第二章总论金沙江云南段的矿业分布情况，以及滇西、滇东北

① 代表性成果如蓝勇：《历史时期西南经济开发与生态变迁》，昆明：云南教育出版社，1992 年；周宏伟：《长江流域森林变迁的历史考察》，《中国农史》1999 年第 4 期；等。

段的矿业开采历史。

第三章阐述金沙江滇西段淘金历史演变过程。金沙江流域的黄金生产，与朝廷的矿业政策、课税、地方政权等社会因素密切相关，明清两季，木氏土司的势力范围涉及金沙江滇西段大部，木氏土司在金沙江滇西段的数百年风云史，无疑也是一部事关土地、金矿、盐矿、森林等各种区域资源变迁的环境史。金沙江滇西段在明清之际大部在木氏土司的势力范围内，本章重点讨论明清两季木氏土司对金沙江流域的经营与金矿开发。

第四章分论滇东北矿业开发驱动下的农业发展。从人口、耕地以及云南粮食需求变化及农业垦殖角度展开，并分析滇东北的农业开发与矿业推进关系；并基于清代中后期滇东北（昭通府、东川府）的米价数据进行粮价分析，探讨米价波动的阶段特征以及驱动因素，其中矿业因素在推动东川府米价上的作用显著，而昭通府的米价虽受矿业开发影响，但高产作物、交通等因素的作用也十分明显；在此基础上，集中关注推动高产作物种植的背景因素，以及其生态影响。

第五章论述金沙江滇西段淘金与民众生计方式及聚落形成与演变的关系，乃至围绕淘金而延伸出的乡土文化。

第六章分别论述滇西、滇东北段矿业开发驱动的环境变迁及灾害问题。

全书绪论以及第一章、第二章第一、三节，第四章、第六章第第二节，以及结语第二部分“矿区生态链与景观生态研究”由耿金完成撰稿，其中绪论中黄金开采研究学术梳理以及部分黄金开采背景由和六花撰写；第二章第二节、第三章、第五章、第六章第一节及结语第一部分“征服·共生：文明进程中的生态观”由和六花负责撰写。

# 第一章 金沙江云南段自然环境与民族分布

## 第一节 自然地理特征

长江发源于青海西南部，干流经过青海、西藏、云南、四川、湖北、湖南、江西、安徽、江苏等地。按照长江河谷的形态特征，可以宜昌为分界点，分为上下两段：宜昌以上，河谷狭窄，比降陡峻，水流湍急，河床多系石质，侵蚀作用占优势；宜昌以下，河谷宽广，比降和缓，水流缓慢，堆积作用盛行，造成沿江冲积平原。上下两段又可细分为若干小段：青海玉树直门达以上称通天河，全长 1 100 千米；直门达以下至四川宜宾称金沙江，全长 3 100 千米（具体数字有不同），与澜沧江、怒江等河流平行南下；从宜宾至重庆奉节称川江段，长 800 余千米；奉节至湖北宜昌为三峡段；宜昌到江苏镇江为长江中游段，全长约 1 560 千米，河谷地貌与上游迥然不同，比降和缓，江面宽阔，流路曲折，沙洲众多；镇江以下至入海口为三角洲段，受海潮影响较大。[①]金沙江河段在长江干流中长度最长，流经的区域地质环境复杂，矿产资源丰富，民族众多。

金沙江古称丽水，又名“绳水、若水、泸水、马湖江、犁牛河、丽江。为长江上游，今四川宜宾市以上江名。”[②]汉以前称黑水、绳水；三国时金沙江与雅砻江交汇处以上称淹水，以下称泸水、泸江水；西晋时，四川雷波以下称马湖江。因这一江段“沿河皆出金，淘沙得之”[③]，故名金沙江。明代宋应星在其《天工开物》中记载：“水金多者，出云南金沙江（原注：古名丽水），此水源出吐蕃，流丽江府，至于北胜州，回环五百里，出金者有数截。”[④]以出产金沙而得名。

古人认识到金沙江是长江的主干源头是相对较晚的，在最早的地理志书《尚书·禹贡》篇中言：“岷山导江、东别为沱”[⑤]，将四川境内的岷江认为是长江的上流源头，此后“岷山导江”之观点少有质疑。明代徐霞客考察滇西水系源流，在其游记中专著一篇《溯江纪源》，文中言：“溯流穷源，知其远者，亦以为发源岷山而已。”“余按岷江经成都至叙，不及千里，金沙江经丽江、云南、乌蒙至叙，共二千余里，舍远而宗近，岂其源独与河异乎？非也！河源屡经寻讨，故始得其远；江源从无问津，故仅宗其近。其实岷之入江，与渭之入河，皆中国之支流，而岷江为舟楫所通，金沙江盘折蛮僚溪峒间，水陆俱莫能溯。”“既不悉其孰远孰近，第见《禹贡》‘岷山导

① 沈玉昌编：《长江上游河谷地貌》，北京：科学出版社，1965年，第3-6页。
② 史为乐主编：《中国历史地名大辞典》，北京：中国社会科学出版社，2005年，第1603页。
③ 牛汝辰主编：《中国水名词典》，哈尔滨：哈尔滨地图出版社，1995年，第6页。
④（明）宋应星：《天工开物译注》，潘吉星译注，上海：上海古籍出版社，2016年，第139页。1里≈480米。
⑤（汉）孔安国撰：《尚书注疏》卷五《夏书·禹贡》，（唐）孔颖达疏，四库全书本。

江’之文，遂以江源归之，而不知禹之导，乃其为害中国之始也。”“岷流入江，而未始为江源，正如渭流入河，而未始为河源也。不第此也，岷流之南，又有大渡河，西自吐蕃，经黎、雅与岷江合，在金沙江西北，其源亦长于岷而不及金江，故推江源者，必当以金沙为首。”[①]民国时期，丁文江对徐霞客推崇备至，肯定其发现长江源头之功绩。

金沙江河谷地貌形成的主要因素是地壳强烈隆起以及随之而来的河流急剧下切，形成了高山深谷的地貌特点。金沙江上源有天然草原，中游和雅砻江流域有大片的森林，能充分蓄积水源，是长江的重要水源，流域面积近 50 万平方千米，较有名的支流 53 条，主要有增曲、定曲、水落河、渔泡河、安宁河、雅砻江、大渡河、岷江、龙川江、横江、牛栏江、普渡河等。流域范围如按地貌特点分，可以分为川西高原、川南山地、滇北高原 3 个部分。其中川西高原在今天的行政归属上涉及青海玉树藏族自治州的部分地区，西藏自治区昌都市东部，四川省甘孜藏族自治州、阿坝藏族羌族自治州等。川南山地北起泸定、雅安一线，西界雅砻江，川南山地在今天的行政归属中范围包括今四川省的凉山彝族自治州、攀枝花市、乐山市以及宜宾市等地。滇北高原北界金沙江干流，由金沙江南岸各支流流域范围构成，滇北高原在今天的行政归属中范围包括今云南省丽江市、大理白族自治州、楚雄彝族自治州、昆明市、曲靖市、昭通市等。[②]金沙江云南段属于金沙江中、下游地段，地处青藏高原东南缘向四川盆地过渡地带。从迪庆藏族自治州德钦县的德拉附近进入

---

① （明）徐霞客：《徐霞客游记》，朱惠荣、李兴和译注，北京：中华书局，2016 年，第 2829-2832 页。

② 马国君：《历史时期金沙江流域的经济开发与环境变迁研究》，贵阳：贵州大学出版社，2015 年，第 40-43 页。

云南至昭通水富县进入四川，江面海拔由 2 300 米降至出口的 260 米，落差达 2 000 余米，全长 1 560 千米，在云南境内流域面积为 11.2 万平方千米。①

金沙江流域云南部分地处我国地势的第一与第二阶梯、第二与第三阶梯的过渡地区，在大地构造上，处于扬子地台与喜马拉雅大地槽的接触地带，是受喜马拉雅造山运动影响最为突出的地区，在印度板块和欧亚大陆板块碰撞引起的地壳断裂升降运动中，形成了金沙江云南段的复杂地貌格局。就金沙江云南段而言，又分为西部、中部与东部三块区域，其中西部高原区分布一系列高度在 5 000 米以上的山岭；中部中心地带以断块抬升为主，形成北高南低的地貌格局，江水在中部转向东北流，其南部海拔在 1 800～2 600 米，为金沙江与红河水系的分界带，北部金沙江河谷海拔 600～1 600 米，形成河谷与高原面的严重切割地貌；东部以沿断裂带的差异抬升和断块抬升为主，形成高山、高原平坝、中山山原与 200～600 米的中山山原峡谷地貌。②由于河流的侵蚀、切割，山地及高原边缘地带为山谷相间、地表破碎的高山、极高山、中山地形。对于中下游区域的这种切割地貌景观，民国时期丁文江在考察记中有比较直观的记载："从鲁南山（按：四川省凉山彝族自治州东南部，金沙江以北）到江边直线不到 40 公里，其中却隔着从东北到西南的 4 道山：第一道就是鲁南山本身，高出海面 3 000 公尺有零；第二道是望乡台，比鲁南山还要高 200 多公尺；第三道是大银厂，高度和望乡台相等；第四道是大麦地梁子，高度也在 3 000 公尺左右。鲁南山与望乡合之间是

① 李贵祥等：《云南金沙江流域主要森林植被类型分布格局》，《长江流域资源与环境》2008 年第 1 期。

② 李贵祥等：《云南金沙江流域主要森林植被类型分布格局》，《长江流域资源与环境》2008 年第 1 期。

岔河的谷，在岔河村的上游高度 2 000 至 2 400 公尺。望乡台与大银厂之间是炭山沟，沟身与岔河相仿。这两条河在岔河村的东面会合，同向东流到大桥村，再会从北方来的水向东南流，在象鼻岭的对面，入金沙江。大银厂与大麦地之间是铁厂河的支谷，在铁厂附近深不过 2 100 公尺，但是铁厂河本身向南流，穿过大麦地梁子，在沙坪子与金沙江会合。”丁文江指出，这些山体高度大致相当，形成现今的山谷地貌，原因是流水的切割作用：“山在 3 000 到 3 200 公尺；谷在 2 000 到 2 400 公尺。假如我们能用土把谷身填上 1 000 公尺左右，这一带的地形就变为一个简单的高原。不但如此，这几条山顶上的地层全是平铺着的，山之所以形成完全是水的作用。这就是说，未成山谷以前原本是一个高原，以后流水冲开了这几条 1 000 多公尺的深谷，谷与谷之间的高地统成了‘梁子’。所以尽管各山好像是平行，实际上不成所谓山脉。尤其是铁厂河的支谷很短。大麦地梁子和大银厂在西南方面互相连接，平行的形势更不明显。”[①]

滇东北东川地区的小江是金沙江重要支流，小江两岸山崖陡峭，植被稀疏，在流水、风化作用下，山体深度切割，沟谷十分发育，“金沙江与东川（会泽县）盆地之间有一条很重要的支流叫作小江，发源于寻甸。从南偏东向北偏西流，在东川西 25 公里象鼻岭村的北面入金沙江。小江的东岸是一道南北行的高山。最高的峰叫作古牛寨，出海面 4 145 公尺，是滇北最高的山。从古牛寨向西到小江不过 10 公里，而小江比古牛寨要低 3 000 公尺，平均坡度在 30%。这可算是中国最深的峡谷——比美国著名的科罗拉多（Colorado）大峡谷还

---

① 丁文江：《漫游散记》，郑州：河南人民出版社，2008 年，第 128-129 页。1 公尺=1 米；1 公里=1 千米。

要深 1 300 多公尺。”[①]今天的小江流域是全世界著名的泥石流博物馆。

金沙江上游自北向南流，进入中段石鼓地区，突然转向东北，形成一个大拐弯，称“长江第一湾”，这一现象很早就引起中外学者的重视。20 世纪以来，J. Deprat、J. W. Gregory、W. Credner、丁文江、李春昱、G. B. Barbour、林文英、李式金、李承三、袁复礼、任美锷、沈昌玉、许仲路、何浩生等，皆对此问题有过考察研究。对“长江第一湾”的形成原理大体上有两种观点，即袭夺说和非袭夺说。在 20 世纪 50 年代以前，基本认可袭夺说，即金沙江原来自北向南流，由石鼓流经剑川，通过漾濞江注入澜沧江或红河，后来由于高原隆起，长江侵蚀基准面降低，侵蚀能力加强，导致石鼓以上的金沙江被袭夺而并入长江水系，形成长江第一湾。[②]认为现存的石鼓剑川—洱海的古河谷可能是金沙江的残留河谷，现今的金沙江可能是澜沧江水系，金沙江因袭夺改南流为东流。但在袭夺的时间、地点上有分歧。丁文江在其《漫游散记》中说到了发源于楚雄南岸州的龙川河现在的水量很小，不可能冲刷出现在宽阔的河谷，认为从川边来的雅砻江与龙川河、红河本来是一条大江，以后雅砻江的水被自东向西推进的扬子江抢了去，于是雅砻江、龙川江、红河就变成了三条不相通的江。[③]其后、苏良赫、任美锷、曾昭璇、曾普胜、杨达源等就袭夺说进行深入考察。另外一些学者则反对袭夺说，如李承三、袁复礼、沈昌玉、徐仲路、何浩生、明庆忠等，指出长江第一湾的形成不是河流袭夺的结果，而是在新的构造运动及青藏高原隆升影响背景下水系调整适应的自然结果。认为金沙江在石鼓

① 丁文江：《漫游散记》，郑州：河南人民出版社，2008 年，第 130 页。
② 何浩生、何科昭、朱祥民、朱照宇：《滇西北金沙江河流袭夺的研究——兼与任美锷先生商榷》，《现代地质》1989 年第 3 期。
③ 丁文江：《漫游散记》，郑州：河南人民出版社，2008 年，第 119 页。

流向的突变，是金沙江在发育过程中适应当地地质条件的自然结果，在石鼓以北发育于背斜轴部，到石鼓后沿北东向断裂发展。长江第一湾是河谷地貌对构造自然适应的产物，并非河流袭夺作用之结果。[①]近几年杨达源等人经过实地考察，又赞同袭夺的说法，认为古金沙江有可能是经过现在的漾濞县附近、点苍山西侧，再转辗进入古红河，在漾濞县附近及点苍山西侧发现大规模的河流阶地，可能是一条古大河留下的。[②]

从气候上看，金沙江流域的气候垂直地带性十分明显，在河谷的底部以及低陷的小盆地如永胜、华坪、宾川、大姚、永仁、元谋、武定、巧家、永善等，周围为高山围绕，外界气流不易侵入，纬度偏高，故气候以干燥酷热为主，年平均气温均在15℃以上。金沙江河谷外围山地的海拔大部在2 500米以上，有许多南北向的河谷，成为东南与西南湿热气流北上和青藏高原冷气流南下的通道。[③]这种立体地貌特点，在云南段最为明显，丁文江在考察金沙江流域滇东北段时，记载了当地的许多雪山，而山名多为土名，在雪山之下，又分布有大片的平原区，以及山间河谷。“云南军用地图上把它分做两部：东部写做大雪山，西部乐英山。我测量的时候，土人都叫它为老雪山。我现在姑且用大雪山的名词来代表高山带的全部，因为这是地理上天然的一个单位，应该要有总名，而大雪山与土人所说的老雪山相近。大雪山以北，金沙江以东，小江以西，是一块三角形的地方。三角的底部地形比较不规则，平均高度在2 500公尺。三角的上部却异常平坦——在大山、深谷之中自成一个2 000公尺高的平

① 许仲路、李行健：《滇西北丽江鸿文村—剑川甸南纵谷成因与金沙江袭夺问题之探讨》，《地理学报》1982年第3期。
② 杨达源等：《长江地貌过程》，北京：地质出版社，2006年，第17-18页。
③ 沈玉昌编：《长江上游河谷地貌》，北京：科学出版社，1965年，第24-25页。

原。在平原中心的安乐箐、拖布卡都是古湖地，地下还出泥炭。而向东、向西、向北，不远都下到小江或是金沙江的深谷，谷底比平原要低一千二三百公尺。因为它南北长而东西狭，北面在小江、金沙江会合的地方中断，成为一个向北的尖子。土人叫它为象鼻岭，我现在把这个名词推广到这一块高原的全部上。”[①]河谷、平原、高山的地貌同时分布在流域内，故而流域内的气候立体性十分明显。

总体而言，流域内的气候呈现出从上游青藏高原的冬长无夏，到云贵高原的四季如春，到下游干热河谷的夏长无冬的特点，形成复杂多样的气候类型，植被也从高原荒漠演变到高山草甸、灌木直至森林。[②]从地貌类型上看，流域内仍然以山地为主，夹杂有小平坝、丘陵和小盆地，其生态系统以山地生态系统为主体，对整个生态环境有影响的是森林生态系统，其次是高山草甸生态系统和以高原湖泊为代表的湿地生态系统。[③]

自古以来，金沙江流域的动植物资源就极为丰富。流域干热河谷区在地质时期气候温暖湿润，森林密布，有剑齿象、中国犀出没；到龙川冰期后期以后，逐渐演变成疏林—草原地带，有元谋人分布，大部分地区仍是森林密布。金沙江流域云南部分在地质时期也是森林茂密，生存着“昭通剑齿象”、犀牛等动物。至文献记载的魏晋时期，气候仍十分温暖湿润，有大量的湖泊分布，到唐宋时期，也还是森林茂密，气候也比现在温暖湿润，大片地区呈森林广布的密林景观，林木深邃，空气、地气湿润，迷雾缭绕，分布有大面积的常

① 丁文江：《漫游散记》，郑州：河南人民出版社，2008 年，第 130-131 页。
② 王鸽等：《金沙江流域植被覆盖时空变化特征》，《长江流域资源与环境》2012 年第 10 期。
③ 李锦：《金沙江流域的生态变迁》，《中华文化论坛》2003 年第 1 期。

绿阔叶林。[①]进入明清以后，由于开矿以及移民垦殖，金沙江流域的环境遭到极大破坏，特别是滇东北段泥石流灾害成为制约该区域生存、发展的重要因素。

本书研究的金沙江云南段主要关注两个区域：西北与东北。以丽江至下关一线为地理分界线。西北部地貌区大部分属于青藏高原地貌区，受横断山脉切割，高山深谷相间。直到香格里拉附近才出现平坦的高原地貌，呈现出草原与耕地的地貌景观。东北部地貌区则大部分属于云南高原地貌区，其在下关至丽江一线以东属于滇东盆地山原区，主要以高原地貌为主，其间还分布着大量南北向的山间盆地。流域的东北部（东川、昭通地区）则为中山山原地貌，区域山高谷深，河流下切严重。

历史时期影响金沙江流域云南部分环境变迁的主要驱动因素有二：一则矿业开发导致的地表景观变化；二则围绕矿业开发及其他原因移民进入所进行的农业垦殖带来的生态转变。本书关注金沙江流域的矿产开发以及伴随矿产开发的移民进入所带来的农业垦殖问题。集中关注滇西段的黄金开采与滇东北段的铜矿开发。因此，本书研究区域以滇西（以丽江府为主）与滇东北（东川府和昭通府）为主，其他区域会有一定的涉及。

## 第二节　民族分布与社会概况

民族是在人类社会、经济、文化发展过程中形成的共同体，与种族的含义绝不相通。任何一个民族，是不同种族的混合体，而具

① 蓝勇：《历史时期西南经济开发与生态变迁》，昆明：云南教育出版社，1992 年，第 40-42 页。

有共同的民族特征，不会有一个民族是单纯的种族构成。多种族混合的民族内，不可能分析种族的存在。所以，在生理上区别的种族，与历史发展形成的民族，不能混为一谈。[①]历史上众多民族在金沙江流域迁徙、流动、分化、融合，形成现在的民族分布格局。金沙江流域的民族从根源上也多由外地迁徙而来，总体而言，大致有两个来源，即来自西北的羌人以及来自南方的百越先民，这些先民与当地的苗瑶人共同构造了今天的民族构成。这一地区，特别是滇西段是西藏、云贵高原、中南半岛之间的主要通道，有多个民族在此穿行，属学界所称的“藏彝走廊”主体区。[②]

由于流域地理环境复杂，自然条件多样，造就了丰富多样的民族文化。从河谷到盆地再到高原山地，独特立体的气候环境给当地居民提供了农业、畜牧以及狩猎等经济环境，呈现出农业文化、农牧结合以及畜牧和狩猎兼备的文化特点。由于环境的影响，流域各部落、部族分布也呈现出小而散，以及民族多元的格局。就小而散来说，境内的少数民族人数不算多，但种类较多，各民族在文化上有区别也有相通之处。具体而言，滇西段主要有纳西族、藏族、彝族、白族、汉族等；滇东北主要为汉族、彝族、苗族等。

金沙江流域较早就发育出了早期的人类文明，流域沿岸目前发现大量新石器时代遗址，进入历史文献记载以后，该区域也一直被中原王朝所重视。汉代称其为“西南夷”地区，《史记》卷一一六《西南夷列传》载，“西南夷君长以什数，夜郎最大；其西靡莫之属，以什数，滇最大；自滇以北君长以什数，邛都最大，此皆魋结，耕田，

① 方国瑜：《云南民族史讲义·绪论》，秦树才、林超民整理，昆明：云南人民出版社，2013 年，第 22 页。
② 马国君：《历史时期金沙江流域的经济开发与环境变迁研究》，贵阳：贵州大学出版社，2015 年，第 38 页。

有邑聚。其外西自同师以东，北至楪榆，名为巂、昆明，皆编发，随畜迁徙，毋常处，毋君长，地方可数千里。自巂以东北，君长以什数，徙、筰都最大；自筰以东北，君长以什数，冉駹最大。其俗或士箸，或移徙，在蜀之西。自冉駹以东北，君长以什数，白马最大，皆氐类也。此皆巴蜀西南外蛮夷也。”[①] 大致而言，金沙江以南的滇池区域、洱海一带，都处在今天所称的滇北高原，当地分布有众多平地坝子，在秦汉时代为滇、昆明等古代民族的分布区，农耕为主，这些居民是今天彝族、纳西族、白族的先民。金沙江以北为古代氐羌族系民族的分布区，在秦汉时代，他们被称为巂、冉駹、白马等，他们都是今天这一区域内藏族、彝族、羌族、纳西族的先民，这一地区今天分属于川西高原和川西南山地，主要以游牧为主，辅以游耕。至于滇北高原的东部地区，即今天的昭通、宜宾一带，在秦汉时则是夜郎、滇和濮人的分布带。这一地区的民族构成更为复杂，氐羌、百越、苗瑶三大族系的民族都有分布。在秦汉时，他们被称作夜郎、犍为和滇，生计方式也极为复杂，既有固定农耕、游耕、游牧，也有半农半牧。[②]

朱飞在金沙江滇西段考察时记载了当地族群的分布情况及文化异同：“他们的服饰、宗教、言语、文字、习尚、建筑、起居、饮食以及社会组织等，大体相类似，好像是同一文化而扩展出去的文化圈。就所看到的文化特质，参照大爨碑、小爨碑、《新唐书》、私家笔记及南诏遗迹作一类比，金沙江河曲的居民，是南诏的遗民之一。《新唐书·南蛮传》说：‘南诏本哀牢夷后，乌蛮别种也。’……这地

① 《史记》卷一一六《西南夷列传》，北京：中华书局，1959 年，第 2991 页。
② 马国君：《历史时期金沙江流域的经济开发与环境变迁研究》，贵阳：贵州大学出版社，2015 年，第 46 页。

域的民族，自南诏或远溯孟获时代以迄于兹，永远是中国西南隅的一强者的民族。今日左右云南的潜势力，就是㑩㑩人和民家人，他们是史上的西南夷、南蛮、东爨、西爨、白蛮、乌蛮、哀牢夷等。自古迄今，永恒存续至今的文化特质的'父子连名'，就是有力的证据。"[①]认为金沙江流域的民族为南诏时候的主体民族，其中以彝族、白族最为强势。

在民族分布、习俗、体质特征等方面，流域内的滇西北段自身也有明显差异："金沙江河曲之行，所与遇人类，除少数汉人外，都是些操不同口音的少数民族，置身其境，如适异域。大凡永胜以西麽些人多，永胜以东，㑩㑩人多，中杂有少数的西番、古宗、怒子、倮黑、傈僳和民家等。这些民族，如分类起来，除汉人和民家外，都属藏缅语系人。他们的体质尚没有大规模测量过，就观察所得，具有宽额、黑发、隼鼻、深眼或凤眼，黄或淡栗肤，中高身等体质特征；所以语系中，虽分有㑩㑩群的㑩㑩、窝泥、㑩黑，西番群的西番、麽些、怒子，藏人群的古宗，但就体质看，他们都是同类型的。至于生活方式和文化特征也相类，好像河曲就是他们的文化摇篮，人类的一熔炉。"[②]纳西族在元明清以及此前的汉文文献中称"末些"或"么些"，又作"摩沙""摩西"。主要散居金沙江上游两岸，兼营农业与畜牧业，采矿业也相当成熟，其中以银矿、金矿开采最为突出。藏族在唐代的文献中称"吐蕃"，明代汉文文献中称其为"西蕃（番）"，称藏族主要聚居区的西藏为"乌思藏"，而云南西北部的藏族却被称为"古宗"。清代将云南西北部的藏族分为"么些古宗"和"臭古宗"两种，后者称呼带有歧视，所谓"么些古宗"是指"散

① 朱飞：《金沙江风物外纪》，新加坡：青年书局，1960年，第110页。
② 朱飞：《金沙江风物外纪》，新加坡：青年书局，1960年，第109页。

处于么些之间”的藏族，受驻守在这一带的“么些”（纳西族）领主的统治；所谓“臬古宗”则指的是分布在奔子栏、阿墩子（德钦）一带的藏族，受本族土官、头目统治。[①]从事农业生产，兼营畜牧业，一些区域以畜牧为主。

在金沙江滇西段河谷地带还有傣族的分布，分布在楚雄彝族自治州，集中于楚雄大姚、永仁、元谋、武定等金沙江南岸的亚热带河谷地区。傣族渊源于古代百越民族，主要聚居区为西双版纳傣族自治州、德宏傣族景颇族自治州以及耿马、孟连等县，这些地区的傣族人口占我国傣族人口总数的 60%以上，其余散居在临沧、澜沧等靠近聚居区的县份以及红河沿岸的新平、元江、元阳、金平等县；金沙江沿岸的傣族主要集中在楚雄地区。从文献记载和民俗资料考察，今楚雄州境内的傣族，大部分是在南诏大理国时期由景东一带北迁而来，元、明两朝元谋县的傣族土官吾氏家族即“景东府百夷人”。此外，当地还有少部分傣族祖先由永昌郡（今保山一带）迁入。金沙江南岸的傣族以从事农业生产为主，渔猎是傣族生活的重要补充。捕鱼是傣家传统，傣族无论男女，均善游泳、驶船、驾竹排或木筏。受自然地理环境和周边民族的影响金沙江边的傣族与滇南的傣族在居住房屋上略有不同，不居竹楼，多住土掌房（以泥土盖顶的房屋）和茅草房，服饰也与其他地区的傣族不同，男子上穿麻布无领窄袖对襟衣，下着大裤筒长裤，足登三耳草鞋；妇女多穿白色右衽窄袖上衣，着长裤，也有的穿麻布筒裙。从宗教文化上看，金沙江边的傣族与云南其他地区的也有所不同，他们不信仰南传上座部佛教，而保留着较多的原始宗教信仰，其原始宗教信仰有自然崇拜、鬼神崇拜、祖先崇拜、山神和土主崇拜等内容，其中又以自然

① 尤中：《中国西南民族史》，昆明：云南人民出版社，1985 年，第 580-588 页。

崇拜居多。婚姻、丧葬等习俗与当地汉族大同小异。[①]

金沙江滇西段的民族主要有两种农业经济形式，游牧业与种植业。旧时，当地习惯将从事游牧的人群称“帐房娃”，将种植农作物的人群称“庄房娃”，农作物种类主要有水稻、大麦、荞麦、玉米以及其他经济作物。“他们在习惯上分为两种人，即帐房娃和庄房娃。以游牧为主的称帐房娃，则所居的地方无房屋，逐水草撑牛帐而居，故也称牛厂娃，若以农为主的称庄房娃，以其有庄稼可种，有房屋可住的缘故。这也许是所居地域为纵谷高原，风鬟雾鬓，冷热失调，形成草野地带，利于游牧，就全程看，所有居民以游牧为主。惟河谷凹处的若干坝子较为温润，可种植稻米、蓝大麦、荞麦、玉蜀黍、蚕豆、油菜子、罂粟等谷物，但也兼营牧业。说得准确点，这是一农牧兼营的地区。虽有帐房娃庄房娃之分，而生活方式及反应出来的文化特征，却是一致的。”[②]

在滇东北段，以彝族分布最为广泛，这里也是彝族发祥地之一。昭通古称“窦地甸”，居住着彝族窦氏部落，住地叫“窦家坝子”。彝族族源有东来、西来、南来、北来及土著等多种说法，至今源于西北氐羌之说仍占主流。据《西南彝志》等彝文文献记载，大约在两汉时期，彝族先祖传至31代部落首领笃慕时，遭遇大洪水，笃慕带领部众迁移到云南洛宜山，即今滇东北地区。笃慕后代分出了武、乍、糯、恒、布、默六支，向外发展，称“六祖分支”。昭通地区的彝族称乌蒙、芒部。元至元十三年（1276年）设置乌蒙路、芒部路，至元二十一年（1284年）置乌蒙宣抚司，领乌蒙路、芒部路等。以

① 陈九彬、周永源编著：《新编楚雄风物志》，昆明：云南人民出版社，1999年，第183-186页。

② 朱飞：《金沙江风物外纪》，新加坡：青年书局，1960年，第109-110页。

乌蒙酋长禄氏、芒部酋长陇氏为总管，至元二十四年（1287 年）宣抚司升为宣慰司。明洪武十四年（1381 年）傅友德征云贵地区，各土司先后归附明朝。清雍正初年，朝廷对滇东北进行改土归流，并于雍正四年（1726 年）将东川划归云南，雍正五年（1727 年）将乌蒙、镇雄也一并划归云南。雍正年间的改土归流致使本地彝族外逃，人口大量减少。

当然，除少数民族以外，金沙江沿岸周边还分布大量的汉族移民，他们构成了金沙江区域发展的重要力量，特别是清雍正年间改土归流后，汉人移民大量进入。改土归流不仅只是中央政府治理少数民族地区的政治行为，更深刻影响着改土归流地区的社会经济发展进程。清代金沙江滇东北段的改土归流是比较彻底的。改土归流以前，滇东北是彝族比较集中的地区，改土归流后由于本地土著逃亡，土地大量荒芜，于是从周边内地引入大量汉人进行垦殖，直接推动了当地的农业、矿业等开发。汉人进入后带入了内地的农耕方式，本地土民也在外来移民的带动下改变了生产方式，吸收汉人精耕细作与粪肥使用等农耕技术，以及兴修大量水利工程等。随着汉族屯垦移民的大量进入，汉文化也以前所未有的速度进入昭通地区，这在滇东北文化史上也是一个重大的转变。在民族构成上，改土归流后的移民屯垦，也直接改变了滇东北的民族结构，奠定了滇东北近现代民族分布格局。在此之前，当地虽然也有汉人持续迁入，但规模小、人数较少；改土归流及移民屯垦后，滇东北以彝族为主体民族的格局被改变。[①]如民国《昭通志稿》中所载："昭通之有汉人，盖自汉始矣。至唐文宗太和二年（828 年）南诏寇成都，剽掠蜀人以归，而汉人渐加。元置宣慰司，调云南及四川军屯田回兵，而外汉

① 周琼：《改土归流后的昭通屯垦》，《民族研究》2001 年第 6 期。

人约三千余人。清代雍正五年（1727 年）既设流官坐治，汉人已占多数。……当乾嘉盛时，鲁甸之乐马厂大旺，而江南湖广粤秦等省之人，蚁附糜聚，或从事开采，或就地贸易，久之，遂入昭通籍，间有游宦来昭，留连斯土，如陕西、齐晋、辽左及其他省者，为数虽少，无非汉人之一种，休养生息，二百年来故有八省客籍而铸成昭通之主要部分。”[①]清初的改土归流、移民屯垦，为后期的开矿、经商等移民进入奠定了基础。后期在矿业驱动下，大量外省汉族移民进入滇东北地区，使当地民族结构发生改变，汉族逐步成为主体民族。此外，伴随着矿业开发，回族人口也大量进入滇东北，主要从事经商买卖。比如在昭通鲁甸乐马厂附近就聚居了大量的回族，县境内形成桃源、茨院回族乡。外来民族的融入促进了滇东北各民族的相互融合，推动了滇东北社会经济向前发展。

① 民国《昭通志稿》卷一〇《人种志·汉人》，1924 年铅印本。

# 第二章 历史时期金沙江云南段矿业开采

## 第一节 金沙江云南段矿产种类与区域分布

金沙江与怒江、澜沧江流域一并统称“三江流域”，该区地形、地貌相似，成矿地质条件优越，矿藏十分丰富。金沙江—哀牢山弧盆系是三江流域最重要的一条构造带，也是重要的铜、金矿成矿带。乾隆年间在云南为官的吴大勋在其《滇南闻见录》中记载：“滇之大山，半多产矿砂，凡金、银、铜、铁、铅、锡、朱砂、硝黄之属，所在多有。大约山势宽深，来龙远大，环保周匝者，所产矿沙必旺。”[①]此处虽说的是云南全省的矿产情况，但也基本反映了以金沙江为核心的三江流域的矿产分布状况，区内各种矿产资源都有分布，有些矿产储量在全国都有重要地位。从矿产资源的种类看，以有色金属矿产最为重要，其中铜矿分布较广。据地质探测结果，全区铜矿以及斑岩型铜矿规模最大，其储量在全国各矿带中名列前茅。此外，金、

① （清）吴大勋：《滇南闻见录》，方国瑜主编：《云南史料丛刊》（第十二卷），昆明：云南大学出版社，2001年，第29页。

银、铅等矿也是开采历史比较悠久的矿种，在历史时期为全国主要的产区之一。明代以前，金沙江流域由于交通不便，又处于土司统治辖区，多是零星开采。到了清代，金沙江流域的金、银、铜、铅等矿均得到了迅速开发尤其是云南东川的铜矿、贵州威宁的铅锌矿在当时可谓是首屈一指，号称“京铜”“京铅”，为全国瞩目。[①]以下就分别对金沙江云南段主要金属的分布及开采进行阐述。

## 一、金矿

金沙江流域的矿产中以滇西段金矿及滇东北铜矿、银矿开发最具有影响。云南金矿分布区域不同，其品质与开采方式也有所不同，吴大勋在《滇南闻见录》一书中记载：“金生于水，以沙土淘洗而得，金沙江以此得名，所谓金生丽水者是也。亦有生于山者，鹤庆有金矿，亦如银、铜，攻采而得，煅炼而成。开化产蘑菇金，永平产永金，皆足色赤金。中甸之金色最淡，成分最低。”[②]其中鹤庆的金矿产地主要集中在两个矿区，一是朵美的砂金矿，二是北衙锅盖山附近的脉金矿。分布在朵美一带的砂金，北起朵美街东南至金沙街，历史上已开采过的砂金有大坪、上坪、土堂、很富硐、黄洛崀桥洞、青草湾、大皱子、红岩子、天子涯、毛子坪、沙洼、清水河等沿金沙江两岸绵延20多千米的地区，江东岸属永胜，西岸属鹤庆。[③]

---

① 马国君：《历史时期金沙江流域的经济开发与环境变迁研究》，贵阳：贵州大学出版社，2015年，第101页。

②（清）吴大勋：《滇南闻见录》，方国瑜主编：《云南史料丛刊》（第十二卷），昆明：云南大学出版社，2001年，第27页。

③ 张了：《解放前鹤庆矿业情况调查》，云南省编辑组、《中国少数民族社会历史调查资料丛刊》修订编辑委员会编：《白族社会历史调查》（三），北京：民族出版社，2009年，第265页。

据地质学勘察，金沙江云南段砂金成矿环境复杂多样，砂金来源丰富、广杂，是一条名副其实的黄金水道。晚清民国时期的游记、调查报告中对金沙江流域的矿业开发历史有比较细致的描述。英国人 R. F. 约翰斯顿（Reginald Fleming Johnston）于光绪三十二年（1906年）上半年经由北京、华北、武汉，至四川，而后穿越四川藏区，经云南西北部而进入缅甸。约翰斯顿即观察到了金沙江滇西段的金矿开采演变，对进入金沙江时对流域河谷的自然与人文环境也有细致描写："第二天一上午的路程都是朝着金沙江河谷向下走。道路并不陡，但路面破碎，布满石块。在离河面 2 000～3 000 英尺处，我们第一次看到大江。展现在我们面前的是一条曲折的河道，总的方向是从西北流向东南。两岸的山坡几乎一直斜降至水边，但有几个村子高栖于河岸之上，还有相当数量的耕地。"[①]其行程中也见到了金沙江在云南与四川交接处的巨大河曲，"在离永宁不到一天旅程处，金沙江出现一个大河曲，这是地理学家近 10 年来才刚发现的。河曲是由向丽江以北延伸的庞大山脉造成的，这道山脉甚至连中国最大河流的湍急河水都不能穿透，迫使河水向北流去，使河流总长度增加了几十英里。我认为 M. 博南是发现河曲的第一位旅行家，他的观测随后又由戴维斯少校和赖德少校（Major Ryder）加以证实。"[②]到了河曲弯道的南面后，约翰斯顿等人开始爬山，在爬山过程中，见到了大量为开采金矿而开凿的洞穴，"靠近水边处，我看见一些小的人工洞穴和壁凹，这些是和前面提到的摩梭人的丧葬习俗有关的。离这些人工洞穴不远处（但已不大靠近水面），有一批洞穴，大小能

① ［英］R. F. 约翰斯顿：《北京至曼德勒：四川藏区及云南纪行》，黄立思译，昆明：云南人民出版社，2015 年，第 92-93 页。1 英尺≈0.3048 米。

② ［英］R. F. 约翰斯顿：《北京至曼德勒：四川藏区及云南纪行》，黄立思译，昆明：云南人民出版社，2015 年，第 93 页。1 英里≈1.6093 千米。

容下一个人，洞口用松散的木板遮挡着约一半。人们告诉我，这些是金矿矿穴，但我得不到有关产量的资料，毫无疑问，生产方法是格外原始的。[①]

金沙江滇西段不少百姓以淘金为生活来源，当地有俗语说“走过大草地里，金伕子的一双草鞋也含二钱金哩。”虽较夸张，但也反映出了当地砂金资源丰富，“淘金工人俗称金伕子，他们做着与砂砾摩擦的剧烈工作，都是衣不蔽体的；金砂多是向河旁挖进横洞去取出来，因为没有撑柱，横洞小得仅容一人爬进爬出，工价以每藏洋十二背计算，每天每人，最好的能做到二三十背。另外在倾斜的溪流里，放着一块刻有许多横深凹纹的木板，将一背背的砂，利用水力从板上冲下去，金粒因为比重大，同若干质重的砂砾都留在横纹里。于是将横纹中的金与砂的混合物收集起来，放在一只面盆内，到水中再用更大的震荡，一次一次的漾出砂去，最后盆底只剩下闪闪作金黄色的东西，就是砂金了。”[②]

1949 年以前，滇西丽江石鼓金沙江段沿岸的梯田坡地多被当地的地主和喇嘛寺占有，穷苦百姓往往靠打长短工、砍柴、打鱼狩猎顶租还债，而更为寻常之出路则是到江边淘金度日。一些写实调查记录了这群人的生活场景：一年除洪水季节，自农历十月到第二年四五月芒种节令前后，有大半年的时间，在沿江两岸沙滩上，总有淘金人忙碌的影子。大人小孩、男人女人都出来淘金，有些刚生了小孩的女人，把婴儿背在背上也来到江边。通常是五六个人组合成一小伙，内中有 2 人专门掘沙，1 人负责摇沙床，还配有 1 个打杂的。

① ［英］R. F. 约翰斯顿：《北京至曼德勒：四川藏区及云南纪行》，黄立思译，昆明：云南人民出版社，2015 年，第 94 页。
② 谢天沙：《康藏行》，上海：工艺出版社，1951 年，第 11-12 页。

在金沙江上淘金的人多夜不归家，在沙包和江岸草坪上随地搭上个窝棚，三三两两躺在棚子里过夜，到日头一出又忙碌起来。[①]

除滇西段可以淘金外，整条金沙江沿岸河道弯曲处都可以淘金，在滇东北段的巧家县，当地也一直有淘金的传统，淘金是穷人谋生之业，《巧家县志》中记载当地有民谚云："穷打杵，饿当兵，背时倒灶淘沙金"[②]。淘金都在枯水季节，工具有淘金床、摇兜、漏斗、"金盒"等。2～3 人操作，1 人在水边摇、淘，1 人在岸边岩脚掏沙，1 人往淘金床上挑运。淘金者赤身裸体，从早到晚，一任风吹日晒，舀水冲淘。取金时将沉淀"床"上的金沙淋入"金盒"，再淘去粗沙，剩下钨沙和金沙；再用水银搓转，金沙裹入水银珠中，钨沙分离，裹有金沙的水银置于点燃的烂草鞋上烧炼，水银蒸发，金沙凝聚成小颗粒，大小如黄豆或绿豆，偶尔也能得到较粗的富沙，但较少。[③]

## 二、铜矿

不同时代铜矿开采的集中区有所不同，清代云南的铜矿在全省 70 余县有分布，集中在三个大的产区，分别是滇中区、滇西区和滇东北区。滇中区包括滇池和抚仙湖周围各州县，如罗次、禄丰、广通（一平浪）、沾益、马龙、寻甸、嵩明、路南、宜良、昆阳、易门、

---

① 戈阿干：《回眸沧桑——三江并流考察实录》，昆明：云南民族出版社，2003 年，第 275-276 页。

② 云南省巧家县志编纂委员会编纂：《巧家县志》，昆明：云南人民出版社，1997 年，第 235 页。

③ 云南省巧家县志编撰委员会编纂：《巧家县志》，昆明：云南人民出版社，1997 年，第 235-236 页。

河西（今玉溪市通海县河西镇），并延至滇南的开远、建水、蒙自、开化（文山）。该区都是小厂，其中以寻甸、易门各处产量较多。滇西区包括永北（永胜）、丽江、云龙、永平、保山、顺宁（凤庆）各州县。这两个区域的铜矿产量都相对较小。滇东北区则包括东川府和昭通府下属区域，诸如东川府，会泽县，昭通府的鲁甸、巧家、大关、永善、镇雄等州县。滇东北矿区规模最大，产量最高，矿厂云集，又以东川府所属各厂为最盛。特别是汤丹、碌碌两厂，极盛时期产量占云南全省总产铜量的70%以上。当时运往北京铸钱的铜，大都要靠这两个厂来供应。[①]从区域分布上看，铜矿的集中区、高产区都在金沙江流域。

从时间段看，清代早期，铜业生产主要集中在滇中。雍正四年（1726年）以后，以汤丹厂为代表的滇东北地区迅速成为最主要的产区。乾隆三十五年（1770年）以后，滇东北地区的铜业生产逐步衰退，以宁台厂为代表的滇西地区兴起。[②]民国《新纂云南通志》称：云南铜矿产区在元代时集中于大理、澄江地区，铜课达2 380斤。明清两代发现铜矿矿苗增多，达到83处，开办的厂达300厂。其中清乾隆三十八年、三十九年（1773年、1774年），每年产铜约1 200多万斤，著名的大厂有汤丹、碌碌、大水、茂麓，其次是宁台、金钗、义都等。[③]清代滇东北铜矿开采以东川府为中心，滇西以临沧顺宁县（今凤庆县）宁台厂为中心。两大铜矿区，又以滇东北矿区规模与开采量最大、持续时间最长，东川府在清代号称“铜都”。因矿业开采兴盛，当地会聚大量以矿谋生之人。乾隆年间，东川因铜矿

① 严中平：《清代云南铜政考》，北京：中华书局，1957年。

② 杨煜达：《清代中期云南铜矿分布变迁与驱动力分析》，《中国地理学会2011年学术年会暨中国科学院新疆生态与地理研究所建所五十年庆典论文摘要集》，第172页。

③ 民国《新纂云南通志（七）》，昆明：云南人民出版社，2007年，第129页。

兴盛，私人开采、私铸盛行，政府屡禁不止："东川一郡产铜甚广，不独诸大厂也，一切山箐之间，随处开挖可以铸铜。东、曲两府，又俱有铅厂，收买甚便，故东、昭、曲靖之间为私铸之薮，深山密箐，人迹罕到者，皆有私窝，虽严禁捕，重加惩创不能息。"[①]

滇东北东川地区大量人员依赖铜矿为生，但矿洞内经常发生矿难，当地人现在还忌讳被人叫作"干麂子"。在开采了几百年的矿山里，挖矿的人有时还在一些古老的坑洞里发现一些像干尸一样被埋葬在坑道中的人，这些应该是很早前的挖矿人，矿洞坍塌后被活活埋在了里面，因为坑道里缺乏氧气，尸体渐渐地被闷干了，像一具具风干的麂子，在矿区骂人时，最恶毒的语言就是骂对方是干麂子。[②]矿区周边的男女老少，或直接或间接都与当地的矿产开发产生联系。

## 三、银矿

银矿在整条金沙江云南段都有分布，但以滇西段鹤庆、滇东北段昭通鲁甸乐马厂最集中。鹤庆银矿主要产地在北衙地区，开采历史以明代为鼎盛时期。明代在各地实行卫所制度，进行屯军屯田，将卫所军士兵及家人编入军户，在当地屯垦自给。卫所中有各种"军匠"从事手工业生产，大量的卫军被纳入白银开采。明代的许多文献中都记载了当时为开银矿而将大量卫军、"罪囚"等充作矿夫。如《滇云历年传》卷六载："宣德五年（1830 年）五月……开会川密勒

① （清）吴大勋：《滇南闻见录》，方国瑜主编：《云南史料丛刊》（第十二卷），昆明：云南大学出版社，2001 年，第 25 页。
② 徐刚：《金沙江档案》，昆明：云南人民出版社，2009 年，第 21 页。

山银场，以云南官军充矿夫。”[①]所谓矿夫，当是卫军中的冶炼军匠。当时的矿夫，除抽调卫军充当外还有原来的坑冶户和释放的“罪囚”。《续文献通考·征榷六》载：“天顺四年（1460年）五月，命云南杀犯死罪以下无力者，具发新兴等厂充矿夫，采办银课。”自明成化四年（1468年）起，明统治者先后派遣“御用监”驻云南专管征收矿课，而下设“贴差小阄”分监各矿。并在现在的北衙街（北衙街西头的村子即古代的鱼塘村）设有“北衙”；在黄泥潭附近设有“南衙”。南衙和北衙相隔不足1千米，却设两个衙门管理银矿，可见当时的矿夫之多、产矿之巨。北衙地区流传着一句谚语，叫作：“千猪百羊万担米，不够北衙一早晨。”据估算，当时在北衙一带采矿的矿夫不下两万人，年产银不下十万两，矿区人口聚居，形成巨大的粮食消费市场。古时渔塘村是白银的主要产地，据调查，现在北衙四周山上的老洞即有3 800多洞，如老爷洞、皮匠涧、花子洞、白观音洞等都是古代产银的矿洞。当时南自黄坪沙坝（新厂），北至松桂西炭街约30平方千米的范围内都属于银矿矿区。据说，现在北衙地区的养仁甸村原来名叫“囚人甸”，专门囚禁有反抗行为的矿夫，那里至今还有用大石板围成的囚房遗址。[②]

除滇西段鹤庆银矿外，楚雄的石羊厂在历史上也曾是云南银矿的重要产区。石羊厂坐落在楚雄双柏县，康熙二十四年（1685年）开始开采，四十四年（1705年）税课额达22 393.32两。康熙末年，石羊厂产量下降，课银“征收不足”。乾隆时期，石羊厂仍是“课银不能敷额”。此后更是每况愈下，到道光九年（1829年），“保解课银”

① （清）倪蜕辑：《滇云历年传》，李埏校点，昆明：云南大学出版社，1992年，第286页。
② 云南省编辑组、《中国少数民族社会历史调查资料丛刊》修订编辑委员会编：《白族社会历史调查》（三），北京：民族出版社，2009年，第266页。

仅5.546两，咸丰年间，彻底停办。[1]

滇东北段的银矿集中分布在昭通鲁甸乐马厂，乐马厂区东北起自龙头山，西南至大佛山，长7千米，最宽达2.4千米，是云南著名的产银老矿区。汉代昭通称朱提，隶属犍为郡，因昭通产银量大，朱提成为银的代称。乐马厂主要子矿区有大佛山、老君山、金种山等十几处。据记载乾隆七年（1742年）开采已十分兴盛，清人檀萃在《滇海虞衡志》中称："昔滇银盛时，内则昭通之乐马，外则永昌之募龙（隆），岁出银不赀，故南中富足，且利及天下。"保山茂隆银厂与鲁甸乐马银厂成为当时全国数一数二的大厂。《鲁甸县志》记载，乾隆七年（1742年）至嘉庆七年（1802年）的六十年间，是乐马银厂最繁荣的时期，仅老君山矿区范围就达十余平方千米，百余个矿洞，各省走厂的矿民达十多万。矿洞深几百米甚至上千米，巷道"攻采甚多，曲折深邃，竟有数里之遥者。"[2]配有岔道和配风巷。在观音洞和莲花狮子洞等大矿洞里，还设有办案的"官坊"及唱戏的"闹堂"等，鼎盛时期冶炼的大土炉48个，炉火通明；道路四通八达，纵横数十里。[3]乐马厂带动了大量的人员、技术及资金进入当地，推动了商业贸易和金融发展，并带动了当地农业的开发。

## 第二节　历史时期金沙江滇西段的黄金开采

云南境内的黄金沿金沙江、澜沧江、红河、怒江四大流域，形成四大产金区。据民国时期的矿业调查，"沿金沙江、澜沧江、红河

① 杨寿川：《云南矿业开发史》，北京：社会科学文献出版社，2014年，第287页。
② 邹长铭编著：《新编昭通风物志》，昆明：云南人民出版社，1999年，第100页。
③ 邹长铭编著：《新编昭通风物志》，昆明：云南人民出版社，1999年，第100页。

与怒江各流域为滇省重要产金之区。金沙江流域之金矿，西北由西康境内起，南经中甸、丽江、永胜、鹤庆而东折至大姚、巧家，复东北至永善、绥江等处。”[①] 云南境内的金沙江、珠江、红河、澜沧江、怒江、伊洛瓦底江六条大河中，预测金沙江砂金资源量占六大河流砂金总资源总量的 28.46%，居六大河流之首。[②]史籍对历史时期云南金矿开采的记载破碎、离散，多只言片语以记之，涉及金沙江滇西段黄金开采的史料更是少之又少，颇有大海捞针之感。本节将简要梳理历史时期云南的黄金分布、生产区域、黄金生产冶炼发展水平、课税等，以窥视历史时期金沙江滇西段的金矿开采概况。

## 一、唐宋以前云南的黄金开采

据河北省藁城县发掘商代遗址 14 号墓（公元前 17 世纪—公元前 11 世纪）中出土的“金箔”，以及河南省辉县琉璃阁商代墓葬（公元前 14 世纪—公元前 11 世纪）中出土的“金叶”，已知中原地区在商代已掌握了黄金的开采和冶炼技术。目前无确实的史料和考古资料可将云南黄金生产的历史追溯到殷商时期，有的学者凭借《韩非子·内储说上》中所说的：“荆南之地，丽水之中生金，人多窃采金。”将史料中的“丽水”误读为今云南大盈江的上游，做出战国时期云南已经有黄金生产的结论，实际上，《韩非子·内储说上》所载的“丽

① 朱熙人、袁见齐等：《云南矿产志略》，转引自林超民、缪文远等编：《中国西南文献丛书》（第三辑），第二十九卷，兰州：兰州大学出版社，2003 年，第 324 页。
② 朱维熙：《云南黄金资源前景及开发战略部署研究》，内部资料，昆明：云南省矿业协会，1991 年印制，第 116 页。

水”应为今浙江丽水。[①]1976年，楚雄万家坝发掘的战国早期墓葬中，出土了两件鎏金[②]的长方形青铜薄片。[③] 战国鎏金饰品的出土，证明黄金制品已存在于战国时期滇人的社会生活中。早期人们开采利用的黄金以砂金为主[④]，先民在水边淘洗出来的是砂金，要经过冶炼方能将其用于制作各种形制、特性的黄金制品。据此推论，发现和开始利用黄金的时间要远早于将黄金用于器物制造的时间，万家坝出土的鎏金铜薄片，虽形制简单但无疑已经是经过加工冶炼的黄金制品，必然是黄金生产冶炼技术发展到一定阶段的产物。当前无相关资料佐证这两件鎏金长方形青铜薄片是出自滇人之手，还是外来的，故而云南的黄金生产源于何时，至今仍无定论。

### 1. 秦汉至唐初的云南黄金生产

秦以前，西南夷地区处于相对封闭的状态。秦始皇统一六国以

① 贾谈《义府》说“金生丽水出《韩非子》”。据《战国策》卷三《秦策》：“秦与荆人战，大破荆，袭郢，取洞庭、五都、江南。”荆为战国时期楚国的别称，丽水为今广西东北部的漓江。又《新唐书》记载：“丽水多金麸。”据樊绰《云南志》卷七《云南管内物产》载：“麸金出丽水，盛沙淘汰取之。河赕法：男女犯罪，多送丽水淘金。”同书卷二载：“又丽水，一名禄卑江。源自逻些城三危山下。南流过丽水城西，又南至苍望。又东南过道双王道勿川。西过弥诺道立栅，又西与弥诺江合流。过骠国南入于海。”南诏后期改镇西节度为丽水节度，治所在丽水城（今缅甸克钦邦伊洛瓦底江东岸的达罗基）。可知，唐代的“丽水”指大（南）金沙江，今缅甸境内的伊洛瓦底江。故而可知，战国、唐代文献中所记“丽水”非金沙江丽江境内的河段。

② 鎏金又称为镀金，是将金粉熔解于水银中，然后将此溶液涂在青铜器表面或倒入青铜器表面的刻槽中，水银挥发后，器物表面涂上了金粉，刻槽中完成了“走金”。

③ 云南省文物工作队：《楚雄万家坝古墓群发掘报告》，《考古学报》1983年第3期。

④ 黄金多以颗粒状、片状和块状的形式存在于石英石、黄铁矿或沙砾中，黄金本身耀眼的金属光泽以及比重大、延展性强的特性是古代先民“披沙拣金”“沙里淘金”最基本的特性依据和运用。就其成矿原因和形态来分类。黄金大体上分为山金和砂金两种。山金，又称“岩金”“土金”“条金”“线金”“块金”等，即原生脉金矿，产于矿山；而砂金被称作“水金”“江金”“麸金”“糠金”等，多取自江河湖沟，也有平地挖井淘洗的。我国古代山金开采时间较晚，卢本珊、王根元在《中国古代金矿的采选技术》（《自然科学史研究》1987年3期）一文中指出至迟自隋代起开始开采原生脉金矿床，而水金的开采和冶炼要早于山金的利用，至迟在商代已出现。

后，逐步在邛都、夜郎和滇僰的部分地区设置郡县，西南夷地区开始在政治上纳入中央王朝的统治体系。两汉统一云南大部分地区，设置郡县、派遣官吏、移民屯垦，采用羁縻政策开拓经营西南夷地区。魏晋南北朝时期，西南夷地区被称为南中（或宁州），包括今天的云南、川西南、贵州的大部地区。政治上的统一，促进了经济文化上的交流、交融。东汉以后，正史、政书、游记、杂记等文献中始有了云南黄金的记载，越来越多的考古发现也证明这一时期云南的黄金生产颇为兴盛。

1955年到1960年，对晋宁石寨山西汉初、中期古墓群的数次挖掘中，出土了金剑鞘（9件）、兵器金套具（3件）、金夹子（1件）、金发针（6件）、金珠（10粒）、滇王之印、金片等数件黄金制品。[①]经有关学者考证，除“滇王之印”尚有争论外，其他金器的制造者都应是当地居民，因为所有金器都呈现出鲜明的地方特色，其表面花纹与当地同时期的出土青铜器花纹一致，而且晋宁石寨山出土的臂甲、剑鞘及兽形片饰等黄金饰品在其他地方未发现过同类器具。[②]之后，云南考古工作者又在距晋宁石寨山相隔不远的玉溪江川李家山西汉中期至东汉早期的墓葬中发现了金剑鞘、金发饰、动物形金片、金镯等种类丰富的金器。[③]可知，西汉以后，云南出现的黄金器物种类增多，先民已经熟练掌握了黄金的锻打和模压等加工技术。

东汉以后，文献中开始正式出现有关云南出产黄金的记载。最早记载云南出产黄金的是东汉王充，其《论衡·验符篇》曰：“永昌郡中亦有金焉。纤靡大如黍粟，在水涯沙中，民采得日重五铢之金。

① 云南省博物馆：《云南晋宁石寨山古墓群发掘报告》，北京：文物出版社，1959年。

② 杨寿川、张永俐：《滇金史略——兼述当今开发滇金的几个问题》，《思想在线》1995年第6期。

③ 云南省文物考古所等：《云南江川李家山古墓群第二次发掘》，《考古》2001年第12期。

一色正黄。”[①]永昌郡（辖境约为今滇西、滇南的广大地区，西至印缅交界的巴特开山，东南至礼社江与把边江间的哀牢山，南部包括今西双版纳等地）设置于东汉永平十二年（69年）。在此之前，西汉武帝时期始开发永昌地区，设置郡县、派遣移民、修南夷道。据此可知，王充在其著作中记载永昌郡出金是确实可信的。东汉时期，永昌郡境内出产水金，按汉代二十四铢为一两来计，“民采得日重五铢之金”约为2钱。

至东汉，云南纳入中央王朝的统治已百年有余，内地与西南地区的联系日益紧密。内地文人墨客开始关注地处边缘的南蛮之地，云南的地理疆域、建制沿革、历史风物等皆有记载。根据隔代修史的传统，史志中述前朝之事也不足为奇，东汉史志所记之事乃前朝西汉时期之事也屡见不鲜，因此我们大胆推断，西汉时期云南地区可能已存在以“沙里淘金”为主的黄金生产。

此后，有关云南出产黄金的记载开始不断增多。滇西的永昌郡、哀牢夷地区出产黄金，如《续汉书·郡国志》记“西南诸郡”曰：“博南，永平中置。南界出金。”[②]汉代博南县，即今大理永平县，在澜沧江东岸，东汉属永昌郡。滇池区域也有出产黄金的记载，《后汉书·西南夷列传》记滇池地区“河土平敞，多出鹦鹉、孔雀，有盐池田渔之饶，金银畜产之富”，同书记载哀牢夷之地（今腾冲、龙陵一带）“出铜、铁、铅、锡、金、银、光珠……”[③]常璩《华阳国志·南中志》曰：永昌郡“土地沃腴，……出铜、锡、黄金、光珠、虎魄……”又“博南县，西山高三十里，越之，得兰沧水。有金沙，

① （东汉）王充：《论衡》卷一九《验符篇》，上海：上海古籍出版社，1990年，第192页。1铢≈0.58克。

② 《续汉书·郡国志》，北京：中华书局，1965年，第3514页。

③ 《后汉书》卷八六《西南夷列传》，北京：中华书局，1965年，第2846、2849页。

以［火］水洗取，融之，为黄金。”[①]郦道元《水经注·若水》亦记载了“兰沧水出金沙”。

可知，两汉到魏晋时期史籍中云南黄金产地遍及滇西、滇中、滇东大部地区。滇西永昌郡境内沿澜沧江、大盈江、怒江等河流产金兴盛，产量可观，“民日得重五铢之金”。滇池地区有“金银畜产之富”，金银矿产储量丰富，采金业大有发展。当时云南的黄金开采冶炼技术，多是淘洗水沙以得砂金，民众用“以火融之”之法提取黄金。黄金制品的数量、品种都有明显的增多，不止简单小巧的装饰品，也有大件黄金制品。如《太平御览》引《永昌郡传》载：“哀牢王出入射猎，骑马，金银鞍勒，加翠毛之饰。”[②]又《后汉书·种暠列传》载：“时永昌太守冶铸黄金为文蛇，以献梁冀……”[③]文献中未见云南产金业课税的记载，当时的开采规模也无从考证。

2．南诏大理国时期的云南黄金生产

南诏于唐开元二十六年（738年）统一洱海地区，后将云南（包括今川南、黔西等广大地区）纳入其统治。唐昭宗天复二年（902年），郑买嗣发动政变夺取政权，取代蒙氏的统治。南诏政权分崩离析后，原南诏的统治区域，在之后的30余年间，出现三个小王朝。段思平建立大理国后，基本上恢复和统一了南诏时期的范围。唐宋五代时期，云南地区处于南诏大理国政权的统治之下，虽被相对独立的地方政权所统治，但并未切断与内地的联系，特别是南诏政权与唐王朝之间保持着密切的联系，南诏虽在唐王朝、吐蕃两大政权

---

①（东晋）常璩：《华阳国志校补图注》卷四《南中志》，任乃强校注，上海：上海古籍出版社，2017年，第285-286页。

② 佚名：《永昌郡传》，方国瑜主编：《云南史料丛刊》（第一卷），昆明：云南大学出版社，1998年，第189页。

③《后汉书》卷五六《张王种陈列传》，北京：中华书局，1965年，第1827页。

的博弈中夹缝里求生存，但包括黄金生产在内的云南社会经济是持续向前发展的。

南诏大理国时期，云南黄金生产较之两汉有了更大的发展。主要表现在以下几个方面：首先，黄金产地增多，水金、山金皆有开采。唐代樊绰《云南志》对云南黄金产地记载颇为详细，曰："生金，出金山及长傍诸山（今片子西，恩门开江东岸诸山），藤充（今腾冲）北金宝山。……麸金出丽水（今缅甸境内的伊洛瓦底江），盛沙淘汰取之。……长傍川界三面山并出金……"[①] 樊绰所记的长傍诸山和腾冲金宝山出产黄金，是有关云南山中产金的较早记载。此外，《新唐书·南诏传》载："长川诸山，往往有金，或披沙得之。丽水多金麸。"[②] 又《新唐书·地理志》载剑南道"厥贡：金、布、丝、葛、罗、绫……"巂州越巂郡"土贡：蜀马、丝布、花布、麸金、麝香、刀靶"；姚州云南郡"土贡：麸金、麝香"。[③]《太平寰宇记》记载巂州"土产：丝、布、五味子、麸金及牛"。[④]南诏大理国时期，其统治范围内澜沧江、伊洛瓦底江、恩门开江等几条大江皆出产麸金，而按《新唐书》巂州越巂郡和姚州云南郡土贡记载来看，其麸金来源应是境内金沙江水系的河流。

其次，黄金开采、冶炼技术有了显著提高。刘禹锡有诗"日照澄洲江雾开，淘金女伴满江隈。美人首饰王侯印，尽是沙中浪底来"，

---

①（唐）樊绰撰：《云南志补注》，向达原校，木芹补注，昆明：云南人民出版社，1995年，第96页。

②《新唐书》卷二二二上《南诏上》，北京：中华书局，2000年，第4754页。

③《新唐书》卷四二《地理六》，北京：中华书局，2000年，第709、711页。

④《太平寰宇记·剑南道九》，节录参见方国瑜主编：《云南史料丛刊》（第一卷），昆明：云南大学出版社，1998年，第585页。

唐代的黄金多是取自“沙中浪底”之砂金[①]。南诏大理国时期，云南黄金开采也以淘洗砂金为主。樊绰《云南志》详尽记载了淘洗之法，曰：“土人取法，春冬间先于山上掘坑，深丈余，阔数十步。夏月水潦降时，添其泥土入坑，即于添土之所沙石中披拣。有得片块，大者重一斤，或至二斤；小者三两五两。价贵于麸金数倍。……麸金出丽水，盛沙淘汰取之。”[②]李石《续博物志》记载了南诏大理国时期的山金开采，文曰：“生金出长傍诸山，取法以春和冬先于山腹掘坑，方夏，水潦荡沙泥土注入坑，秋始披而拣之。”[③]从这里记载的开采方法看，春冬季节在山腹中挖坑，到夏天雨季，山中含金的沙土随雨水冲刷入坑，雨季结束，采金人将坑中的沙土带到水边披洗，千淘万滤披洗出金子，可知尚无规模化的矿厂开采。而开采到得黄金以麸金为主，《云南志·云南管内物产》载“有得片块，大者重一斤，或至二斤；小者三两五两。”又《博物志补》云：“丽江府产金尤多，所谓金生丽水是也。……每雨后其金散拾如豆如枣，大者如拳，破之中空，有水，亦有包石子者。”[④]南诏大理国时期，与内地中央王朝的交往日渐增多，汉族工匠、工艺进入云南，如唐文宗太和三年（829 年）南诏攻掠成都，“掠子女工技数万引而南”[⑤]，促进

① 目前“沙金”“砂金”两种写法都有使用。笔者按《中国大百科全书·矿冶》，黄金分为山金和砂金。除直接引用他人研究成果外，皆采用“砂金”这一写法。

②（唐）樊绰撰：《云南志补注》，向达原校，木芹补注，昆明：云南人民出版社，1995 年，第 106 页。1 丈≈3 米，1 斤≈228.27 克，1 两≈14.27 克。

③（晋）葛洪等撰：《古今逸史精编 西京杂记等八种》，熊宪光选辑、点校，重庆：重庆出版社，2000 年，第 75 页。

④（明）游潜：《博物志补二卷·物产》，四库全书存目丛书编纂委员会编：《四库全书存目丛书》“子部”第 251 册，济南：齐鲁书社，1995 年，第 76 页。

⑤《新唐书·南诏传》，方国瑜主编：《云南史料丛刊》（第一卷），昆明：云南大学出版社，1998 年，第 387 页。

了矿产开采冶炼技术的提高，出现大尊的黄金制品，鎏金工艺也进一步提高。大理西北崇圣寺塔顶的相轮以鎏金铜皮包裹，塔顶还留有南诏世隆时建的“大鹏金翅鸟”。[①]1976年，云南省博物馆在大理三塔维修的过程中，在千寻塔发现大批大理国时期的文物，其中有金制的佛像、鎏金银、铜佛像及观音像、金盒、金刚杵、金翅鸟等鎏金物品。[②] 1981年大理文管所在维修弘圣寺塔时，也发现了金制的金刚杵及大量的鎏金器物。[③]

再次，南诏大理国时期，云南黄金生产经营模式虽仍以穷民农隙开采为主，但已出现官办的黄金生产。樊绰《云南志・云南管内物产》载：“沙赕法，男女犯罪，多送丽水淘金”[④]，又《云南志・南蛮疆界接连诸蕃夷国名》载：“太和九年（835年）曾破其国，劫金银，掳其族三二千人，配丽水淘金。”[⑤]“南诏法”规定将罪犯和俘虏送往丽水淘金，官府只需提供这些人员的食宿，无须另付酬劳，统治者在淘金业上收益应十分丰厚。对离散开采的淘金穷民，官府则抽取课税，设立专门的机构管理和收缴课税，“然以蛮法严峻，纳官十分之七八，其余许归私。如不输官，许递相告。”[⑥]《续博物志》亦载：“先纳官十分之八，余许归私。”[⑦]

---

① 云南省文物管理委员会：《南诏大理文物》，北京：文物出版社，1992年，第123页。
② 云南省博物馆文物工作队：《大理崇圣寺三塔主塔的实测和清理》，《考古学报》1981年第2期。
③ 转引自张增祺《云南冶金史》，昆明：云南美术出版社，2000年，第238页。
④（唐）樊绰撰：《云南志补注》，向达原校，木芹补注，昆明：云南人民出版社，1995年，第106页。
⑤ 据方国瑜先生《云南史料丛刊》，“沙赕法”应作“河赕法”，当作“南诏法”解。河赕“当在西洱河地区，盖为十赕之总称”。
⑥（唐）樊绰撰：《云南志补注》，向达原校，木芹补注，昆明：云南人民出版社，1995年，第106页。
⑦（晋）葛洪等撰：《古今逸史精编 西京杂记等八种》，熊宪光选辑、点校，重庆：重庆出版社，2000年，第75页。

最后，黄金使用范围日渐广泛。其一，用来满足统治阶层的日常生活和宗教需要。《云南志·蛮夷风俗》载："南诏异牟寻衣金甲"，"曹长以下，得系金佉苴"，贵族妇人以"金贝""金银真珠"为饰，用黄金制作的器物是地位、身份的象征，"南诏家食用金银"。1996年拆除的洱源火焰山塔中发现含有金砂和金箔的中草药物（据考证为大理时期之遗物）[①]，可见当时还将黄金入药使用。人死之后"南诏家则贮以金瓶"[②]，"弥诺王所居屋之中，有一大柱，雕刻为文，饰以金银"[③]，黄金制品作为装饰品、实用器物等，广泛用于社会生活中。其二，黄金是南诏大理国进贡的重要物品，《新唐书·地理志》载，姚州云南郡、巂州越巂郡土贡麸金。唐朝使臣到南诏，南诏也赠其金制品。《册府元龟》载："（文宗太和）三年（829年）十二月庚寅，西川监军判官张士谦奏'南蛮宣慰回，得蛮人事物金盏、银水瓶等'。"[④]其三，黄金作为等价物用于流通和交易，流通范围极广，不止在滇，已到内地和中印半岛。当时黄金除满足本地使用外，自然会有商人贩卖到其他地方。自汉晋到唐宋，流入内地的黄金以"云南块金"著名。《云南志·云南城镇》银生城（今景东）"又南有婆罗门、波斯……交易之处，多诸珍宝，以黄金、麝香为贵货。"[⑤]从黄金制品在南诏大理国时期的广泛使用，可知当时的黄金产量应是十分可观的。

---

① 参考张增祺：《云南冶金史》，昆明：云南美术出版社，2000年，第238页。
②（唐）樊绰撰：《云南志补注》，向达原校，木芹补注，昆明：云南人民出版社，1995年，第118页。
③（唐）樊绰撰：《云南志补注》，向达原校，木芹补注，昆明：云南人民出版社，1995年，第148页。
④（北宋）王钦若：《册府元龟》卷九八〇，方国瑜主编：《云南史料丛刊》（第二卷），昆明：云南大学出版社，1998年，第303页。
⑤（唐）樊绰撰：《云南志补注》，向达原校，木芹补注，昆明：云南人民出版社，1995年，第89页。

## 二、元、明、清时期的云南黄金生产

大理国天定二年（1253 年），忽必烈率军南下，于至元十一年（1274 年）设立云南行省，重将云南纳入其统一集权之内，政治上大统一，使统治阶层加强了对云南黄金开采和课税的管理，新增了很多黄金产地，元、明、清时期是历史时期云南黄金生产的兴盛期。

### 1．元代云南黄金生产

元代，云南黄金产地较之南诏大理国时期有所增加，黄金产量高，金价不一，总体低于官定价额。《元史·食货志》载“产金之所，……云南省曰威楚（今楚雄）、丽江、大理、金齿（今保山、德宏一带）、临安（今建水）、曲靖、元江、罗罗（今凉山彝族自治州境）、会川（今四川会理一带）、建昌、德昌（今四川德昌一带）、柏兴（今四川盐源一带）、乌撒（今贵州威宁一带）、东川、乌蒙（今昭通）。”[①]《马可波罗行纪·云南行纪》亦载，建都州（今四川宁远一带）“至其所用之货币，则有金条，案量计值”，“河中有金沙甚饶”；哈剌章州（今大理一带）“此地产金甚饶，川湖及山中有之，块大逾常，产金之多，致于交易时每金一量值银六量”；金齿州“其货币用金，然亦用海贝……金一量值银五量，商人多携银至此易金而获大利”。[②]此外，《马可波罗行纪》中所记云南多处均产金或使用金器。元代，除滇东南一带的黄金开采未见之于文献外，滇省其余各地都有提及。马可波罗所记，云南多数地方金一两值银五六两，而当时官定金价为金一

① 《元史》卷九四《食货二》，北京：中华书局，1976 年，第 2377 页。
② 《马可波罗行纪·云南行纪》，方国瑜主编：《云南史料丛刊》（第三卷），昆明：云南大学出版社，1998 年，第 140-158 页。《马可波罗行纪·云南行纪》所记地名均按方国瑜先生考释。

两值银十两。云南金价低于官定金价，究其原因主要是当时云南银矿开发较少，以至银价上涨。“其境周围五月程之地无银矿，金一量值银五量，商人携银至此易金而获大利”，又“诸地距城较远而不能常售卖其黄金及麝香等物者”。[①]

元代设立云南行省，对采金业在内的涉及经济命脉的矿冶业的管理显著加强。设置了专门的机构管理采金和收取课税，金课有定额（表 2-1）。产金量年产无定额，况且矿厂时有旋开旋停的。《元史》载世祖至元三年（1266 年）“甲子立诸路洞冶所”[②]，十九年（1282 年）九月“丁亥，遣使括云南所产金，以孛罗为打金洞达鲁花赤”[③]；二十年（1283 年）十二月丙午“罢云南造卖金箔规措所”[④]。在部分地区实行民冶矿官取课之法，《元史》卷一六载“建都地多产金，可置冶，令旁近民炼之以输官。”[⑤]《元史·食货志》记“在云南者，至元十四年（1277 年），诸路总纳金一百五锭”[⑥]，后增。尚有赋税部分纳金之制，《元史·世祖九》说，十九年（1282 年）九月“定云南税赋用金为则”[⑦]，又有所谓贡金之例，《元史·地理志》载：“金齿六路、一赕，岁输金银各有差”；曲靖路“岁输金三千五百五十两”。元代云南采金业赋税沉重，淘金户生活艰辛，这时期出现一批反映淘金户生活情况的诗歌。蔡明《淘金户》：“淘金户淘金大江侧，水深沙浅淘不得。夜闻叫呼来打门，官司追课如追魂。呼童挑灯取金

① 《马可波罗行纪·云南行纪》，方国瑜主编：《云南史料丛刊》（第三卷），昆明：云南大学出版社，1998 年，第 140-158 页。
② 《元史》卷六《世祖三》，北京：中华书局，1976 年，第 113 页。
③ 《元史》卷一二《世祖九》，北京：中华书局，1976 年，第 244 页。
④ 《元史》卷一二《世祖九》，北京：中华书局，1976 年，第 251 页。
⑤ 《元史》卷一六《世祖十三》，北京：中华书局，1976 年，第 347 页。
⑥ 《元史》卷九四《食货二》，北京：中华书局，1976 年，第 2378 页。
⑦ 《元史》卷一二《世祖九》，北京：中华书局，1976 年，第 244 页。

看，囊中所积能几分。课多金少输不及，里胥怒嗔徐见絷。卖金买宽限，金尽限转急。归来坐窗下。妻子相对泣，泣亦徒尔为。输官不在迟。南庄有田仍可卖，莫遣过限遭鞭笞。独不见西家卖田仍卖屋，户户补金犹不足。”①

**表 2-1　元天历元年（1328 年）矿业课税表**

| 地区 | 金 | 银 | 铜/斤 | 铁/斤 |
| --- | --- | --- | --- | --- |
| 腹里 | 40 锭 47 两 3 钱 | 1 锭 25 两 | | |
| 江浙 | 180 锭 15 两 1 钱 | 125 锭 39 两 2 钱 | | 245 867（课钞 1 703 锭 14 两） |
| 江西 | 2 锭 45 两 5 钱 | 462 锭 3 两 5 钱 | | 217 450（课钞 176 锭 24 两） |
| 湖广 | 80 锭 24 两 1 钱 | 236 锭 9 两 | | 282 595 |
| 河南 | 38 两 6 钱 | | | 3 930 |
| 四川 | 7 两 2 钱（麸金） | | | |
| 陕西 | | | | 10 000 |
| 云南 | 184 锭 1 两 9 钱 | 753 锭 34 两 3 钱 | 2 380 | 124 701 |

资料来源：本表据《元史》卷九六《食货四》数据整理。

元代云南部分地区以金为货币进行交易，出现了交易黄金的固定市场，这是云南黄金生产史上的一大进步，可见当时云南黄金产地分布广泛且产量可观。《马可波罗行纪·云南行纪》载，下一大坡“仅见有一重要处所，昔为一大市集，附近之人皆于定日赴市。每星期开市三次，以其金易银，盖彼等有金甚饶，每精金一两，易纯银五两，银价既高，所以各地商人携银来此易金，而获大利。至若携

①（清）顾嗣立、（清）席世臣编：《元诗选·癸集·下》，北京：中华书局，2001 年，第 1672 页。

金来市之土人，无人知其居处。”[①]“下一大坡”经方国瑜先生考证应在金齿边境之龙川江上。元代云南金价低于官订价额，吸引了众多外地商人到云南以银易金，从中获利，参与金银交易的有土人、来自各地的商人和海外商人，如印度人。《马可波罗行纪·云南行纪》说哈拉章州“所用货币则以海中所出之白贝而用作狗颈圈者为之”，又说“彼等亦用前述之海贝，然非本地所出，而来自印度”[②]。可见土人是携金来易贝、易物品，各地商人是携带银子交换黄金或用物品交易黄金，印度商人则是携带海贝来交易黄金和物品。

2. 明代云南黄金生产

明代云南银矿空前繁盛，采金业亦持续发展。《明史》有：“金取于滇，不足不止；珠取于海，不罄不止”[③]的说法，此处“金”泛指的是金银铜铁等金属。《天工开物》载“中国产金之区，大约百余处，难以枚举。……颗块金多出西南，取者穴山至十余丈，见伴金石即可见金，其石褐色，一头如火烧黑状。水金多者出于南金沙江（古名丽水），此水源出吐蕃，绕流丽江府至于北胜州，迴环五百余里。出金者有数截……”[④]《明史·地理志》大姚府说：“西北有龙蛟江，源出铁索箐，一名苴泡江，产金。”[⑤]王宗载《四夷馆考·百夷馆》“芒市条”载：“境内有青石山，麓川、金沙二江。土产金、香橙、橄榄、芋、蔗。”[⑥]周季风《正德云南志》载永宁府“土产……

① [意] 马可波罗口述：《马可波罗行纪》，冯承钧译，上海：上海书店出版社，2006年，第286页。
② [意] 马可波罗口述：《马可波罗行纪》，冯承钧译，上海：上海书店出版社，2006年，第269页。
③《明史》卷二三二《列传第一百二十》，北京：中华书局，2000年，第4045页。
④（明）宋应星：《天工开物·五金》，明书林杨素卿刻本，北京图书馆藏本。
⑤《明史》卷四六《地理志七》，北京：中华书局，2000年，第788页。
⑥（明）王宗载：《四夷馆考·百夷馆》，方国瑜主编：《云南史料丛刊》（第五卷），昆明：云南大学出版社，1998年，第462页。

金、银、盐，府境出”；姚安军民府“土产，金，龙蛟江出”；鹤庆军民府“金沙江……内出金沙如糠粃，故名”；丽江军民府“土产，毡、盐、金”。[①]从上面的诸条记载看来，有明一代，云南的黄金产地几乎遍及云南全省。

1988年11月，景东县文化馆在锦屏镇河东村抢救性发掘的陶氏土司墓葬中，清理出了明代世袭第十代第九任景东知府陶金墓（陶金出生日期不详，卒于万历十年，即1582年）[②]，发掘出陶金官服上的金扣，金箔男性人面脸像一面（重38克，长16.2厘米，宽13厘米，模压成形）。在陶府墓地另一座女性墓中出土金制女性人面像一面（重13.8克，长8.7厘米，宽7厘米，厚0.3厘米，为金片冲压成形）。[③]墓葬中出土金质人面像是云南发现第一例，虽不能得知此金质人面像是否为云南本土所造，但至少可知这一工艺技术当时已在云南存在。

明代云南金矿课税不定，各时期变化无常，名目繁多。《新纂云南通志》载：“明以银八千两折买金一千两，未行，复加贡三千两。”[④]此外，万历年间云南抚臣的奏言中提及：“滇中所产止铜、锡矿砂，金非自有之赋，两千之派，始自嘉靖十三年（1534年），非祖宗之制也；五千两之加，始自万历二十年（1592年），非肃宗皇帝之旧也。”[⑤]笔者初步统计，将见于文献记载之数据整理汇总成表2-2：

---

①（明）周季风：《正德云南志》，方国瑜主编：《云南史料丛刊》（第六卷），昆明：云南大学出版社，2000年，第179-209页。

② 罗一华：《景东土司的传袭及“土”“流”关系》，张瑜、邹建达、李春荣主编：《土司制度与边疆社会》，长沙：岳麓书社，2014年，第557页。

③ 黄桂枢：《思茅风物志》，昆明：云南人民出版社，2000年，第70页。

④ 民国《新纂云南通志（七）》，昆明：云南人民出版社，2007年，第118页。

⑤《明实录·神宗实录》，万历三十七年（1609年）七月壬午，方国瑜主编：《云南史料丛刊》（第四卷），昆明：云南大学出版社，1998年，第137页。

表 2-2　明代云南金课、贡金一览表

| 时　间 | 朝廷年例及增减状况 | 官定总额/两 | 云南进贡实数/两 |
|---|---|---|---|
| 弘治十六年（1503 年） | 折买金 1 000 两，额办金 66.67 两 | 1 066.67 | |
| 嘉靖元年（1522 年） | 折买金 1 000 两 | 1 000 | |
| 嘉靖七年（1528 年） | 折买金 1 000 两，额办金 66.67 两 | 1 066.67 | |
| 嘉靖九年（1530 年） | 折买金 1 000 两，耗金 10 两 | 1 010 | |
| 嘉靖十三年（1534 年） | 年例 1 000 两，加成色金 1 000 两 | 2 000 | |
| 嘉靖四十五年（1566 年） | 催买足色金、九成金各 3 000 两，八成、七成金各 3 000 两 | 12 000 | |
| 隆庆六年（1572 年） | 年例 2 000 两，加派 3 000 两 | 5 000 | |
| 万历九年（1581 年） | 年例 1 000 两，增九成金 1 000 两 | 2 000 | |
| 万历十年（1582 年） | | | 2 000 |
| 万历二十年（1592 年） | 岁进 4 000 两 | 4 000 | |
| 万历二十七年（1599 年） | | | 5 000 |
| 万历二十九年（1601 年） | | | 30 |
| 万历三十五年（1607 年） | 岁贡 5 000 两 | 5 000 | |
| 万历四十三年（1615 年） | | | 50 |
| 泰昌元年（1620 年） | 减云南贡金 2 000 两 | 3 000 | |
| 天启二年（1622 年） | 贡金准暂停 | | |

资料来源：本表依据《明实录》《明会典》有关记载整理汇总。

史籍所载明代云南金课、贡金数据缺乏连续性，仅能从表 2-2 数据中窥视一二。此外，明代上缴的金锭都要求“錾凿官匠姓名”，据北京市昌平区十三陵定陵发掘报告称，随葬品中有“金元宝共计一百零三锭”，其中万历皇帝棺内刻字的金元宝都是云南布政司收解的，年代从万历二十年一直延续至四十五年（1592—1617 年）。有的刻“云南布政司计解万历三十七年份（1609 年）足色金一锭，重十两，委官经略宋宪全，金户吴相，金匠沈教”；“云南布政司计解万历四十五年份（1617 年）足色金一锭，重十两，委官通判郑续之，金户陈卓，金匠沈教。”[①]明代云南金课繁重，民众屡受其累，以致明代户部主事洪启初在万历四十六年（1618 年）上言，曰：“滇之害，无如贡金一事。其采买、起运之苦，按臣言之已详，而六月中，护金兵役渡盘江死者五十人，况兼兵火之后，继以旱虐，疠疫盛行，槥车相望，从来上天降害，未有至此极者。”[②]此外，文献所记云南请求减少金课的奏章为数不少，仅《明实录》所记就有十余处之多。

3．清代云南黄金生产

清代云南矿业的开采盛极一时，“滇境多山少树，石率产五金，金、银、铜、锡，在在有之”[③]，“滇多矿，而铜为巨擘”[④]。境内金矿持续开采，但矿厂的规模、产量和清廷的重视程度远不及铜矿。

文献中有关清代云南金矿开采的记载不断丰富并日趋详尽，其在私人编纂的史地、游记、文集中犹胜，内容涉及金矿分布地、采金法、金课、采金危害等内容。如刘崑《南中杂说》“金”条记载详细，曰：“滇水之产金者，曰金沙江，土之产金者，曰白牙厂。永平县采江金法，土人没水取泥沙以漉之，日可得一二分，形皆三角，号曰狗头金。采土金之法，土人穴地取沙土以漉之，亦日得一二分，

①《定陵试掘简报》，《考古》1959 年第 7 期，转引自张增祺《云南冶金史》，昆明：云南美术出版社，2000 年，第 244 页。

②《明实录·神宗实录》，万历四十六年（1618 年）十一月癸丑，方国瑜主编：《云南史料丛刊》（第四卷），昆明：云南大学出版社，1998 年，第 138 页。

③（清）陈弘谋：《大学士广宁张文和公神道碑》，《碑传集》卷二六，转引自中国人民大学清史研究所编：《清代的矿业》（上册），北京：中华书局，1983 年，第 77 页。

④（清）吴其濬：《滇南矿厂图略·滇矿图略》（下），转引自中国人民大学清史研究所编《清代的矿业》（上册），北京：中华书局，1983 年，第 86 页。

状如糠粃，号曰瓜子金。”[①]此外，檀萃的《滇海虞衡志》卷二《志金石》、刘慰三的《滇南志略》[②]和徐炯的《使滇杂记》[③]等书中都记述了云南黄金开采的内容。值得关注的是，云南黄金生产到清代已持续了上千年之久，矿厂数、从业人数都已达到一定规模，黄金开采的危害日益显现，时人不只看到了矿产开发带来的巨大利润，也关注到了矿产开发对自然环境的危害，这在此前的文献中不多见。刘崑《南中杂说》载，黄金开采“取利甚微，而其害甚大。水金之害，江深而水驶，或造淹没，或遇水怪，则性命相殉。土金之害，则破民田，坏城郭，而硐丁卒未闻以金富也。”淘洗水金，要在江河底部、两侧挖取大量的河沙，使河道不断下切，或在河道中挖出大小、深浅不一的洞，从而形成旋涡，人们在江中航行、游水等极易发生水上事故，致“性命相殉”。在一些区域，淘金人顺着河岸延伸到两侧山体挖掘富含砂金的沉积沙，进深数米至数十米不等，成为引发山体滑坡、塌陷、泥石流等自然灾害的一大诱因。

矿产资源是一种不可再生资源，经过此前数个朝代无规划的掠夺式开采，在矿产资源勘探和开采技术未有质的提升的前提下，过度开发带来的资源枯竭慢慢地才能显现出来。到了清代，以人工开采为主要手段的金矿开采，因过度开发多数呈现出硐老山空的状况。产量低、产无定数，官办矿硐故而旋开旋停。出现了采停两难，又受课税所累的状况，“欲出本以采之，则恐得不偿失，欲听民自行开

① （清）刘崑：《南中杂说》，方国瑜主编：《云南史料丛刊》（第十一卷），昆明：云南大学出版社，2001年，第357页。

② （清）刘慰三：《滇南志略》，方国瑜主编：《云南史料丛刊》（第十三卷），昆明：云南大学出版社，2001年。

③ （清）徐炯：《使滇杂记》，林超民、缪文远等编：《中国西南文献丛书》（第三辑第二十八卷），兰州：兰州大学出版社，2004年，第153-174页。

采而稍收其税，又虑课不足额，徒为考成之累，故上官日责开采，而州县日请封闭也。……若听民间自行开采，而薄收其税，则开采者众。遇矿脉微细，则听州县之请，验明封闭，而开除税额，以免考成之累，则州县由何苦为国家塞此利孔耶。或谓滇中为五金之地，泥封谷口，可致富强……”①清代云南黄金生产总体呈现萎缩之态，但生产经营模式是向着扩大化发展的，出现了粗具规模的厂矿。檀萃《滇海虞衡志》记载“滇南金厂有三，一在永北之金沙江，一在保山上潞江，一在开化之锡板”②，此外还有白牙厂、麻康厂等大型金厂。滇东南金矿开采始见于文献记载，如在文山西南设立的麻姑厂（表 2-3）。

**表 2-3　清代前、中期云南黄金厂矿一览表**

| 厂名 | 厂址 | 开办年代 | 附记（岁课、封闭） |
| --- | --- | --- | --- |
| 金沙江厂 | 永北府 | 康熙二十四年（1685 年） | 康熙二十四年（1685 年），每金床一张，月抽课金一钱，年课金十四两五钱二分，遇闰加金一两二钱一分。乾隆六年（1741 年）减半，年课金七两二钱六分 |
| 麻姑厂 | 开化府 | 乾隆十五年（1750 年） | 每年额征课金十两一分 |
| 格咱厂 | 中甸府 | 乾隆五十年（1785 年） | 嘉庆年间封 |
| 麻康厂 | 中甸府 | 乾隆十九年（1754 年） | 嘉庆十五年（1810 年）封 |

① （清）刘崑：《南中杂说》，方国瑜主编：《云南史料丛刊》（第十一卷），昆明：云南大学出版社，2001 年，第 357 页。
② （清）檀萃：《滇海虞衡志》卷二《志金石》，方国瑜主编：《云南史料丛刊》（第十一卷），昆明：云南大学出版社，2001 年，第 180 页。

| 厂名 | 厂址 | 开办年代 | 附记（岁课、封闭） |
|---|---|---|---|
| 黄草坝厂 | 腾越州 | 嘉庆六年（1801年） | 未定年额，道光九年（1829年），报解课金三钱九分五厘三毫 |
| 上潞江厂 | 保山县 | 康熙四十六年（1707年） | 额课金二十五两五钱六分，遇闰不加，乾隆十五年（1750年）封闭 |
| 锡版厂 | 开化府 | 康熙四十六年（1707年） | 额课金三十四两，遇闰加金二两四钱，乾隆十五年（1750年）封 |
| 北衙蒲草厂 | 鹤庆府 |  | 额课金七两二钱，遇闰加金一两二钱六分，嘉庆二十年（1815年）封 |
| 慢梭厂 | 建水州 |  | 不定年额，嘉庆十五年（1810年）封 |
| 冷水箐厂 | 腾越州 | 嘉庆六年（1801年） | 嘉庆八年（1803年）封 |
| 金龙箐厂 | 腾越州 | 嘉庆六年（1801年） | 嘉庆八年（1803年）封 |
| 魁甸厂 | 腾越州 | 嘉庆六年（1801年） | 嘉庆十一年（1806年）封 |

资料来源：（清）阮元：《道光云南通志·食货志之八·金厂》。

官办金厂颇具规模，管理运营亦有定制，如乾隆年间开采的麻姑厂，“今应设正副课长二名，巡役二名，常川稽查，并解纳课金。每名月给工食银六钱，每名每年给工食银七两二钱，四名每年共计工食银二十八两八钱，于厂课积平余银内动给，按年报部核销。”[①]雇佣砂丁的人数不定，多者上百，少者数十人。乾隆《朱批奏折》载，麻姑金厂“旧开新挖之塘十五口，砂丁一百八十人，应酌定十五人为一床”，慢梭金厂“历来课金全在春冬二季，夏秋留塘挖洗者，止

①《乾隆朱批奏折》，乾隆二十三年（1758年）六月初三日，转引自中国人民大学清史研究所编：《清代的矿业》（下册），北京：中华书局，1983年，第555页。

数十人”。[①]

岁课因产量而定，清代云南黄金产量有所萎缩，从数据看来，岁课总额较之元明两代轻，“清初，课金七十余两，递减至二十八两余，其后划金厂为四，始行定额课金”[②]，但抽课之法十分复杂，在硐老山空，产量不定的情况下，实际的纳课数未见减少，通过表 2-3 也可大体一窥清代云南各大金厂的抽课。对私人淘金者，实行按人头课金。淘金户每天所采之金或有或无，产额不定。若按采金数额收课，淘金户入不敷出，官定金课不变，地方官府就有赔累之苦，故而清政府改对私人淘金者实行按人头课金之法。“若计金收课，必入不敷额，以至官赔累，故课人而不课金。每晨赴河滨淘金者，先按人抽课若干钱文，至金之有无，不计也。而淘金者以此裹足不前，惧无金而徒出课耳。”[③]我们大体梳理了文献中有关云南金厂和金课的资料，见表 2-4：

**表 2-4　道光二十年（1840 年）以前云南金厂与金课简表**

| 金厂名 | 金厂所在地 | 开厂年代 | 管厂人员 | 金课额 |
| --- | --- | --- | --- | --- |
| 黄草坝厂 | 在腾越西，又西则大盈江，贲达土司地 | 嘉庆五年（1800 年） | 腾越厅同知理之 | 按上、中、下三号塘口抽收课金，上沟抽钱一钱五分，中沟抽八分，下沟四分。额课金三钱九分五厘，闰加三分二厘 |

① 《乾隆朱批奏折》，乾隆二十三年（1758 年）六月初三日，转引自中国人民大学清史研究所编：《清代的矿业》（下册），北京：中华书局，1983 年，第 554-555 页。

② 民国《新纂云南通志（七）》，昆明：云南人民出版社，2007 年，第 118 页。

③（清）吴大勋：《滇南闻见录》，方国瑜主编：《云南史料丛刊》（第十二卷），昆明：云南大学出版社，2001 年，第 27 页。

| 金厂名 | 金厂所在地 | 开厂年代 | 管厂人员 | 金课额 |
|---|---|---|---|---|
| 麻康厂 | 在中甸南，其东则安南银厂 | 乾隆十九年（1754年） | 中甸厅同知理之 | 每金一两，抽课金二钱，额课金十两二钱，闰加五钱 |
| 麻姑厂 | 文山西南，近越南及临安界 | 雍正八年（1730年） | 开化府同知理之 | 每金床一张，月纳课金一钱三分，腊底、新正减半抽收。额课金十两零一分，闰加九钱一分 |
| 金沙江厂 | 永北西南金沙江边，接宾川界 | 康熙二十四年（1685年） | 永北厅同知理之 | 每金床一张，月纳课金一钱。额课金七两二钱六分，遇闰不加 |

资料来源：民国《新纂云南通志（七）》，昆明：云南人民出版社，2007年，第118页。

## 三、金沙江（滇西段）淘金史略[①]

### 1.“淘金”考辨

刘禹锡《浪淘沙》有名句曰“千淘万滤虽辛苦，吹尽黄沙始到金”。“淘金”的字面含义即是“沙里淘金”[②]，这一字面含义常常使人们误把“淘金”的对象限定为水金。当然，“淘金”一词随着社会发展赋予了越来越多的含义，甚至引申义的运用多过了本义。依据《汉语大字典》“淘”条列举了它的11种含义[③]。本书讨论的“淘金”，顾名思义，应做“在水中搅荡，出去杂质”解。“淘”的这层含义，

① 本章下文出现“金沙江”除特殊表明者，均指金沙江滇西段。
②《辞海》，“沙里淘金”作“淘汰砂砾，提取黄金”解。
③ 徐中舒主编：《汉语大字典》，四川：四川辞书出版社，1995年，第1656页。“淘”条，①同“滔滔”，大水貌；②在水中搅荡，除去杂质；③冲刷；④疏浚；⑤以液汁拌和食品；⑥倾吐；⑦怄气；⑧耗费；⑨顽皮；⑩方言，道；⑪方言，量词。相当于“群”“帮”。

在古代文献中运用普遍。《六书故》载“淘，去沙尘也，淘米淘井皆谓之淘”[①]，又《篇海类编·地理类·水部》载“淘，澄汰也，淅米也”。“淘金”强调的是“用水洗法去沙取金”的过程，这也是淘金的本义。黄金开采过程中使用“淘”这一工艺过程提取黄金的均可称作“淘金”，用现代冶金工业术语来说，就是运用“重选法”[②]提取黄金都可称作“淘金”。

古代文献中，水金和山金开采都可称为“淘金”。但在一般情况下，“淘金”专指水金开采的，使用较为普遍。《魏书》卷一一〇载：“汉中旧有金户千余家，于汉水沙淘金。”唐代许浑《岁暮自广江之新与往复中题峡山诗四首》之三：“洞丁多斫石，蛮女半淘金”。《宋史》卷一八五载：“宣和元年（1119 年），石泉军江溪沙碛麸金，许民随金脉淘採”。而用来指山金开采的，也不在少数。《旧五代史》卷一一七载：“伊阳山谷中有金屑，民淘取之”。《江西通志》卷七载：“金山，在进贤县西南三十里，其下有淘金井，山与临川接界。”又《文献通考》卷一八载：湖南漕司言“潭州益阳县近发金苗，以碎矿淘金，赋榷入官。”

由此可知，“淘金”一词是用采金过程中一个重要步骤“淘”来代指采金这一行为，“淘”就是要在自然物质中提取黄金。上文谈到云南采金的方法，山金的开采有二，一是采金者于春冬间先在山脚平地之处挖一个坑，到夏季降雨时，山上含金的沙石在山水冲刷下流填于坑内，采金者挖出坑内沙石披沙拣金。二是找好矿脉开凿坑道，采出含金之矿，而后碎矿（用锤子将矿击碎，将不含金的杂矿

① 《六书故》卷六，见《四库全书·经部·小学类·字书之属》。

②“重选法”，即重力选矿法。“沙里淘金”就是最简单的重选法。常用重选设备有跳汰机、摇船、溜槽。

选出抛弃，再不断碎至粉末状），再到河边洗矿，最后用混汞法分金。水金的开采，则是淘金者潜入江水转折或平缓之处，将沉积的泥沙挖取出来，反复进行淘洗，最后获得小片的自然金，后“以火融之”得到有一定纯度的黄金。我们可以这样说，古代云南黄金生产以“淘金”为主。直至近代，云南黄金开采的工艺设备发生巨大改变，机械采金和人力采金并存。现代山金的开采普遍运用的是“氰化法”，所以不能称之为淘金。但是，近代云南社会仍存在用传统模式开采山金的，且都是私人开办的小规模开采，这类开采黄金的行为仍可称作“淘金”。同时，现代水上开采砂金的设备，即装有采矿、选矿、排除尾矿等机械采金船（淘金船），运用的仍是重力选矿法，依旧可称为“淘金”。

2. 历史时期金沙江滇西段淘金概况

（1）金沙江淘金起始

金沙江黄金生产始于何时，难以考证。部分学者据《韩非子·内储说上》：“荆南之地，丽水之中生金，人多窃采金。”这一条史料证明在战国时期金沙江流域已经有淘金。上文已经谈及这一看法系史料误读所致。秦汉在西南夷地区设置郡县，今金沙江滇西段大部分属越嶲郡。文献中开始出现云南地区出产黄金的记载，特别是永昌郡和澜沧江流域出产黄金的记载。金沙江流域在这一时期是否有淘金，有待日后发掘更多的文献资料和考古发现方能明确。

唐代，金沙江出麸金，向朝廷纳贡麸金，既出麸金，必有淘金业。《新唐书·地理志》卷四十二《地理六》载：“剑南道，盖古梁州之域，汉蜀郡、广汉、犍为、越嶲、益州、牂牁、巴郡之地，总为鹑首分。为府一，都护府一，州三十八，县百八十九。其名山：岷、峨、青城、鹤鸣。其大川：江、涪、洛、西汉。厥赋：绢、绵、葛、宁。厥贡：金、布、丝、葛、罗、绫、绵䌷、羚角、犛尾。”又同书载：“巂州越巂郡，中都督府。本治越巂，至德二载（757 年）没吐蕃。贞元十三年（797 年）收复。大和五年（831 年）为蛮寇所破，六年（832 年）徙治台登。土贡：蜀马、丝布、花布、麸金、麝香、刀靶。户四万七百二十一，口十七万五千二百八十。”[①]

（2）元明清金沙江淘金概况

元明清三代，除元代的文献记载云南黄金生产的内容较少外，明清两代的资料已相对丰富。《元一统志 • 丽江路二州》载：“金沙江，古丽水也，今亦名丽江，白蛮谓金沙江……此江沿河皆出金，白蛮遂名金沙江”，又“金，出金沙江，淘洗得之。”[②]后代的文献，多引用这一史料记述金沙江流域的物产。

明代有关云南的地方文献中，金沙江出金的史料相较前朝更为丰富、详细，对金沙江产金地、金矿类型、金质等记载详尽，《滇略 •产略》：“其江曰金沙，源出吐蕃，经铁桥、宝山、永宁、北胜、以达东川，江浒沙泥，金麸杂之，民淘而煅焉，日仅分文，售蜀贾转四方”，又“丽江之金不止沙中，又有瓜子、羊头等金，大或如指，产山谷中，先以牛犁之，俟雨后即出土，夷人拾之，纳于土官”。该书又引《博物志补》云：“金，一也，产于金沙江者，赤色光莹；产于丽江者，色赤而沾垢腻。……丽江府产金犹多，每雨后，其金散拾，如豆如枣，大者如拳，破之，中空有水，亦有包石子者。”[③]由此可见，这一时期金沙江滇西段黄金开采有了长足的发展，时人基本掌

①《新唐书》卷四六《地理六》，长沙：岳麓书社，1997 年，第 663 页。
②（元）孛兰肹等撰：《元一统志》（下），赵万里辑，北京：中华书局，1966 年，第 560-561 页。
③（明）谢肇淛：《滇略》卷三，方国瑜主编：《云南史料丛刊》（第六卷），昆明：云南大学出版社，2000 年，第 689 页。

握了黄金分布情况，对黄金的品质、类型有系统的掌握和分类，文献中对采金方式、课税、黄金交易等都有涉足。《肇域志·云南志》"迤西土官，为丽江最黠。其地山川险阻，五谷不产，惟产金银。其金生于土，每雨过，则令所在犁之，输之官，天然成粒，民间匿铢两者死，然千金之家亦有饿死者。"[①]又，《滇略·产略》载："贫民淘而煅焉，日仅分文，售蜀贾转四方，其税属之土府，汉不得有也"，"夷人拾之，纳于土官"。除官办、私采者，金沙江区域土司为占有资源巩固统治还参与淘金，创办金矿。据史料记载，明代木氏土司开办了丽江大具金矿、天生桥金矿、丽江挖金坪金矿、木里龙达河金矿、中甸甭哥金矿等金矿厂，[②]第三章将专门讨论这个问题。

清代金沙江淘金业大致如明代，位于金沙江永北西南的金沙江金厂成为云南重要的金厂之一。因史料记载有限，具体的开采情况难知，但据乾隆年间举人刘慥[③]上书乾隆皇帝的《奏免金课疏》[④]可知：明清时期金沙江淘金应很兴盛，四方穷民往来金沙江，以淘金为生，却因"金渐不产"、金课沉重，淘金人户散逃，地方官府为完成朝廷的定额课税，只得"将江东西两岸之彝倮按户催征，以完国课"，累及地方官府和当地老百姓。刘慥是云南永胜清邑人，其家乡作为云南重要的产金地，对金课之累深有体会，便上书乾隆皇帝，

①（明）顾炎武：《肇域志》，方国瑜主编：《云南史料丛刊》（第五卷），昆明：云南大学出版社，1998年，第699页。

② 李汝明总纂：《丽江纳西族自治县志》，昆明：云南人民出版社，2001年，第521页。

③ 刘慥，字君顾，号介亭，永胜清邑人，乾隆二年（1737年）中进士，选入翰林院充庶吉士。曾出任四川顺庆府、山东曹州府和江苏苏州府、镇杨道监司、福建按察使、河南布政使、山西巡抚事等职。参与编修《一统志》。乾隆二十六年（1761年）归田，著《和鸣集》《词馆课艺》等诗篇和文章，纂修《永北府志》，乾隆三十二年（1767年）终。

④（清）刘慥：《奏免金课疏》，转引自中国人民大学清史研究所编：《清代的矿业》（下册），北京：中华书局，1983年，第557页。

奏曰："窃惟云南永北府地界金沙江，旧传明季有淘金户，每金床一架，额征金一钱五分，递年约征金十四两五钱零，凭添二两，知府规礼三两，通共征金一十九两五钱零。迩来金渐不产，从前淘金人户久已散亡。今间有淘金之人，俱系四方穷民借此糊口，去来无常，或一日得一二分，或三四日竟无分厘，是以额征之数，不能依例上纳，倘课头抽紧，淘金者即遣散。地方有司以正课不敢虚悬，督责课头，以淘金人尽散，无可著落，只得将江东西两岸之彝倮按户催征，以完国课。间有逃亡一户，又将一户之课摊入一村，相仍积弊，苦累无穷。况二村彝倮并不淘金，乃至卖妻鬻子，赔纳金课。嗟此彝民，情何以堪！"刘慥将金沙江数百年淘金之累，慷慨直陈于乾隆帝，后金沙江一带金课得以减半。其所言为永北府之情况，然各地之情况也约莫如此。

从刘慥的奏折中我们还可以得知，金沙江淘金者除当地居民外，也有来自周边省份的穷民。淘金是完全依托、追逐资源的生计模式，这一特性也决定了淘金民户的流动性较强，金沙江沿线的地名学考证也佐证了这点，如居住在中甸三坝区东坝乡的纳西族，相传是在 16 世纪以后陆续由丽江、宁蒗等地迁来的。据说格汪自然村和姓纳西族原来是住在丽江拉伯（宝山）地区以淘金度日的，后才迁至三坝。[①]金沙江沿岸也形成了一些由外来淘金户组成的村落。在金沙江西岸一称作"黄洛崀"的村落，到 1986 年进行统计的时候，全村有 58 户 343 人，皆为汉族，相传是在明末清初，河南、四川一带的灾民逃来此地淘金度日定居，因而得名黄落拦，后演变而成黄

① 云南民族调查组调查，郭大烈整理：《中甸县三坝区东坝乡纳西族解放前社会历史和经济生活》，《纳西族社会历史调查》（三），昆明：云南民族出版社，1988 年。

洛莨。[①]鹤庆中江区另一个名为“小石洞”的白族村落，相传古时外籍人来此淘金，在金沙江边挖了若干小洞找金沙，村落因此得名小石洞。[②]

## 第三节　历史时期金沙江滇东北段的矿业开发

云南的矿业资源十分丰富，各种有色金属储量大、品质好，诸如金、银、铜、铁等。矿业开发在云南的经济史上占据重要的地位，附近地区的一切有关移民、垦殖、经商和交通等活动，莫不与采矿业紧密相关。其中清代开发规模最大、影响范围最广的则是滇铜，其矿产分布广，矿工人数多，成为云南矿业开发中当之无愧的“龙头”，又以滇东北的矿厂最集中、产铜量最丰富。清道光以后，云南的铜矿逐渐走向衰落，滇东北的矿区也渐渐衰退。

采矿业的发达推动了清王朝西南边疆开发事业的进展。正因如此，学者对其研究也十分深入，取得了许多成果。在清代云南矿业开发史上，除了清代中期以来十分兴盛的铜矿开采，比较重要的矿业还有一直以来较为重要的井盐，以及晚清以来逐渐繁荣的锡矿开采，在滇东北还有银矿等矿业。

虽然滇东北地区的矿业开发历史悠久，但清代改土归流前，史料记载很少。清代雍正年间，矿区史料记载开始增多，乾隆年间滇东北的铜矿开采进入兴盛期，直到咸丰八年（1858 年）云南内战爆发，虽然从乾隆后期矿产量就开始下降了，但总体上还比较高产。

① 鹤庆县人民政府编：《云南鹤庆县地名志》，内部资料，昆明：云南省地矿局测绘队印制，1987 年，第 81 页。
② 鹤庆县人民政府编：《云南鹤庆县地名志》，内部资料，昆明：云南省地矿局测绘队印制，1987 年，第 48 页。

一方面滇东北丰富的铜矿资源，为其矿业开发提供了坚实基础，如有言："滇南僻处边荒，生产甚少，惟矿厂甲于天下。"[①]这是清朝统治者对云南自然资源及其利用的一种基本认识。另一方面，清代中国人口急剧增加，社会经济发展迅速，货币经济时代对依靠金属货币作为本币的大清来说，对铸币原材料铜矿的需求量急剧增加。雍正以前，清朝中央户、工二部所属铸币局即宝泉、宝源二局所用铜料主要购自日本，谓之"洋铜"，但康熙末年以后由于日本控制铜料出口，洋铜来源日趋减少。雍正年间逐渐出现"铜荒"，引起"银贱钱贵"，清廷的货币流通因此陷于困顿状态。因此，清朝统治者便不得不改在国内寻觅铜料产地，以保证铸币原料之长期稳定供应。恰在此时，云南铜矿业开始呈现发达迹象，而且铜料质地较佳，开采远景亦可信赖，因而引起清廷的极大关注，终于使滇铜取代洋铜的地位，成为全国铸币用铜的主要来源。此外，雍正年间对云南实行改土归流，内地充实的人力物力得以进入长期处于闭塞落后状态的云南边远山区，"滇省山多田少，民鲜恒产，惟地产五金，不但滇民以为生计，即江、广、黔各省民人，亦多来滇开采。"[②]这也是云南矿业兴盛的关键因素。因矿业开发而进入云南的矿民构成了移民潮中一股重要力量，他们一方面为云南的经济建设贡献力量，另一方面也在云南生态环境开发史上留下浓厚一笔。

滇东北段的铜矿开采支撑起了清政府铜币本位的财政体系，一直是国家最重要的铜矿产地。清代一直以铜币为本位货币，清末严又陵就指出清政府以铜币为本位之害，认为有清一代铜政是行政上

① 光绪《续云南通志稿》卷四三《光绪二十三年云贵总督松蕃奏疏》，光绪二十七年（1901年）刻本。

②《清实录·高宗实录（四）》卷二六九，乾隆十一年（1746年）六月，北京：中华书局，1985—1987年影印本，第505页。

绝大的问题。从乾隆三年（1738 年）到咸丰初年，户部每年拨库银 100 万两向云南办铜，而那时清政府每年的财政支出每年不过几千万两，办铜的费用就要占到中央财政支出的 1%以上。云南是铜矿的主要来源地，而云南的铜 80%以上出在东川。矿产资源的集中开发，而且是长时段的大规模开发，必然影响当地的自然生态系统。1915 年丁文江对金沙江流域的矿产分布有过详细的调查，其中东川地区的铜矿即为调查重点，撰写了《东川矿政沿革考》，详细梳理了东川铜矿分布与开发历史。

从清至民国，东川地区的铜矿开采大致可以划分为五个时段：一、乾隆三年（1738 年）以前为铜矿开采的官办时期，资本由官府出，铜价也由官府定，当时东川各厂每年产铜不下 600 万斤。二、乾隆三年（1738 年）至咸丰初年。是为滇铜官价最低时代，然亦为滇铜产额最高时代，每年产铜在 1 000 万斤以上。从道光年间开始，滇铜产量开始下降。三、同治十三年（1874 年）至光绪十三年（1887 年）。咸丰中叶开始云南爆发回民战争，兵祸蔓延全省，矿区矿产开采也基本中断，直至同治十三年（1874 年）滇事大定，始有兴复之议，开始定为官督商办，官府委派绅士包办全省各厂铜矿；光绪五年（1879 年）再改为官办，责成地方官经理，效果仍不理想，光绪八年（1882 年）又改为招商承办，行之三年，仍无起色。当时唐炯巡抚云南，督办矿务，向朝廷痛陈官办之弊，议招商开采，完全商办，设局沪上，招揽商股。后招股数年，仅得款 7 万余两，复领带本 12 万，每年出铜，不过 60 万斤。后中法战争爆发，唐炯因守城不力，被捕下狱，光绪十三年（1887 年），又奏派唐炯为督办矿务大臣。自同治十三年起至光绪十三年（1874—1887 年），云南全省出铜才 837 万斤，东川各厂约居五分之四，平均每年产额不过 40 余万斤。

矿产量下降的根本原因在于铜矿储存量减少，其次则因战乱之后，户口凋落，恢复不易。四、光绪十三年（1887 年）唐炯再任督办矿务大臣，设立招商矿务公司，与滇商号天顺祥联络，厚集股本，自行开采，并聘请多名日本人为工程师，购置机器，筹划自设炼炉。然而不到二年，耗资本十余万两白银，出铜才 20 万斤。新法开采，全归失败，不得已又重新招本地炉户，给以成本，听其自行开采。光绪三十三年（1907 年）唐炯辞职以后，东川铜矿改归省藩司经理。其办法仍照其旧。然因商人无利可图，故致衰竭。五、1912—1914 年，仍以官商合办开采，但 1913 年成立东川矿业有限公司，将矿业经营权移交私人之手。东川矿物公司虽名为官商合办，但权力皆在公司股东。[①]

表 2-5 中铜厂共 35 处，其中东川府和昭通府共 12 厂，额铜占全省的 46.21%，接近一半，但与滇东北产铜兴盛期仍有一定的差距。在东川府铜矿开采的高峰时期，其年平均产量基本占到云南铜产量的四分之三还多。[②]

**表 2-5　民国时期云南主要铜厂情况表**　　单位：万斤

| 铜厂名 | 旧属府 | 开厂年份 | 额铜 | 各府额铜统计 | 额铜占全省比重 |
|---|---|---|---|---|---|
| 万宝厂 | 云南府 | 乾隆三十七年（1772 年） | 30 | 32.4 | 2.78% |
| 大美厂 | | 乾隆二十八年（1763 年） | 2.4 | | |
| 狮子尾厂 | 武定府 | 前明开，复停。乾隆三十七年（1772 年）复开 | 0.36 | 1.08 | 0.09% |
| 大宝岩厂 | | 乾隆三十年（1765 年） | 0.72 | | |

① 丁文江：《漫游散记》，郑州：河南人民出版社，2008 年，第 141-150 页。
② [美] 李中清：《中国西南边疆的社会经济：1250—1850》，林文勋、秦树才译，北京：人民出版社，2012 年，第 269 页。

| 铜厂名 | 旧属府 | 开厂年份 | 额铜 | 各府额铜统计 | 额铜占全省比重 |
|---|---|---|---|---|---|
| 汤丹厂 | 东川府 | 前明即开，清初极盛 | 316 | 530.3 | 45.47% |
| 碌碌厂 | | 雍正四年（1726年）划归云南时开 | 124 | | |
| 大水沟厂 | | 雍正四年（1726年） | 51 | | |
| 大风岭厂 | | 乾隆十五年（1750年） | 8 | | |
| 紫牛坡厂 | | 乾隆四十年（1775年） | 3.3 | | |
| 茂麓厂 | | 乾隆三十三年（1768年） | 28 | | |
| 人老山厂 | 昭通府 | 乾隆十七年（1752年） | 0.42 | 8.7 | 0.74% |
| 箭竹塘厂 | | 乾隆十九年（1754年） | 0.42 | | |
| 乐马厂 | | 乾隆四十三年（1778年） | 0.36 | | |
| 梅子沱厂 | | 乾隆四十三年（1778年） | 4 | | |
| 长发坡厂 | | 乾隆十年（1745年） | 1.3 | | |
| 小岩坊厂 | | 乾隆二十五年（1760年） | 2.2 | | |
| 凤凰坡厂 | 澄江府 | 乾隆六年（1741年）复开 | 1.2 | 16.8 | 1.44% |
| （龙宝厂）红石岩厂 | | 乾隆六年（1741年）复开 | 1.2 | | |
| 红坡厂 | | 乾隆二十五年（1760年） | 4.8 | | |
| 大兴厂 | | 乾隆二十三年（1758年） | 4.8 | | |
| 发古厂 | | 乾隆三十七年（1772年） | 4.8 | | |
| 双龙厂 | 曲靖府 | 乾隆四十六年（1781年） | 1.35 | 1.35 | 0.11% |
| 宁台厂 | 顺宁府 | 乾隆四十六年（1781年） | 290 | 290 | 24.86% |
| 得宝厂 | 永北厅 | 乾隆五十八年（1793年） | 120 | 120 | 10.29% |
| 白羊厂 | 大理府 | 乾隆三十五年（1770年） | 10.8 | 50.8 | 4.36% |
| 大功厂 | | 乾隆三十八年（1773年） | 40 | | |
| 赛水箐厂 | 楚雄府 | 乾隆三十六年（1771年） | 1.12 | 2.73 | 0.23% |
| 马龙厂 | | 雍正七年（1729年） | 0.44 | | |
| 香树坡厂 | | 乾隆四十八年（1783年） | 0.72 | | |
| 秀春厂 | | 乾隆四十六年（1781年） | 0.45 | | |

<table>
<tr><th>铜厂名</th><th>旧属府</th><th>开厂年份</th><th>额铜</th><th>各府额铜统计</th><th>额铜占全省比重</th></tr>
<tr><td>回龙厂</td><td>丽江府</td><td>乾隆三十八年（1773 年）</td><td>7</td><td>7</td><td>0.60%</td></tr>
<tr><td>义都厂</td><td rowspan="3">临安府</td><td>乾隆二十三年（1758 年）</td><td>8</td><td rowspan="3">99.2</td><td rowspan="3">8.51%</td></tr>
<tr><td>宝钗厂</td><td>乾隆四十三年（1778 年）</td><td>90</td></tr>
<tr><td>绿矿硐厂</td><td>嘉庆十一年（1806 年）</td><td>1.2</td></tr>
<tr><td>青龙厂</td><td>元江州</td><td>乾隆四十二年（1777 年）</td><td>6</td><td>6</td><td>0.51%</td></tr>
<tr><td colspan="4">总计</td><td>1 166.36</td><td>1</td></tr>
</table>

资料来源：民国《新纂云南通志（七）》卷一四六《矿业考二》，昆明：云南人民出版社，2007 年，第 129-133 页。分府州厅统计及所占全省比例由笔者计算得出。

铜矿以滇东北产量最大，产区最为集中。除铜矿外，昭通地区的银、铅、金矿等矿厂也甚多，产量与规模虽不及铜矿，却也不可小觑。以银矿为例，笔者查阅《新纂云南通志》全省银矿厂分布，制成表 2-6。

**表 2-6 民国时期云南主要银厂分布及产量统计表**

| 银厂名 | 银厂所在地 | 开厂年份 | 银厂额课 |
| --- | --- | --- | --- |
| 棉花地厂 | 东川府属巧家西北金沙江外 | 乾隆五十九年（1794 年） | 5 106 两 |
| 金牛厂 | 东川府属会泽西南 | 乾隆六十年（1795 年） | 289 两余 |
| 角麟厂 | 东川府属会泽东，近威宁 | 乾隆六十年（1795 年） | 每银一两，抽课银一钱五分 |
| 矿山厂 | 东川府会泽东北海铅厂北 | 嘉庆二十四年（1819 年） | 拨补棉花地缺额 |
| 乐马厂 | 昭通府属鲁甸南八十里 | 乾隆七年（1742 年） | 6 352 两余 |
| 金沙厂 | 昭通府属永善西南 | 乾隆七年（1742 年） | 1 190 两余 |
| 铜厂坡厂 | 昭通府属镇雄西三百余里 | 乾隆五十九年（1794 年） | 1 119 两余 |
| 模黑厂 | 临安府属建水猛梭寨 | 乾隆七年（1742 年） | 52 两 |

| 银厂名 | 银厂所在地 | 开厂年份 | 银厂额课 |
| --- | --- | --- | --- |
| 个旧厂 | 临安府属蒙自南近越南界 | 康熙四十六年（1707年） | 2 306两 |
| 回龙厂 | 丽江西，近澜沧江 | 乾隆四十一年（1776年） | 3 894两余 |
| 安南厂 | 丽江府属中甸东南 | 乾隆十六年（1751年） | 3 522两余 |
| 三道沟厂 | 永昌府属，在永平境 | 乾隆七年（1742年） | 40两 |
| 涌金厂 | 顺宁府属，在府西南 | 乾隆四十六年（1781年） | 560两 |
| 永盛厂 | 楚雄府属，在楚雄九台山 | 康熙四十六年（1707年） | 217两余，有子厂名新隆厂 |
| 土革喇厂 | 楚雄府属石咢嘉州判西 | 康熙四十四年（1705年） | 20余两 |
| 石羊厂 | 楚雄府属石咢嘉州判西 | 康熙二十四年（1685年） | 5两余 |
| 马龙厂 | 楚雄府属，在南安西南竹园区 | 康熙四十六年（1707年） | 516两余 |
| 白羊厂 | 大理府属，在云龙境 | 乾隆三十八年（1773年） | 每银一两，抽课银一钱五分 |
| 太和厂 | 元江州属，在新平西南 | 乾隆三十八年（1773年） | 每银一两，抽课银一钱五分，撒散三分 |
| 悉宜厂 | 顺宁府属耿马土司 | 乾隆四十八年（1783年） | 800两，闰加六十六两余 |
| 东厂 | 永北厅浪渠土舍地方 | 道光十一年（1831年） | 以铜、银兼出，拨入得宝铜厂，为其子厂，课未悉 |
| 白达母厂 | 元江新平 |  | 归入太和厂，为其子厂 |
| 兴隆厂 | 在镇沅境 | 道光十七年（1837年） | 属子厂 |
| 白马厂 | 在鹤庆境 | 嘉庆二十年（1815年） | 属子厂 |
| 兴裕厂 | 在文山境 | 道光二十一年（1841年） | 属子厂 |
| 鸿兴厂 | 在南安境 | 道光二十四年（1844年） | 属子厂 |

资料来源：民国《新纂云南通志（七）》卷一四六《矿业考二》，昆明：云南人民出版社，2007年，第119-120页。

从表 2-6 的统计来看，到清乾嘉道时期，云南省有规模的银厂 20 处，随附子厂 7 处。其中东川、昭通地区共有 7 厂，占全省 1/3 以上，且产量与规模也属前列。特别是昭通的乐马厂，产量居全省之冠，仅乾隆七年（1742 年）乐马厂一个矿，课银就达 9 300 多两，“朱提银”成为全国流通货币，形成了“中国之银尽出于滇”的局面。据巧家县志记载，东川铜矿、鲁甸乐马银矿鼎盛之时，矿民各达十数万人，铜、银产量冠绝全国。当时东川铜矿许多子矿以及昭通银矿的众多子矿都在巧家有分布，乐马厂的分厂在今巧家县内的包谷垴、铅厂、新店、小河一带，“沙丁”多为巧家失业或弃农务工之人，而川、黔、湘、鄂、闽、浙各省商民寻利而来，许多在当地定居。

从铜、银矿在滇东北的分布情况来看，昭通、东川在清代矿厂地域分布上相对密集，根据杨伟兵的统计，东川、昭通等地清末民初 8 县境内分布着各类矿厂 147 处，平均每县约有 18 个矿厂；而这其中，东川县分布 37 个矿厂，巧家分布 33 个矿厂。[①]除矿厂分布密集外，矿厂的产量与规模也都比较大，据统计，东川的铜矿产量在雍正六年（1728 年）时为 200 万斤，到雍正八年（1730 年）达到了 600 万斤。到乾隆十一年（1746 年）更是已经超过 10 510 万斤。[②]这是当时云南铜厂总量的 3/4 还多。可见东川铜矿在全省乃至全国所占据的重要地位。东川以铜矿为主产，兼有银、金、铅等其他矿厂；昭通则以银矿为主，兼有铜、铅、金等矿厂。

以上两个表中所列的矿厂多为相对产量较大的总厂，这些总厂很多都有子厂，子厂虽在产量、规模上不如总厂，但其数量众多，

① 杨伟兵：《云贵高原的土地利用与生态变迁（1659—1912）》，上海：上海人民出版社，2008 年，第 223 页。

② [美] 李中清：《中国西南边疆的社会经济：1250—1850》，林文勋、秦树才译，北京：人民出版社，2012 年，第 269 页。

不可忽视。比如汤丹矿区，在总厂周围一站至五站不等的距离分布着 5 个较大的子厂，构成了一个集中的铜矿区，这些子厂分别是：九龙箐子厂、聚宝山子厂、观音山子厂、岔河子厂、大硔子厂。[①]除了这些子厂外，厂区还设有“铜店”“马店”以及冶炼厂等，这些共同组成了一个庞大的矿厂体系。

晚清以后滇东北地区的铜矿大多衰竭，对此丁文江在考察中也有详细交代：“云南东山的铜矿全在小江与金沙江之间的三角地带，尤其在大雪山的北坡。唯有铁厂在金沙江的西岸。但是这是各厂中出产最低的厂。我到那里的时候，许多老硐已经衰歇，可以看的东西很少。只有在发窝和铁厂的时候我走上望乡台、大银厂两条梁子顶上测量，地形观察很有趣味。在这两处不但都望得见鲁南山，而且可以看见七八十公里以外在会理西北的龙爪山。向东看的时候江东的大山当然可以看见，尤其是古牛寨大山，高出众山之上，容易认识。大雪山则因为许多山尖高度相等，峰的个体不容易区别。金沙江相距不过二十多公里，都看不见一只能沿大桥河谷看去望见江两边峭壁下削，造成峡江的形势。在大银厂向东望，又可以知道所谓大麦地梁子，已经不是如大银厂望乡台的整齐；大桥河、铁厂河，和南边的一条短的岩坝河把它切成几段。平均的高度也较大银厂，望乡台稍低。”[②]在考察滇东北矿区时，丁文江关注到了当地植被稀少与矿业开发之关系，“从茂麓到长海子，温度和植物的变迁，也可注意。在茂麓早上九点温度已经到二十七度。植物都是热带的样子。到腰蓬子正午的温度降到二十二度，到了高原上下午的温度降到十五度。沿途完全是童山，因为树木连根带干都被矿厂工人挖了烧炭

①（清）王太岳：《铜政疏·厂地》，《皇朝经世文编》卷五二。
② 丁文江：《漫游散记》，郑州：河南人民出版社，2008 年，第 152 页。

炼铜。一直到了高原上才看见有一二尺高的矮松树，松树底下生着很多的野杨梅。”[1]滇西段的金矿开采与滇东北段的铜矿开采，构成了清代以后金沙江流域矿业开发的重要内容，矿业的开发极大影响与改变当地的社会、经济状况。

正如上文所述，云南以山地为主，矿产又主要分布在崇山峻岭之中，因此到矿区的交通就十分不便，这也是制约矿产规模的重要因素。丁文江在东川考察时，要“从铁厂到江东岸铜矿去，应该顺铁厂河向东南在沙坪子过江到拖布卡。我因为听说沙坪子南四公里有个盐井在江边上，要去看看。从沙坪子去，陆地没有路。沿江去是上水，而且在沙坪子未必找得着船。遂决意从铁厂走大麦地小路直到盐井。这条路极其难走，驮行李的骡马恐怕去不得。但是从铁厂到盐井虽是不过二十六公里，从铁厂到大麦地梁子，要上九百公尺；从大麦地到盐井要下二千公尺。沿路还要测量，一天是万万走不到的。半路上人家极少，没有地方可住，一定要带上帐棚。于是把大宗的行李用牲口驮着，一直向沙坪子过江去到施布卡等着。我自己只带两个骡子驮着帐棚及必需的东西走小路向盐井。第一晚在大麦地梁子顶上打野。上到顶梁的时候天还没有黑，望得很远。向东望得见二千二百公尺深的金沙江，并且看见江中心的石头——著名的将军石和江心石。向南望得见普渡河的深谷。靠江边还有许多绿色的树木，夹着灰色的石头。再上岩石变为红绿色，树木完全没有了。到了对岸的二千公尺，岩石又变为黄色。红黄色的江水在一条狭槽子面流着，两边是一千多公尺的峭壁。真是天下的奇观。”[2]在金沙江下游东川地区的铜矿考察中也提到由于地形复杂、山谷之间

① 丁文江：《漫游散记》，郑州：河南人民出版社，2008 年，第 137-138 页。1 尺≈0.33 米。
② 丁文江：《漫游散记》，郑州：河南人民出版社，2008 年，第 152-153 页。

的阻隔，即使是相近区域，交通也十分不便："从小江入金沙江的地方向南三十公里又是一片大山，东西长三十多公里，南北也几十公里。山顶各峰均在四千公尺左右。山以东是小江，山以西是普渡河，都是金沙江的重要的支流，而因为大山的间隔，两条江之间，完全没有交通。譬如从禄劝县到东川，不是下到金沙江再顺着大山北坡向东(这可要算世界上有数的难走的路)，就是要绕山的南坡到嵩明、寻甸。如此重要的大片山地却没有一定的名称。《东川府志》上有所谓大雪山、风魔岭、罗木山，大概就在这一带，但这都不是山的总名。"[①]交通不便不仅影响着铜矿的运输，也对当地的粮食市场运行带来极大困难，比如昭通地区在清代长期米价高昂，也与交通成本过高有极大关系。

矿产开发带来的环境影响不仅仅表现在对植被的破坏等方面，丁文江在考察报告中就指出，由于密集的矿业开采，"(铜矿开采)还会导致矿工的密集定居，粮食的供不应求，粮价在有限的区域内腾贵，又会刺激内地的汉民，利用砍伐后的林地，种植粮食，获取暴利。这样的耕作办法，需要清除树墩、残存的藤蔓植物和丛生灌木，加剧了土石的直接暴露，并由此加剧了生态恢复的艰辛。"[②]因此，分析金沙江流域的矿业开发，不仅需要关注直接开矿所带来的负面影响，还需要进一步关怀今天该流域农业垦殖现状与矿业开采间的历史关联。

---

① 丁文江：《漫游散记》，郑州：河南人民出版社，2008年，第130页。

② 马国君、李红香：《18—20世纪前半叶金沙江流域开发模式省思》，《广西民族大学学报(哲学社会科学版)》2013年第4期。

# 第三章 明清两季木氏土司势力扩张与资源掠夺

## ——以金矿开采为中心

矿产资源是一种耗竭性的、不可再生的自然资源，基于其特殊属性，自古至今都是维系经济社会发展的重要物质基础，特别是稀有的贵金属，其在人类社会中具有昂贵的经济价值和社会效应。其中，黄金的开采、使用历来是事关政权更迭、社会稳定、经济发展等的重要因素。金矿的开采与统治集团、统治阶层、社会制度等有着千丝万缕的关系。“层层金沙淘不尽，浩荡江水永不停”[①]的金沙江，因盛产砂金闻名，是云南重要的黄金产地。金沙江流域黄金生产历史悠久，唐代文献中已有金沙江滇西段产金的明确记载，元以后，“金，出金沙江，淘洗得之”[②]已成世人之共识。清代，金沙江金厂成为云南“四大”金厂之一。金沙江流域的黄金生产，与朝廷的矿业政策、课税、地方政权等社会因素密切相关，明清两季，木氏土司的势力范围涉及金沙江滇西段大部，木氏土司在金沙江滇西段的数百年风云史，无疑也是一部事关土地、金矿、盐矿、森林等

---

①《鲁般鲁饶》，《纳西东巴古籍译注》（一），昆明：云南民族出版社，1986年，第144页。
②（元）孛兰肹等撰：《元一统志》（下），赵万里辑，北京：中华书局，1966年，第561页。

各种区域资源变迁的环境史。本章重在讨论明清两季木氏土司对金沙江流域的经营与金矿开发，为便于讨论，部分内容的地理范围已超出今天云南省的行政区划。

## 第一节　木氏土司势力在金沙江流域的兴起与经营

### 一、木氏土司在金沙江流域的崛起

据现有的考古资料，金沙江流域是早期人类活动的重要区域之一，800 万年前的禄丰古猿化石，170 万年前的云南元谋猿人等都活动于这块区域，并孕育了很多的文明。自秦汉时期在西南夷地区设置郡县起，金沙江流域便进入了中原王朝“大一统”的视野，加以经营开发。至三国两晋南北朝和唐宋时期，中央王朝对巴蜀以西、以南的西南夷地区的开发经营不断深入，如三国两晋时期对南中地区的经营开发，隋唐两宋时期对滇池流域、洱海流域的开发。但“金沙江流域既是中国地理上的封闭地带，亦是中国经济和文化的独特区域。”[①]中央王朝乃至南诏、大理国政权对金沙江流域的经营开发是有限的，特别是高山纵谷、森木苍苍、人口稀薄的金沙江滇西段，人类的生产生活活动对区域环境的干涉、影响是极小的。元世祖至元十一年（1274 年），元朝在云南建立云南行省，加强了对云南的经营管理，在随后木氏土司兴起的区域设置丽江路，设军民总管府，后改置宣抚司，领一府七州一县。

① 马国君：《历史时期金沙江流域的经济开发与环境变迁研究》，贵阳：贵州大学出版社，2015 年，第 10 页。

洪武元年（1368年），朱元璋建立明王朝，时元朝梁王巴匝剌瓦尔密盘踞云南，并联系北方的蒙元遗老，意欲复辟蒙元，大理段氏、麓川思氏和滇东夷人首领各称霸一方，朱元璋数派使臣招徕云南诸部无果。洪武十四年（1381年），数次招谕失败的朱元璋痛下决心，“云南自昔为西南夷，至汉置吏，臣属中国。今元之遗孽把匝剌瓦尔密等自恃险远，桀骜梗化，遣使招谕，辄为所害，负罪隐匿，在所必讨”[①]。同年九月，明太祖朱元璋命颍川侯傅友德为征南将军、永昌侯蓝玉为左副将军、西平侯沐英为右副将军，率十余万大军征讨云南。是年十二月，傅友德帅大军进兵曲靖，包围中庆路（今昆明），败梁王军。洪武十五年（1382年）正月，大军进驻威楚（今楚雄），招谕段氏。段氏未能真正领会朱元璋“拟欲华夷归一统”的真谛，仍固执己见地想“依唐宋故事，奉正朔，定朝贡，以为外藩”[②]，大军压境还威胁明王朝“莫若班师罢戍，奉扬宽大”[③]，意图继续保持自治。然胸怀宏图大志的明太祖亦深思蒙元大军借道云南攻下南宋的历史经验，坚定“大一统”的决心，“云南自汉以来服属中国，惟宋不然，胡元则未有中国，已下云南。近因彼肆侮朝廷，命卿等讨平之。今诸州已定，惟大理未服，尚生忿恨，当即进讨。故命福驰回谕诸将军，夷性顽犷，诡诈多端，阻山扼险，是其长计，攻战之策，诸将军必筹之熟矣。若顿师宿旅，非我之利，要在出奇制胜，乘机进取，一举而定，再不劳兵可也。所奏事宜悉从尔请。”[④]命征

①（明）薛应旗撰：《宪章录校注》，展龙、耿勇校注，南京：凤凰出版社，2014年，第84页。

②（清）倪蜕辑：《滇云历年传》，李埏点校，昆明：云南大学出版社，1992年，第250-251页。

③《大理战书》，方国瑜主编：《云南史料丛刊》（第四卷），昆明：云南大学出版社，1998年，第549页。

④（明）薛应旗撰：《宪章录校注》，展龙、耿勇校注，南京：凤凰出版社，2014年，第87页。

云南大军拿下大理，蓝玉、沐英遵照朱元璋的指令，洪武十五年（1382年）闰二月癸卯“征南左副将军永昌侯蓝玉、右副将军西平侯沐英，进兵攻大理，克之。……分兵取鹤庆，略丽江，破石门关，下金齿，由是车里、平缅等处相率来降，诸夷悉平。”[①]拿下大理政权后，明王朝正式统一云南，在这场实现“大一统”的大战中，木氏家族正式在中华历史舞台上登场。

洪武十五年（1382年），丽江土酋阿甲阿得“率众先归，为夷风望，足见攄诚！”明太祖“念前遣使奉表，智略可嘉。今命尔木姓，从总兵官傅拟授职，建功于兹有光，永永忽忘，慎之慎之”。[②]次年，明王朝任命木得为丽江府土官知府，子孙世袭罔替，并令起“永令固石门，镇御蕃鞑”[③]。自此，木氏土司正式开始对金沙江滇西段的开发经营，随着其势力的不断扩张，势力范围达到今滇西北迪庆藏族自治州、西藏芒康县以及四川西北的木里、稻城、乡城、得荣、巴塘、理塘等地，成为滇川藏毗连区的重要力量。

## 二、木氏土司在金沙江流域的势力扩张

杨庭硕、罗康隆在《西南与中原》一书中认为，历史时期中央王朝在西南地区的开发可分为过境开发、羁縻开发、间接开发和直接开发4种，土司制度时期采用的开发模式即为间接开发，依据中

---

① 《明实录·太祖实录》卷一四三。

② 《皇明恩纶录》，转引自《纳西族社会历史调查（二）》，昆明：云南民族出版社，1986年，第219页。

③ 《皇明恩纶录》，转引自《纳西族社会历史调查》（二），昆明：云南民族出版社，1986年，第219页。

央王朝对云贵高原所进行的开发，又可称为“授权土司开发”。[①]云南族类众多，生产生活方式、文化、发展程度各异，又地处边远，历代多采用因俗而治的“羁縻政策”，明代统一云南后，亦大体沿循此制，推行土司制度，推行土官职衔，分设宣慰使、宣抚使、安抚使、长官司等职，同时在土官衙门内安插“流官”，一方面协助土司管理治内事宜，另一方面在土司统治区推行“教化”，充当明王朝的耳目，监视土官的一举一动，掣肘土司。此外，朱元璋又秉持“非惟制其不叛，重在使其无叛”[②]的基本原则，给予土司在其势力范围内较大的自主权。木氏家族在得到明王朝授权的土官之职后，背负着“守石门以绝西域，守铁桥以断吐蕃……免受西戎之患”[③]的守家固边责任，开始其势力扩张与开发经营。

据《丽江府志略·建置略》载：“（洪武）十五年（1382年）春，克大理，遂下鹤庆、丽江诸路，破石门关。是年改丽江府。以阿得首先款付，命知府事，赐姓木，降北胜为州，并永宁、浪渠、兰、顺拨隶鹤庆府。十七年（1384年）改兰州仍隶本府，共领通安、巨津、宝山四州，临西一县。”[④]可知，通安州（今丽江市古城区、玉龙纳西族自治县城区大部）、巨津州（今丽江市玉龙纳西族自治县巨甸金沙江河谷）、临西县（今迪庆藏族自治州维西傈僳族自治县大部）是木氏土司祖上留下的家底。木氏土司在明王朝统一云南的过程中立下战功后，得到朝廷的赏识和信任，从而获得在金沙江滇西段的合法统治权益。随后，识时务的木氏土司又屡立战功，“其后世居西

① 杨庭硕、罗康隆：《西南与中原》，昆明：云南教育出版社，1992年，第197-218页。
② 《明实录·太祖实录》卷一四二。
③ 《明史》卷三一四《云南土司二》，北京：中华书局，1974年，第8099页。
④（清）管学宣修、万咸燕纂：《丽江府志略》，杨寿林、和监彩校点，内部资料，丽江：丽江县印刷厂，1991年印制，第45-46页。

陲，捍吐蕃。每有征伐，则输纳而不出兵。明末军兴，助输二万建宫，亦输金。且陈言十事，下部议可。嘉其忠诚，特晋参政，赐玺书荣其先世。本朝平定滇南，木懿投诚，仍授土知府。大兵进藏，以喜鹊兵五百人从，有微劳。”[①]在跟随明王朝军队东征西讨的过程中，木氏土司既恪守土知府职责为朝廷效力，赢得朝廷的信任和嘉奖，又在此过程中组建和磨炼自己的军队。是时，木氏土司北部的藏区，因教派争端、明朝廷势力鞭长莫及，处于分崩离析的边缘，木氏土司便利用明朝廷“以蛮治蛮，诚制边之善道”[②]的政策，向周边地区用兵，攻城略地，扩张自己的势力范围。据《木氏宦谱》的记载，首先进攻西番地区的是木嵚土司，于天顺六年（1462 年）先后攻破今宁蒗彝族自治县永宁拉伯村和泥罗村，尔后分别于成化四年到六年（1468—1470 年）、成化十八年（1482 年）、成化十九年（1483 年）兵分四路，进攻西番地区。随后的几任土司木泰、木定、木公、木高、木东、木旺、木青、木增皆秉承先祖遗志，从天顺六年（1462 年）到崇祯十九年（1646 年）的 185 年间持续用兵西番地区，先后夺取你那、照可、忠甸、鼠罗、巴托和香水六大区域。[③]而明朝廷对于西番一是力不能逮、鞭长莫及，“洪武初，太祖惩唐世吐蕃之乱，思制御之。惟因其俗尚，用僧徒化导为善，乃遣使广行招谕。……洪武二年（1369 年），帝喜，置指挥使司二，曰朵甘，曰乌斯藏，宣慰司二，元帅府一，诏讨司四，万户府十三，千户所四，

① （清）倪蜕辑：《滇云历年传》，李埏点校，昆明：云南大学出版社，1992 年，第 572 页。
② 《明史》卷三三一《西域三》，北京：中华书局，1974 年，第 8591 页。
③ 潘发生的《丽江木氏土司向康藏扩充势力始末》（载《西藏研究》1999 年第 2 期）一文对木氏土司对康藏地区扩充势力范围的路线、原因、地域变化等做了详细的论述，可供参考。

即以所举官任之。”[①]明王朝在康区任命了众多大大小小的土司之后，却难于统摄这些互不臣服的地方势力，在这样的形势下，明朝廷也希望木氏土司来牵制西番势力，“以西番地广，人犷悍，欲分其势而杀其力，使不为边患，故来者辄授官”[②]。对于明王朝，木氏土司也是做足了功课，其在向西番进攻的过程中，每取得一些胜利便派人赴京进贡，朝廷也无一例外地给予了封官加冕。受木氏土司侵扰的西番各蛮多次向朝廷上告，朝廷亦是充耳不闻。明朝廷对木氏土司在可控范围内的纵容，给了木氏土司很大的发展空间。至雍正六年（1728 年），云贵总督高其倬提请丽江府改设流官府时，丽江土府的势力范围从“元明时俱资以障蔽蒙番，后日渐强盛，于金沙江外则中甸、里塘、巴塘等处，江内则喇普、处旧、阿敦子等处，直至江卡拉（盐井）、三巴、东卡皆其自用兵力所辟，蒙番畏而尊之曰：萨当汗”[③]。又，至余庆远随其兄至维西地区时，看到的光景是：“麽些兵攻吐蕃地，吐蕃建碉数百座以御之，维西之六村，喇普、其宗皆要害，据守尤固。木氏以巨木作碓，拽以击碉，碉悉崩，遂取各要害地。屠其民，而徙麽些戍焉。自奔子栏以北，番人惧，皆降。于是，自维西及中甸，并现隶四川之巴塘、里塘，木氏皆有之，收其赋税，而以内附上闻。”[④]由此可见，金沙江滇西段几已纳入木氏土司的势力范围[⑤]。

---

①《明史》卷三三一《西域三》，北京：中华书局，1974 年，第 8572、8587 页。

②《明史》卷三三一《西域三》，北京：中华书局，1974 年，第 8589 页。

③（清）倪蜕辑：《滇云历年传》，李埏点校，昆明：云南大学出版社，1992 年，第 572 页。

④（清）吴大勋：《滇南闻见录》，方国瑜主编：《云南史料丛刊》（第十二卷），昆明：云南大学出版社，2001 年，第 58 页。

⑤ 学界对木氏土司在康藏区域的实际控制范围尚有争议，周智生教授在《明代丽江木氏土司藏区治理策略管窥》（《中国边疆史地研究》2013 年第 4 期）一文中，综合各家之言，认为木氏土司的有效控制范围北至今四川巴塘、理塘一带，西到西藏的左贡、芒康一带和云南怒江一线，东至四川木里及其附近区域，主要范围即今滇藏川三省（区）毗连的藏区。

木氏土司对金沙江滇西段的统治一直延续到改土归流时期，当然，随着藏区势力的强盛，其势力范围逐步萎缩。崇祯十二年（1639年），和硕特部统一了青海后，一路长驱直入攻入康区，打败德格白利土司，直接威胁木氏土司的统治势力。仅仅两年之后，卫藏地区便成为和硕特部的管辖区。随后，五世达赖与顾实汗共同治理藏区，木氏土司治下的部分藏族土目百姓归藏之心日渐凸显，最终至“木天王、噶玛巴的势力已是日落西山”[①]顺治十六年（1659年），平西王吴三桂率兵抵云南。为保存实力，木懿土司效仿先祖的做法，率众归降清廷，于是裁通安、宝山、兰州、巨津、四州和临西一县归丽江府，而中甸在康熙四年（1665年）蒙番兵进入后，单独设置宗和宗官。康熙年间，吴三桂拥兵反清，这场战火助长了教派之争，噶玛噶举派丧失在今香格里拉和德钦地区的发言权，木氏土司在滇川藏毗连区的统治历史走向终结，其势力范围已缩小至以今天丽江为主的区域。至雍正元年（1723年），清廷在丽江改土归流，丽江第一任知府下令烧毁木氏家族的祖遗田册凭据和卷宗，收缴田产，改木氏祖宅为流官府衙和兵营，木钟土司气绝身亡。木氏土司自此衰败，彻底退出历史舞台。

## 三、木氏土司的势力扩张与资源掠夺

“不同民族之间相互作用的历史，就是通过征服、流行病和灭绝种族的大屠杀来形成现代世界的。”[②]不同民族相互的征服过程中，

① 刘先进：《木里政教大事记摘抄》，《西藏研究》1987年第1期。

② ［美］贾雷德·戴蒙德：《枪炮、病菌与钢铁：人类社会的命运》“前言”，谢延光译，上海：上海世纪出版集团，2006年，第5页。

既有着弱肉强食的霸权争夺，也有奋起求生的抵抗，或者两者的角色也在历史发展过程中互换变化。木氏土司势力扩张的原因，可以归结为以下几点：第一，来自明王朝的政治暗示，明王朝无力在藏区的“纵深地带实现直接而有效的行政化管理，因此对这个区域各部落势力名义上的多封众建，并未带来希望的长治久安，却因为部落纠纷争斗不断而成为边患”[①]。面对各自为王的康区土司政权纷争，明王朝希望由木氏土司政权来钳制藏区的地方政权，换来边境的安宁和长治久安。这种利用一个地方政权牵制另一个政权，换取自身的安宁和喘息机会，历来是中国历史上处理政治争端的方式之一。明王朝便“利用实力日臻强大的纳西族木氏土司来控制、牵制今迪庆和康区部分地区的藏族头人势力”[②]，因军功而受明朝廷嘉奖、赏识的木氏土司，无疑是洞悉了其中缘由，并积极为朝廷分忧解难的，扛起了政治重任，充当“中央王朝与滇蜀边区诸土酋间的主要协调者与代理者”[③]。第二，木氏土司不堪忍受西番诸蛮的侵扰，起而抗之，这是明初木氏土司与西番共处西南边境呈现的状态。木氏土司治下的丽江府与西番接壤，受自然地理环境影响，丽江府与中原地区的联系更为紧密，社会发展程度相对较高，故而成为西番的侵扰对象。据《木氏宦谱》记载：“（洪武）十六年（1383 年），西番大酋卜劫将领贼众，侵占本府白浪沧（丽江龙蟠）地面。”[④]至宣德八年（1433 年）三月，“永宁番贼掳去宝山州知州”。“景泰二年（1451 年），

① 周智生：《明代丽江木氏土司藏区治理策略管窥》，《中国边疆史地研究》2013 年第 4 期。
② 杨福泉：《纳西族和藏族的历史关系》，北京：民族出版社，2005 年，第 97 页。
③ 连瑞枝：《山乡政治与人群流动：十五到十八世纪滇西北的土官与灶户「下」》，参见人类学之滇，http：//m.sohu.com/a/121595176_501399，上传日期：2016 年 12 月 14 日，登录日期：2019 年 4 月 14 日。
④《木氏宦譜（乙种本）》，郭大烈主编：《中国少数民族大辞典 · 纳西族卷》，南宁：广西民族出版社，2002 年，第 552 页。

番寇阿扎侵扰巨津州”[1]，景泰六年（1455年），“宝山州白的等处，地被番贼劫掠”[2]……木氏土司的统治区域接二连三地遭到西番诸蛮的侵扰，使得两者的交接区兵燹不断。明初，处于被动地位的木氏土司仍在默默地积蓄力量、韬光养晦，因功受封土官后，木氏家族在跟随明王朝四处征战的过程中不断扩充和锻炼自身军事实力，至明中期，木氏土司渐渐具备了起而抗之的力量。第三，打着固国守边的名义展开以占有资源为目的的势力扩张。天顺六年（1462年），木氏土司一改此前被西番诸蛮侵属掠地的被动挨打局面，主动向康藏腹地进攻，自此便开启了长达185年的拉锯战。于明朝廷而言，通过木氏土司实现了在金沙江流域的间接开发。

从环境史的视域出发，木氏土司与藏族土司之间这场旷日持久的势力争夺战，资源的掠夺是其主要动因。木氏土司和藏族土司这场势力争夺发生在今滇川藏三省（区）的毗连区，金沙江从中穿流而过，这一区域的自然地理环境是一系列山系和河流交错构成的高山峡谷区域，由北向南依次是藏东的高山峡谷区、滇西北横断高山峡谷区和川西南高原，构成高山峡谷相嵌、山地平坝相间的立体地理地貌。在这种独特、复杂的地理环境条件下，这个区域的自然资源禀赋各异，区域生产生活方式也不同。海拔较高，气温较低的藏族土司辖境以游牧为主，物资产出相对单一，特别是事关生产生活必需品的物产有限，在物质交流、商贸往来不强的明代，藏区土司的生产生活面临着较大的困境。而木氏土司控制区的核心区域是有利于农耕的坝区和金沙江滇西段的河谷地段，物产丰富、粮食供给

---

①《木氏宦譜（乙种本）》，郭大烈主编：《中国少数民族大辞典·纳西族卷》，南宁：广西民族出版社，2002年，第553页。
②《木氏宦譜（乙种本）》，郭大烈主编：《中国少数民族大辞典·纳西族卷》，南宁：广西民族出版社，2002年，第553页。

充裕。仅就生产生活必需品而言，木氏土司辖区的出产要比藏族土司辖区丰富。古往今来，游牧民族为维持族群的延续和发展，总以劫掠农业区作为其获取生活补给品最廉价、最易成功的方式，匈奴南下西汉、辽金侵掠两宋都莫不如是。故而，明初多有藏区诸部落南下木氏土司辖区的金沙江、澜沧江河谷区等“聚众抢夺村寨”的事件。

木氏土司控制区因自然生态环境适宜、同中原腹里地区的联系更为紧密，社会生产力水平远远超越藏族土司辖区。然而，一个地方政权要维系其发展，并不断壮大，除了具备适宜的自然生态环境、良好的社会政治环境和掌权者的雄韬武略，还必须积累足够的社会财富，以推动社会发展。在历史时期，矿产资源无疑是最为重要的社会财富，从这个层面来看，藏族土司控制区无疑具有先天的、绝对的优势。因复杂的气候环境和多样的地理环境，金沙江流域的矿产、水能和动植物资源异常丰富，特别是矿产资源种类多、储量大，是我国重要的有色金属矿产地（表 3-1）。

**表 3-1　滇藏川毗连地区主要矿产资源概况表**

| 地区 | 矿产资源 |
| --- | --- |
| 昌都市 | 拥有丰富的有色金属资源，经地质部门探明的矿产资源有金、银、铜、铁、铬、钼、铀、钴、砷、媒、水晶石、冰洲矿、宝玉石、石灰石等 70 多种。其中玉龙铜矿已探明储量 650 万吨，储量大，品位高，并伴有金、银、钼、铁等金属矿；马查拉煤矿近期储量 170 万吨；左贡油扎盐矿储量 4 亿吨；芒康老然金矿储量丰富 |
| 林芝市 | 暂无突出矿产 |
| 迪庆藏族自治州 | 地处“三江”有色金属成矿带，矿产资源丰富，有铜、铁、锌、铅、钼、钨等 24 个矿种，323 个矿点。其中里农、红山和尼人铜矿储量达 500 万吨以上 |

| 地区 | 矿产资源 |
|---|---|
| 丽江市 | 独特的地质构造、多种成矿地质条件，形成了丰富多样的矿产资源。有地台型矿产、地槽型矿产。已发现30多种矿产，350多个矿产地，1处天然气产地，数十处地热区。优势矿产有煤、铜、砂金。拥有丰富的建筑材料，如大理石、石灰石、石灰角砾岩、瓷土、滑石等。铁、钛、铬、镍、钴有一定的潜在储量 |
| 怒江傈僳族自治州 | 矿产资源富集，已发现矿藏28种，矿床点200多个，拥有世界特大型铅锌矿床 |
| 攀枝花市 | 各种矿藏富集区，铁的储量占全国的16.4%，钛的储量占全国的93%，钒的储量占全国的64%。钛、钒和磁铁矿的潜在储量达200亿吨。煤炭的储量达12亿吨 |
| 凉山彝族自治州 | 地处我国攀西裂谷成矿带，矿产资源极为丰富，矿产资源种类多，储量大，品位高。已发现的矿产种类有82种，矿产地达700多处，大型、特大型矿床30多处，中型矿床63处。钛、钒和磁铁矿保有量13.73亿吨，富铁矿储量4 985.8万吨，锡、锌、铅、铜等有色金属矿储量1 000多万吨，稀土矿储量200多万吨，盐矿储量27亿吨，雷波磷矿储量2.2亿吨。建筑材料石灰石、花岗石、大理石等储量大、品位高 |
| 甘孜藏族自治州 | 矿产资源非常丰富，已发现各类矿产74种。矿产地1 581处，其中大型矿床67个，中型矿床67个，小型矿床121个。已探明矿产储量的矿种有41种，大规模矿床的有14个，中型规模的有25个。探明的主要矿种有金、银、铜、镍、铅、锌、锡、锂、铍、铌、铁、锰、钨、云母、水晶等 |

资料来源：周智生：《晚晴民国时期滇藏川毗连地区的治理开发》，北京：社会科学文献出版社，2014年，第2页。

历史时期对矿产资源的利用有一定的局限性，主要是金矿、银矿、铜矿、铁矿、盐矿等矿种，而从表3-1不难看出，与明初木氏土司主要控制区的通安、巨津、宝山、临西诸地，即丽江坝区和金沙江河谷地带相比，藏族土司统治的迪庆、凉山、甘孜乃至西藏的芒康等区域，在矿产资源方面有着极大的优势。除此以外，土地资源、森林资源等无疑都是木氏土司扩展其势力范围的主要动因。

## 第二节　木氏土司在金沙江流域的资源拓展之路

木氏土司从天顺六年（1462年）到崇祯十九年（1646年）的185年间，历经数任土司，不断向康藏地区扩张势力范围，每征服一地，便采取积极的策略经营开发，一方面稳固在其征服区的统治，另一方面合理开发征服区的资源，为木氏土司的统治服务。这里，我们先集中讨论木氏土司扩充了势力范围后，在新的控制区采取的政治策略和社会策略，这是决定和影响其政权、社会运行及开发，甚至环境变迁的社会运行机制和内在机理。第三节再以金矿开采为中心，讨论木氏土司对域内资源的开发利用及其环境影响。

### 一、重构藏区基层社会组织[①]

元明两代对滇藏川毗连区域诸部推行广封众建，却未推行有效的行政管理策略，对众部抱着“西番之势益分，其力益弱，西陲之患亦益寡”[②]的最低期望。然这种放任的、心存侥幸的态度，并未让各部自我约束、互不侵犯，反而助长了他们相互较量、争夺的势头，最终使得这一区域争抢不断、械斗频发。木氏土司在明王朝的默许下，用武力征服这些区域后，针对区域特殊的政治形势推行了管理

① 本部分参考周智生《明代丽江木氏土司藏区治理策略管窥》（《中国边疆史地研究》2013年第4期）相关内容。
② 《明史》卷三三〇《西域二》，北京：中华书局，1974年，第8542页。

制度，由木氏土司亲派属下亲信、得力干将前往征服区主持大局，重建区域的基层社会组织，确保征服区统属于木氏土司，又各有界限，相对独立。

据《巴塘县志·政区建置》载：“明隆庆二年至崇祯十二年（1568—1639 年），云南丽江土知府纳西族木氏土司攻占巴塘，并派一大臣驻扎巴塘，以巴塘为中心建立得荣麦那（得荣）、日雨中咱（中咱）、察哇打米（盐井）、宗岩中咱（宗岩）、刀许（波柯）等五个宗（相当于县）进行统治。这时候，巴塘属云南丽江土知府管辖。1991 年纂修之《理塘县志》第一篇第一章载：‘元明时期，理塘被云南丽江土知府纳西族木氏土司占领，统治约 70 余年。在此期间，木氏土司先后将大批丽江纳西族人强行迁入理塘。’”[①]可知，木氏土司在征服这些区域后，依据一定的组织原则对其分而治之，但是否有明确的区划、行政体系，囿于资料原因，实难断定，但可以肯定的是，木氏土司采借汉族地区基层行政设置来管理藏区。秦始皇统一六国后，推行车同轨、书同文来统一中央集权制国家。而在藏区，推行与中原地区步调一致的基层行政区划，对“大一统”具有重要的意义，也为此后推行改土归流奠定了基础。

在明确基层行政区划的基础上，还需要一定的基层管理机构和管理制度，才能有效地管理基层社会。就明朝廷而言，木氏土司是其在滇川藏毗连区域的协调者、代言人，明朝廷通过木氏土司对这一区域实行间接开发。而木氏土司经过争战控制藏区后，亦要派出其协调者、代言人对新的征服区进行管理经营。余庆远在《维西见闻录》载：“明土知府木氏攻取吐蕃六村、康普、叶枝、其宗、喇普地，屠其民，徙麽些戍之，后渐蕃衍……建设时，地大户繁者为土

① 转引自《丽江纳西族自治县志》，昆明：云南人民出版社，2001 年，第 517 页。

千总、把总、头人，次为乡约，次为火头，皆各子其民，子继弟及，世守莫易，称为‘木瓜’，犹华言‘官’也。对之称为‘那哈’，犹华言‘主’也，所属麽些，见皆跪拜。”[①]可见，木氏土司根据村落大小，设置土千总、把总、头人、乡约、火头等级别的行政官职“各子其民”，若得到木氏土司的认可，还可以“世守莫易”，藏区人民将这些行政官员称为“绛本”（意为“纳西官员”），“绛本”统领一地的军政事务，其下又分设基层军事长官“木瓜”和行政事务官“本虽”，二者各司其职，共同听命于“绛本”，“绛本”又归属木氏土司派出管理某一区域的大头人，层层归属，形成一个相对完整的、权责明确的社会控制体系，只有木氏土司对征服区的统治得到自上而下的贯彻执行，政权才能稳固。木氏土司在藏区进一步效仿明朝廷“以夷制夷”的方式，扶持和在民族内部挑选代理人，若藏区的头人、首领臣服后，亦委以“木瓜”和“本虽”等职，让其继续管理地方。木氏土司这种“因其俗而柔其人”的政治共情能力也取得了良好的效果，得到藏民的认可和拥护，以致清代今迪庆归滇前后，部分藏区头人奔赴丽江，亲求“投诚归滇”。木氏土司在康藏区推行的基层社会管理制度，也显现出很强的适应性和生命力。如“四川省稻城县的东尼乡（东义），直到解放初期，还延续着纳西族统治时期的‘白色’制，东尼白色（1958年叛乱时被击毙）就是最后一个‘白色’。”[②]

从木氏土司通过武力实现势力扩张，到建立健全基层社会组织

① 转引自郭大烈主编：《中国少数民族大辞典·纳西族卷》，南宁：广西民族出版社，2002年，第526、527页。

② 王晓松、余立新：《康巴藏乡的纳西族历史足迹简述》，转引自杨嘉铭、阿戎：《明季丽江木氏土司统治势力扩张始末及其纳西族遗民踪迹概溯》，政协四川省甘孜藏族自治州委员会编：《甘孜州文史资料》（第18辑），内部资料，2000年印刷，第240页。

维护区域统治，既为明王朝了结了危及统治的边境之患，又实现了木氏土司壮大势力的目的，更方便了木氏土司在康藏区域攫取资源。

## 二、开疆拓土与移民垦殖

木氏土司以丽江地区为中心，在长达 185 年的势力扩张中，不断向北、向西、向东扩张，北线的扩展路线大体是沿着金沙江、澜沧江逆流而上，为丽江—白水台—中甸—奔子栏—德钦—松顶—巴美—盐井—芒康，即沿着今天的 214 国道北上；东线的扩张区域涉及鸣音、奉科、俄亚、木里、巴塘、理塘；西线为丽江—石鼓—巨甸—维西—塔城—怒江。结合上文，我们不难看出，这三条扩展路线，除肩负着“守铁桥以断吐蕃”，稳固木氏土司治下的边境安全，无一例外都以攫取资源为导向，北线、东线丰富的金矿、银矿、盐矿等矿产资源和宜于放牧的自然环境，西线丰富的森林、建筑材料和适宜农耕的自然环境。特别是木氏土司在履行自己“封疆大吏”的分内职责的同时，不仅得到了朝廷的嘉奖认可，还乘机扩大了自己的势力范围，更能将这些区域的资源名正言顺地收入囊中，土地、盐矿、金矿、银矿、森林等，无一不是支撑木氏土司统治集团和助长其四处征战扩充势力的根源。

木氏土司在新的征服区建立健全基层行政机构，稳固政权的基础上，进一步推行移民实边、移民垦殖，用整村、整族移民的方式，先后从丽江、鹤庆等纳西族集中聚居区迁移大量的人口到中甸、巴塘、理塘、芒康、木里等地，实现了在新控制区的人口均衡，也引发一次大规模的纳西族人口流动，直接影响了纳西族的人口分布格局。

任乃强在《西康图经·民俗篇》中记载："万历中，丽江木氏寝强，日率麽些兵攻吐蕃地，陷维西、其宗、喇普、康普、叶枝、奔子栏、阿敦子诸地，屠其民而徙麽些戍之。更出兵北伐，筑碉于九龙、木里等处，巴里等番皆迎。"[①]木氏土司不断向北线用兵，势力范围不断扩张，一度东达雅砻江，西抵怒江，北至打箭炉、巴塘、理塘附近，怒江、澜沧江、金沙江、无量河、雅砻江流域都广泛分布着麽些人，这种族群和人口迁移、分布格局，和木氏土司"徙麽些戍之"的策略密切相关。

以木氏土司在中甸地区的战争扩张和移民垦殖为例。从成化十九年（1483年）木氏土司开始对中甸用兵，随后木嵚、木泰、木定、木公、木高等土司数度"得胜忠甸"，至嘉靖三十二年（1553年）占领中甸全境，前后历经70余年。此前，处于喜马拉雅南缘地带的中甸山高林密、人迹罕至，"惟至明季，确经丽江木氏移民渡江作大规模屯殖"[②]。木氏土司为了镇守新领地的需要，在一些战略要地建立据点、行宫——"年各羊恼寨"（意为"木天王宫"），并派出自家的亲戚、子女来镇守建于各处的"年各羊恼寨"，统领各地的基层组织。今天小中甸的古城堡遗址，便是建于嘉靖八年（1529年）的一个"年各羊恼寨"，是木氏土司家族统治藏区一处最重要的屯兵屯田要塞，"小中甸为全县三大平原之一，南北袤长四十余里，东西之广半之，地势平衍，草木丰茂；复枕倚石嘎雪山之险，左扼阱口，右通金江，诚宜牧宜耕，尤宜屯兵之形胜地区矣。路西有荒废古城，询诸故老，谓系木天王所筑。四围土墙长二百丈有奇，墙厚五尺；墙外周围有壕，城内十字甬道；四隅颓垣林立，然细加观察，则仍井井有序；

① 任乃强：《西康图经·民俗篇》，南京：新亚细亚学会，1933年，第313页。

② 段绶滋等纂修：《中甸县志稿》，1939年稿本。

南门前有石狮子二，雕刻精良，昔土人不知爱护，竞被牧竖将口鼻磕毁，委置草莽。城西百步外有土堙，可资瞭望，最高处有碉堡遗迹。绕土堙左右而西，未及百武，即冲江河，可汲水以供饮料。实当日木氏经营边地屯田之所，即《唐书》所谓‘堡障’也。”[①]木氏土司在中甸地区移民垦殖，大量的纳西人口进入藏区，及至 1928 年 9 月，民国政府认为时隶属云南的中甸、维西、阿敦子（德钦）几个区域内古宗人口多，为便于管理意欲将其划归西康省，经粗略估算，发现这一区域内的古宗仅有五千七百户，不及总人口的三分之一，“此区内居民以麼些为主，盖麼些多已汉化，其他民族之融合以麼些为中心也”。1932 年，麼些有 12 884 人，古宗有 9 777 人；[②]到 1939 年，麼些有 8 259 人，古宗有 8 252 人[③]。从民国年间这组人口数据，我们不难看出明代木氏土司“徙麼些成之”的力度之大，因移民进入中甸地区的纳西族人口超过土著的古宗人口或二者基本持平。纳西族人口大量进入藏区，也推动了纳西族的传统文化在藏区传播传承。《中甸县志》载：“今县属小中甸尚有木氏屯兵土城，格咱、泥西各乡又有藏人所筑抵御木氏土碉。而西康巴安县（巴塘）属之白松脚村全为摩些民族。即东旺各处，亦保存摩些语音及祭天等类风俗。”

明代木氏土司在开疆拓土征服一块土地后，推行移民垦殖策略，战时为兵，闲时为民，开垦造田、建寨立堡，随着纳西人口进入藏区，区域人口数量增加，也进一步打通了扩张路线，推动了经贸往来。

---

① 段绶滋等纂修：《中甸县志稿》，1939 年稿本。
② 冯骏纂、和清远修：《中甸县志资料汇编》（四），和泰华、段志诚标点校注，内部资料，香格里拉：中甸县志编纂委员会，1991 年印，第 31 页。
③ 段绶滋纂修：《中甸县志资料汇编》（三），泰华、段志诚标点校注，内部资料，香格里拉：中甸县志编纂委员会，1991 年印，第 44 页。

## 第三节　木氏土司在金沙江流域的金矿开采

上文我们说，资源是木氏土司在滇川藏毗连区开疆拓土的主要驱动力，其中，木氏家族沿着澜沧江流域的扩张主要是为了盐，盐井历来是兵家必争之地，藏区诸土司、木氏土司要争夺它，甚至明清朝廷也想控制盐井的管理权。此地的盐井是澜沧江边一些自然冒盐露水的孔穴，人们将其运到江边的盐田晾晒，获取天然的盐。木氏土司北线进攻的主要目的就是盐井，自隆庆二年到崇祯十二年（1568—1639 年）攻占巴塘，木氏土司派大臣驻扎巴塘，管辖得荣麦加（得荣）、日雨中咱（中咱）、察哇打米（盐井）、宗岩中咱（宗岩）、刀许（波柯）等五个宗，并移民垦殖，迁徙大量的纳西族人口开采盐矿，《盐井乡土志》即说："今传盐井为磨些王所开，又谓宗崖之城为木天工（王）所建……盐井之开创于木氏无疑。"[①]今西藏自治区芒康县盐井纳西民族乡的纳西族就是当时移民过去开采盐矿的纳西族的后裔。而木氏土司在金沙江流域的势力扩张，其目的是争夺金矿。

### 一、"三江口"的金矿资源概况

金沙江流出虎跳峡，向东北奔流至"三江口"，"三江口"即为洛吉河、水洛河（无量河）和金沙江三条大江交汇的地方，被称为"鸡鸣两省四县之地"，包括四川凉山彝族自治州木里藏族自治县的

① 宣统《盐井乡土志·源流》，《中国地方志集成·西藏府县志辑》，南京：江苏古籍出版社，1995 年，第 409 页。

俄亚乡、依吉乡，云南丽江玉龙纳西族自治县的奉科乡、宝山乡，云南迪庆藏族自治州香格里拉市的洛吉乡、三坝乡，左岸接纳水落河，又急转向南，形成金沙江干流最大的N字形大弯。这个区域是纳西族的族源地、文化发祥地，纳西族先民从北方迁徙到无量河流域，一支往东南经木里、永宁迁徙至大盐源、盐边一带，另一支向南到白地，经过金沙江到丽江。[①]木氏土司的先祖是在初唐时期从这一区域迁徙到丽江的，这里也是木氏土司的族源地。

“三江口”区域山高谷深，河流纵横，相对高差大，有海拔超过4 000米的高山，也有海拔1 000多米的河谷地带，气候随地形呈立体分布，高山地带气候寒冷，以畜牧业为主，河谷地带气候温和，宜耕宜牧。“三江口”地处西南三江成矿带，“该区自早古生代以来经历了洋壳俯冲、陆—弧碰撞和陆内会聚等一系列大地构造事件，具有长期活动的特点。区域构造岩浆活动频繁且强烈，成矿条件优越，矿产资料丰富”，其中，“甘孜—理塘结合带是西南三江地区重要的金多金属成矿带，金矿类型以构造蚀变岩型为主”[②]，故而，这个区域的矿产资源丰富，特别是金矿、铁矿。

## 二、“三江口”区域的资源争夺

历史时期的行政区划不如今天这般的界限清晰、范围明确，只是一个大范围的区划。明清时期的滇川藏毗连区，分属于不同的土司，囿于文献资料的匮乏难于明确其归属，也不能排除其还是一块

① 李霖灿：《么些族迁徙路线之寻访》，《么些研究论文集》，台北：台北故宫博物院，1984年，第97页。

② 马鹏程、王富东等：《四川木里博念沟金矿地质特征及找矿预测》，《金属矿山》2018年第10期。

无主之地，但可以明确的是这块区域在明初并不归属木氏土司。云南地处西南一隅，少数民族人口众多，少数民族又无修史修志之传统，文献资料本已十分匮乏，金沙江滇西段的历史记载更若沧海一粟。我们仅能依据有关木氏土司历史的记载，大体勾勒出这段历史。

1．木氏土司攻掠“三江口”的原因

“三江口”位于木氏土司控制核心区丽江的东北方，木氏土司当时应该是由近而远开启扩张之路，从鸣音至奉科、宝山、木里、巴塘、理塘，中途还要经过稻城和香城，而“三江口”一带丰富的金矿资源是引导其不断深入扩张的主要原因。依据《滇略·产略》的记载：“其江曰金沙，源出吐蕃，经铁桥、宝山、永宁、北胜，以达东川，江浒沙泥，金麸杂之，民淘而煆焉，日仅分文，售蜀贾转四方”，又“丽江之金不止沙中，又有瓜子、羊头等金，大或如指，产山谷中，先以牛犁之，俟雨后即出土，夷人拾之，纳于土官”。该书又引《博物志补》云：“金，一也，产于金沙江者，赤色光莹；产于丽江者，色赤而沾垢腻。……丽江府产金犹多，每雨后，其金散拾，如豆如枣，大者如拳，破之，中空有水，亦有包石子者。”[①]可知，“三江口”区域的宝山、奉科在明初已经有了淘金业，居民淘洗得麸金。那么，这么多的砂金从何而来？追根溯源就可以知道，是从金沙江诸条支流中冲刷而来的。木氏土司定是在征服了宝山、奉科等地后，知晓了木里一带有更为丰富的矿产资源，才促使其继续扩张，进攻鼠罗地区。经潘发生考证，“中甸东面大雪山与水洛（鼠罗）、理塘二河分水岭之间为鼠罗地域，以今木里大部为主，还包括中甸洛吉

①（明）谢肇淛：《滇略》卷三，方国瑜主编：《云南史料丛刊》（第六卷），昆明：云南大学出版社，2001年，第689页。

乡和宁蒗永宁乡的一部分，主要村寨有刺宝（永宁拉伯）、尼罗（永宁泥罗村）、可琮（中甸洛吉乡壳租村）、吾牙（木里俄亚大村）、鼠罗（水洛村）和节洛（木里呷罗村）。”[①]由此可知，“三江口”区域即为明代文献中记载的鼠罗区域。

据《木氏宦谱》记载，“天顺十六年（1462年），得胜刺宝鲁普瓦寨、鼠罗你罗占普瓦寨。”[②]正式开启征服鼠罗地区的行动。成化二十三年（1487年），鼠罗土司侵入木氏土司辖境的丽江宝山州白甸（今香格里拉市三坝乡白地），木泰土司为边境安宁，亲率军队战于哈巴江口（今丽江大具渡口），收复失地后继续乘胜追击，将鼠罗兵逼至可琮（香格里拉市洛吉乡壳租村），鼠罗土司兵败后，吾牙（木里俄亚大村）等寨自动诚服木氏土司。木氏土司正式武力涉足鼠罗区域后，为保有对鼠罗地区的控制权，木氏历代土司都将鼠罗作为一个重要的区域进行经营管理。《木氏宦谱》记载了数次带兵征伐鼠罗的事件。正德三年（1508年），木定土司“得胜鼠罗长安寨”，嘉靖十五年（1536年），木公土司“得胜鼠罗铁柱寨、乡押寨”，嘉靖三十三年（1554年），木高土司“得胜建立鼠罗那天水寨，立各以下归服”，木旺土司在“万历十年（1582年）永宁会五所兵，毁伤鼠罗村寨二十七处。……本年八月亲领大兵，分军而进，前至鼠罗、导立、左所，约领众兵转营，杀溃解围……”万历二十九年（1601年），木增土司在“鼠罗杀叛，得胜”[③]。纵观《木氏宦谱》，鼠罗地区是木氏土司用兵最多的地区，记载多达20余次。从这个层面，也可以

① 潘发生：《丽江木氏土司向康藏扩充势力始末》，《西藏研究》1999年第2期。

②《木氏宦譜（乙种本）》，郭大烈主编：《中国少数民族大辞典·纳西族卷》，南宁：广西民族出版社，2002年，第553页。

③《木氏宦譜（乙种本）》，郭大烈主编：《中国少数民族大辞典·纳西族卷》，南宁：广西民族出版社，2002年，第553-554页。

看出资源，特别是矿产资源对于封建时代统治集团的重要性，矿产资源是封建时代最为重要的社会财富，是影响政权稳定、左右政治斗争的重要因素。

2. 垦殖在“黄金世界”的俄亚大寨

俄亚是位于今天四川省凉山彝族自治州木里藏族自治县的一个纳西族乡，与云南省香格里拉市隔山相连，与丽江市隔金沙江相望。“俄亚”，纳西语叫“艾若阿纳窝”，意为山上的岩包。俄亚有纳西族人口 3 000 余人，皆是明代木氏土司派来的移民垦殖人口的后裔。俄亚大寨是“三江口”地区最具特色的淘金村，时至今日一直延续着淘金的传统。1981 年，刘尧汉、宋兆麟、严汝娴、张燕平等专家翻山越岭到俄亚进行了 4 个月的考察。宋兆麟回忆起当时的情景说：“过去，到了农闲时期，许多男子成群结队去挖金，有单人干的，也有若干人合伙挖金的，地点大多在金沙江、冲天河和龙达河两岸。”[①]《俄亚、白地东巴文化调查研究》一书记录了 21 世纪以来俄亚的黄金开采情况，“俄亚的经济是典型的农业经济，没有工业，手工业有铸铁（犁铧）、淘金、织布”。“苏达村收入较高，该村全村挖金，小伙子都不在家，一家几个人分别参加几伙，十一月上山，四月下山，在龙达河中上游挖金。2008 年每公斤黄金 19 万元，苏达村年产黄金几十斤。大村挖金的很少……”“从俄日到大村的途中，我们在路旁有一些用荆棘封口的土洞，这是以前挖金留下的，封以荆棘是怕牲口跑进去。在大村河滩上，有一处淘金的工地。一个很深的坑，一部柴油抽水机，坑里的泥沙用畚箕提上来，在木槽里冲洗。这种古老的办法效率如何？乡干部小金告诉我们，俄亚小学的教导主任，去

① 宋明：《俄亚纳西古寨：“木天王”留下的淘金工棚》，《中国民族报》2016 年 4 月 1 日，第 10 版。

年挖了十多斤金子。……龙达河的采金权前几年承包给外地金老板后，当地村民心生不平，也四处开洞挖金，使当地的资源和生态保护受到严重的挑战。”[①]书中描述了很多俄亚大村淘金的内容，可以想见，金矿开采对于俄亚的重要性，言语间，我们也能了解到“三江口”区域黄金矿产储量的丰富和淘金的兴盛。

上文提到，木氏土司每征服一个地方，就要在新的征服地稳固基层社会组织，并迁徙一定数量的纳西族人前来移民实边。今天俄亚地区的纳西族都认为自己的祖先是木氏土司派来移民垦殖的。当前学界也基本认同这个推断，如洛克认为：“这些纳西人大都是明朝木增统治时期（1587—1646年）防守在这个区域的纳西士兵的后裔。”[②]刘龙初先生也持同样的观点，他说：“俄亚乡扼守金沙江、冲天河和东义河要冲，是进兵宁蒗、木里盐源等地的战略要地。丽江木土司可能派兵在这里驻守，或实行移民戍边。我们推测，俄亚纳西族祖先瓦赫戛加可能是丽江木土司派驻这里的一个头目，由他来管辖这块地方。”[③]李静生、喻遂生等学者也认同这个观点。[④]更有学者通过考察今天俄亚大村的聚落特点，认为俄亚大村是一个因矿产而兴的纳西族村寨，“一般为木石结构的土笋房，以块石砌墙，用木柱支撑。房屋一般为三层，最底下一层是畜圈，中间一层为主屋，卧室、粮仓均在这一层，最高一层为草楼和粘土晒坝。村里的房屋集中在一起，户与户相通，远远望去，鳞次栉比，村中的街道宽约两米，像

① 喻遂生等：《俄亚、白地东巴文化调查研究》，北京：中国社会科学出版社，2016年，第71-75页。

② 洛克：《中国西南的古纳西王国》，昆明：云南美术出版社，1999年，第278页。

③ 刘龙初：《四川木里藏族自治县俄亚乡纳西族调查报告》，《四川省纳西族社会历史调查》，北京：民族出版社，2009年。

④ 喻遂生等：《俄亚、白地东巴文化调查研究》，北京：中国社会科学出版社，2016年，第68页。

迷宫一样。”[①]和西藏盐井制盐的纳西人的建筑很相似，呈现出原始的工区建筑的特点。

我们可以得出这样的结论：木氏土司基于稳固、扩展政权以及攫取维持其统治所需的各种资源的需要，不断扩展势力范围，为了更好地经营管理征服区、开发利用资源，木氏土司在征服区完善基层社会组织，推行移民实边。这些有效的行政管理政策，更大限度地促进了资源的开发利用，改变了区域的聚落、人口分布和资源转移路线。

① 宋明：《俄亚纳西古寨："木天王"留下的淘金工棚》，《中国民族报》2016年4月1日，第10版。

# 第四章 滇东北段的矿业开发与区域人口及农业发展

## 第一节 矿业推动下的滇东北农业开发

### 一、人口增加与粮食供应

清代是近代以前云南生态环境变化最为激烈的时期，这种变化是云南开发程度最直接的反映，而导致大面积开垦耕地的根本原因是清代云南人口的急剧膨胀对粮食需求量的增加。在某种程度上，可以说清代云南的耕地和粮食问题是土地利用最活跃因素人口流布影响的直接反映。从乾隆中期到道光初期，全国在册人口的平均年增长率为0.73%，而云南在册人口年增长率却为1.46%，为全国平均增长率的2倍。其中，从乾隆末到嘉庆初的20年中，增长率高达2%～2.5%，[①]号

① ［美］李中清：《明清时期中国西南的经济发展和人口增长》，《清史论丛》（第5辑），北京：中华书局，1984年。

称“盛世”的乾隆五十一年（1786年），云南人口达341.3万人，嘉庆二十四年（1819年）首次突破600万人，而咸丰元年（1851年）达到了740.3万人。[①]如此高的人口增长率是人口大量涌入与再生产的结果，特别是矿区人口，成为清代云南人口聚集的最主要地区。

人口增加需要有更多的粮食以生存，而粮食需求量的增加，对舟楫不通的云南来说，就地开垦成为最便捷，也是最有效的办法，在此情况下，云南的农业进入大规模开垦时期，土地的开垦对生态环境的破坏有目共睹。到此，也就形成了一条清晰的关系链，即人口增加导致粮食需求量的增加，粮食需求量增长致使耕地面积不断扩展，大量开垦耕地又作用于生态环境，影响生态平衡。

具体说来，云南地处西南边陲，被视为“蛮化”之地，进入清代，平“三藩”之后，清政府加大对云南的控制力度，特别是从雍正年间开始对影响云南几百年的土司制度进行改革，部分地区实行改土归流，云南的“内地化”发展速度加快，社会经济各方面皆有较大之发展。然云南山多田少，粮食生产本就有限，故清代云南的粮食供应一直存在问题，这也成为困扰着清朝统治者及云南历任地方长官的问题。为解决云南粮食不足，清初战乱刚平，地方督抚就想尽办法鼓励农民复垦、开荒，招徕外地移民开发云南，其中蔡毓荣在其著名的《筹滇十疏》中第一疏“请蠲荒”中就鼓励复垦荒地，在“议理财”中又再次提出“荒地宜屯垦也”，驻守云南之士兵，“按实有父、兄、子弟余丁之兵，每名酌给十亩或二十亩，臣会同抚、提臣，督率镇将、营弁，设法借给牛种，听其父子、兄弟余丁及时开垦，渐图收获，以赡其家，俾在伍者无俯仰之忧，有田园之恋，

① 李文治：《中国近代农业史资料》（第一辑），北京：生活·读书·新知三联书店，1957年，第9-10页。

斯兵心固而边备无虞矣。三年后，仍照民例起科，应纳条银充月饷，应输夏、秋二税抵给月粮，计所省粮饷实所，而于操练征防仍无贻误。”[①]以缓解云南粮食不足，使云南经济社会逐步复苏。此后，云南历任督抚皆刺激、鼓励本地或外来移民开垦荒地，以解决云南粮食之岁岁不足。然自康熙晚年，特别是雍正年间以后，云南的矿业发展逐渐兴盛，随着矿业的不断发展，大批外来移民进入云南，云南自明代大批军事移民以后又再次掀起了民间自发移民的高潮，云南的人口构成及区域分布都发生了重大变化。人口的增加势必导致粮食需求量的加大，特别是矿区的粮食问题就显得格外的重要。粮食是否充分，在一定程度上影响着云南矿业的兴衰。

清代中期云南的粮食问题又一次加重，历任督抚除了继续加大鼓励开垦耕地的力度以外，还广泛进行水利工程的修建，以提高粮食的亩产量，缓解粮食问题。此外，还得岁岁向邻省，诸如四川、广西、湖南等地进口粮食，特别是灾荒之年，基本皆靠外来粮食接济。可以想见，清代中期以来云南粮食问题的严重程度。矿业的兴盛及人口的剧增，又影响着云南的生态环境，这种影响表现在多方面，就矿业的开发来说，开矿本身就是在破坏生态环境，矿区周边在开矿、炼矿、煮盐等一系列活动下，由青山绿水变为濯濯童山；此外，矿区的庞大人口对粮食的需求导致对矿区周边的土地进行大量开垦，又加重了矿区的生态问题。

就人类生态学角度而言，整个生态系统由自然生态系统和社会生态系统构成，人类是社会生态系统的组成部分，也是自然生态系统的要素之一。长期以来，人类作为该系统的重要参与者，与系统

① （清）蔡毓荣：《筹滇十疏》，方国瑜主编：《云南史料丛刊》（第八卷），昆明：云南大学出版社，2001 年，第 431 页。

内部的各要素维持相对平衡。清代以来，人类的地位与作用不断凸显，人类在追求自身生存与发展过程中侵占其他物种的领地与空间，动物减少、植被衰退等随之发生，生态平衡不断被打破。

传统农业社会，人类对生态系统影响最直接的方式，或即对土地的开发与利用。历史上，云南的森林覆盖率很高，到元朝这样的情况有所改变，中央政府开始大力治理云南，在云南的许多地区进行大规模屯田，同时又大力开发矿业，并“听民伐木贸易”。进入明代，这样的情况更严重，军屯与民屯大量进入云南，人口大量聚集，促进了垦殖、矿冶的发展，森林不断被农田、矿场等取代。即便如此，直到明末清初，云南的森林覆盖率依旧还是很高。但进入清代后，以矿业开采为推力的云南经济发展，对云南的生态环境造成极大影响，矿业开发带动移民进入，人口涌入需要有更多的耕地以提供粮食，一些地区的森林植被遭到大量砍伐，森林消退十分迅速。再加上矿冶本身对森林的破坏十分严重，清中后期，矿厂的集中区东川府出现四处濯濯童山之局面也就不足为奇了。

## 二、清代云南粮食需求变化与农业开发

粮食问题关系国计民生，中国自古以农业立国，历朝历代都十分重视粮食问题。进入清代，随着人口的急剧增加，粮食问题再次成为困扰统治者的头等大事，清朝统治者一方面鼓励农民开荒垦地，另一方面民间又不断加大对高产作物的引进，以缓解粮食危机。然而，就云南而言，在引进高产作物、开垦大量荒地以实现粮食增产的同时，清代云南的生态问题越发严重，这些问题的爆发也与不合理耕植关系密切。

1. 清初云南的粮食短缺与耕地开垦

清代中央王朝加大对西南地区的管控力度，云南的社会经济有较大发展。顺治十八年（1679 年），经过长期战乱，云南人口凋敝、农业荒芜。云贵总督赵廷臣上奏朝廷，“滇、黔田土荒芜，当亟开垦。将有主荒田令本主开垦，无主荒田招民垦种，俱三年起科，该州、县给以印票、永为己业。”[①]不过这样的垦荒效果并不明显，于是康熙七年（1668 年）云南道御史徐旭龄上奏道其原因所在：“国家生财之道，垦荒为要，乃行之二十余年而无效者，其患有三。一则科差太急，而富民以有田为累；一则招来无资，而贫民以受田为苦；一则考成太宽，而有司不以垦田为职。此三患者，今日垦荒之通病也。”[②]他认为针对田亩起科，不能整齐划一，而应根据不同的情况实行不同的起科标准，“朝廷诚讲富国之效，则向议一例三年起科者非也。田有高下不等，必新荒者三年起科，积荒者五年起科，极荒者永不起科。则民力宽而佃垦者众矣。”[③]同时，在农民开垦中，不能放任自行开垦，官府应当有所作为，对流民要给以庄田，贫困之人要借予耕牛，“向议听民自佃者非也，民有贫富不等，必流移者给以官庄，匮乏者贷以官牛。陂塘沟洫，修以官帑，则民财裕而力垦者多矣。”除此之外，还应对官员政绩进行考核奖惩，“官有勤惰不等，必限以几年招复户口，几年修举水利，几年垦完地土。有田功者升，无田功者黜，则惩劝实而督垦者

---

①《清实录·圣祖实录（一）》卷一，顺治十八年（1651 年）正月，北京：中华书局，1985—1987 年影印本，第 49 页。

②《清实录·圣祖实录（一）》卷二五，康熙七年（1668 年）四月，北京：中华书局，1985—1987 年影印本，第 356-357 页。

③《清实录·圣祖实录（一）》卷二五，康熙七年（1668 年）四月，北京：中华书局，1985—1987 年影印本，第 356-357 页。

勤矣。”[1]如此方可使垦荒达到较好的效果。

就实际情况来说，云南在康熙二十年（1681年）以前，即平定吴三桂叛乱之前，朝廷对土地的开垦并未有直接的控制。平定云南后，康熙二十一年（1682年），任蔡毓荣为云贵总督，朝廷才开始对云南进行系统治理。

康熙三十一年（1692年），政府将屯田并入民田，让人民自由开垦，编户入籍者出一定银钱即可占有私田，并将前朝遗留的勋庄田地无偿发给农民耕种，保护其土地所有权，使耕田面积逐步扩大。这些较为宽松的垦荒政策极大地鼓励了外来人户的垦荒热情，大批湖南、四川、贵州等省的穷困百姓，不断涌入云南山区，为清代中期云南人口的急剧增长及社会经济的发展提供了基础。到康熙末年，云南的大部分地区获得开发，“前云南、贵州、广西、四川等省，遭叛逆之变，地方残坏、田亩抛荒，不堪见闻。自平定以来，人民渐增，开垦无遗。或沙石堆积、难于耕种者，亦间有之。而山谷崎岖之地，已无弃土，尽皆耕种矣。”[2]应该说，经过近半个世纪的休养生息，云南的社会经济获得了较快发展，农业生产也达到历史最高水平。

但整个康熙朝，云南的粮价仍然较高，米价昂贵似成常例，以至于康熙皇帝告诫云南巡抚施世纶，要其以宽恕治理下属：“云南年来米价腾贵，地方甚远，倘遇灾荒，难于赈救。尔宜留心料理至驭下属，务以宽恕为本。”[3]当时云南的粮食有部分得从外省运进，如

---

①《清实录·圣祖实录（一）》卷二五，康熙七年（1668年）四月，北京：中华书局，1985—1987年影印本，第356-357页。

②《清实录·圣祖实录（三）》卷二四九，康熙五十一年（1712年）二月，北京：中华书局，1985—1987年影印本，第469页。

③《清实录·圣祖实录（三）》卷二六一，康熙五十三年（1714年）十二月，北京：中华书局，1985—1987年影印本，第576页。

康熙五十九年（1720 年）针对兵米的补充问题，就有官员发出这样的牢骚“四川之米若不到，云南之兵，从何就食？”[①]外运粮实以济省内粮食不足，实为常事。

2．*雍乾嘉道年间云南耕地面积急剧增长*

从雍正年间开始，清政府对云南进行大规模的改土归流，为云南农业经济的发展打下了坚实基础。鄂尔泰在云南的治理有方，雍正帝大为愉悦，认为鄂尔泰“公忠勤诚，实心任事，经理咸宜，是以云南地方，连岁丰登。”特别是在其治理下，粮食丰收，百姓足食。“今年通省郡县、以及苗蛮荒僻之地，二麦皆有十分收成，滇省父老，称为罕觏。”并发出“若各省督抚，皆能如田文镜、鄂尔泰，则天下允称大治矣”[②]的感慨。

在雍正朝鄂尔泰的强力改土归流及高其倬的温和治理下，云南逐渐走上了快速发展之路，从耕地面积上来看，据清政府统计，负担税粮的田亩数字顺治十八年（1661 年）云南全省仅有 5 221 510 亩，到嘉庆十七年（1812 年）猛增到 9 315 056 亩，[③]而这些只是政府登记在册须缴纳赋税的土地，还有一大部分土地不在统计之内。

进入乾隆朝，云南的经济继续保持快速发展势头，这与矿业开采的兴盛也有极大关系。从史料记载来看，到乾隆三十一年（1756 年），云南境内的坝区农耕地已开垦殆尽，“滇省山多田少，水陆可耕之地均已垦辟无余，惟山麓河滨尚有旷土，向令边民垦种，以供口食。”并对山头、地角新开垦的耕地给予减免升科，规定“山头地

①《清实录·圣祖实录（三）》卷二八九，康熙五十九年（1720 年）九月，北京：中华书局，1985—1987 年影印本，第 812 页。

②《清实录·世宗实录（一）》卷六九，雍正六年（1728 年）五月，北京：中华书局，1985—1987 年影印本，第 1047 页。

③ 道光《云南通志稿·赋役志》，清道光十五年（1835 年）刻本。

角在三亩以上者，照旱田十年之例，水滨河尾在二亩以上者，照水田六年之例，均以下则升科。第念此等零星地土本与平原沃壤不同，倘地方官经理不善，一切丈量查勘，胥吏等恐不免从中滋扰。嗣后滇省山头、地角、水滨、河尾，俱听民耕种，概免升科，以杜分别查勘之累；且使农氓无所顾虑，得以踊跃赴功，力谋本计。”[①]

农业开垦使得耕地面积进一步增加，到道光年间，云南的耕地面积在乾隆朝基础上又有了更大的进步。道光七年（1827 年），“全省民田地共八万三千七百四十四顷四十一亩六分，其中，地三万九千三百四十八顷二亩，田四万四千二百二十三顷一十六亩九分。这与雍正二年（1724 年）的六万四千一百一十四顷九十五亩相比较，增加了一万九千六百二十九顷，则在一百年间，增长了百分之二十三强。”[②]可见这段时期，云南耕地面积增长之快。

耕地增长的同时，人口也在急剧膨胀，云南的粮食问题依旧严峻，史料中经常出现向邻省进购粮食的记载，诸如向四川、广西、湖南等地进口粮食的记载不断，特别是在灾荒之年，这样的情况就更为严重。此外，清初以来，特别是在乾嘉年间十分兴盛的云南矿业的开发也在加重云南的粮食供应压力。因开矿而急剧膨胀的庞大人口对粮食的需求量较大，矿区周边的土地被大量开垦，大量粮食还须向周边府州县及四川进购。

在这样的大背景下，解决云南的粮食问题不再仅仅只是一个经济问题，更是一个民生问题。清中期以来，玉米、马铃薯等高产作物在云南得到普遍种植，一定程度上缓解了云南的粮食紧张状况，

---

①《清实录·高宗实录（十）》卷七六四，乾隆三十一年（1766 年）七月，北京：中华书局，1985—1987 年影印本，第 393 页。

② 方国瑜：《云南地方史讲义》（下册），昆明：云南广播电视大学，1983 年，第 141 页。1 顷≈0.01 平方千米，1 亩≈666.67 平方米，1 分≈66.7 平方米。

是云南农业种植及粮食格局的重大变革。然而，在改变云南粮食格局的过程中，云南的生态环境也在这场农业变革中发生巨大转变，各地生态环境出现严重问题，云南的生态环境与粮食需求供应之间出现矛盾，并且这一趋势在进一步加剧。

不可否认，到嘉庆、道光年间，云南农业生产发展到了一个较高的水平，虽然其耕作技术、经营方式并未发生根本变化，但在农业生产较发达的地区，其生产水平已和内地没有太大差别，而且全省耕地面积和人口数量达到了云南的最高历史纪录。[①]

3．晚清云南农业衰败与粮食供应

咸同年间，云南爆发了地方回民起义，各地土地荒芜、人口凋敝，云南经济社会秩序处于崩溃的边缘，此时期的云南总体人口大量减少，农业生产基本停滞，粮食问题更加严重。

战乱是晚清云南农业衰退的重要原因之一。道光以前，云南的农业耕地面积都处于增长的态势，至道光七年（1827年），云南全省的在册“民屯田地九万二千八百八十八顷四十亩三分零”，道光以后至咸丰年间“回民乱滇”之前，全省各项“田地九万三千一百七十七顷九十亩，官庄田八百二十二顷二十余亩，夷田八百八十三段”，耕地面积还在增长。但光绪十年（1884年）以后，民屯田数量下降，至“八万九千四百六十二顷三十六亩六厘六毫，夷田数百余段。”光绪二十一年（1895年）以后，民田总数还在下降，共“民屯田地八万五千五百三十六顷七十亩三分六厘六毫。”[②]

① 王文成：《清末民初云南农业政策述论》，《云南社会科学》1995年第6期。

② 民国《新纂云南通志（七）》卷一三八《农业考一》，昆明：云南人民出版社，2007年，第10页。

战乱加上疾病的肆虐，云南人口急剧减少，到同治末年云贵总督岑毓英上奏朝廷时说："各属地方被害轻者户口十存七八，或十存五六，被害较重者十存二三，约计通省户口不过承平时十分之五。"[①]人口是一切经济、社会活动的主体，人口锐减必然波及其他领域，农业衰退也就在所难免。

战乱之后，由于农业衰退，政府来自农业的赋税也相应下降，清政府被迫将田赋、地丁银等下调，而战乱频发，军费开支压力又迫使清政府采取新的措施。屡禁不绝的鸦片成为晚清政府的救命稻草，罂粟种植部分合法化。云南全省开始大面积种植罂粟，对传统耕地破坏严重，又加剧了粮食危机。

据光绪三年（1877 年）出使英、法的郭嵩焘奏疏记载，道光初年（1821 年）前后，鸦片由印度传入云南，其他省份的鸦片复由云南传入。于思德亦考证说："道光初年，滇省即有种罂粟花熬为鸦片者，而以沿边夷民私种最多。"[②]十多年后，有官吏奏报："云南地方寥廓，深山邃谷之中，种植罂粟花，取浆熬烟，其利十倍于种稻"[③]。道光十九年（1839 年），滇省辑获烟土、烟膏 2.2 万两，足见云南种植罂粟在鸦片战争前已有一定规模，但当时种植罂粟是违禁的。咸同年间，清政府对云南鸦片征收"土药厘金"，承认了罂粟种植的合法性。从此以后，罂粟的种植面积迅速扩大。到光绪年间，鸦片流毒全省，十分猖獗。

除国内的史料记载外，一些外国人的记载也十分生动，而且

①《岑襄勤公遗集·遵旨清查荒熟田地折》，方国瑜主编：《云南史料丛刊》（第九卷），昆明：云南大学出版社，2001 年，第 405 页。

②于思德：《中国禁烟法令变迁史》，上海：中华书局，1934 年，第 74 页。

③《清实录·宣宗实录（五）》卷三一六，道光十八年（1838 年）十一月，北京：中华书局，1985—1987 年影印本，第 923-924 页。

对云南罂粟种植的面积与区域都有较为具体的描述，光绪二年（1876年）西方考察团记录了云南罂粟的种植范围："沿江（长江）而上的旅途中，只要是能种植的地方，就会有无数的罂粟田，甚至在河边的沙岸上都有。但直到进入云南的陆上旅行后，我们才真正意识到罂粟种植的广泛程度。虽然可能不被认可，但凭着感觉我断定罂粟的种植占到了云南耕地的三分之一。"[①]罂粟种植面积占云南耕地面积的 1/3 的估计，或许有所夸张，但却可以给我们一个比较直接的感官认识。根据秦和平的研究，在晚清的光绪十九年至二十二年（1893—1896 年），滇省的罂粟种植亩数约为 30 万亩；光绪二十五年至三十四年（1899—1908 年），约为 70 万亩，清末云南的罂粟种植面积为 30 万～70 万亩。[②]

罂粟种植需要大量的劳动力投入，打破了原来低投入低产出的农业生产模式。大量劳动力投入罂粟种植，而无暇顾及农业生产。同时，罂粟种植要与农作物抢占耕地，在经济利益的驱使下，传统农业种植被大片罂粟地取代，粮食作物的耕作面积缩减。此外，罂粟种植对土壤肥力影响较大，常年种植罂粟的土地，要恢复种植之前的土壤肥力，需要用其他农作物精耕多年。这是晚清罂粟种植对云南耕地的硬性伤害。

罂粟大量种植，致使粮食短缺，遇有饥荒年份，粮价陡涨。如光绪二十年（1894 年），云南"大饥，米钱十千，荞、麦亦五六千"[③]。

---

① Baber，Report by Mr Baber on the Route Followed by Mr Grosvenor's Mission Between Tali-fu and Momein，China，No.3，1878.，p2.转引自杨梅：《近代西方人在云南的探查活动及其著述》，博士学位论文，昆明：云南大学，2011 年，第 125 页。

② 秦和平：《云南鸦片问题与禁烟运动（1840—1940）》，成都：四川民族出版社，1998 年，第 25 页。

③光绪《续修昆明县志》卷七《五行志》，民国线装本。

光绪三十二年至三十三年（1906—1907年），滇省许多地方两年干旱无雨，“平粜人争米市，日有踏死者！”[①]“米价之贵，为通地球所未有”[②]。鸦片的大量种植，致云南粮食供应能力降低，遇灾就成荒。应当说，罂粟种植是晚清云南农业衰败后农业经济政策的重大变革，但这不但没有使长期遭受战乱的云南在经济上获得较快转变。相反，罂粟种植加重了云南的粮食危机。

## 三、滇东北矿业移民与农业开发

历史上，滇东北地区长时期由土司首领控制，人口分布相对较分散。以至于清中期云南省志的记载中还没有关于当地的人口统计数据，可以说是地广人稀。但从雍正年间改土归流后，该地区发生极大变化。

滇东北在清代的史料文献记载中，经常有米粮不足的记载，而在构成粮食消费的主要群体中有士兵、矿工以及一般民众。在这些群体中，清初以兵食的压力最大；清中期矿民急剧增多，成为滇东北最主要的粮食消费群体之一；普通民食问题则一直伴随着清代滇东北的社会经济发展。滇东北历来缺粮，但各个时期的程度与情况有所不同。

雍正四年、五年（1726年、1727年），东川、昭通先后划归云南，清政府随即在滇东北推行改土归流政策，然而强行的改土归流导致滇东北年年战乱，为稳定边疆，清政府在昭通地区大量屯兵，

① 光绪《续修昆明县志》卷七《五行志》，民国线装本。
② 中国科学院历史研究所第三所编：《云南杂志选辑》，北京：科学出版社，1958年，第330页。

以威慑叛乱分子。大量的屯兵，自然需要大量粮食补给，因此，兵粮成为当时滇东北地区最主要的问题。从史料中我们可以找到当时昭通地区大量向周边地区进购粮食的记载，乾隆十年（1745年）云南总督兼管巡抚事张允随奏请“饬员分领，往黔、蜀地方，买米一万四百二十八石，以足昭通、大关、鲁甸、永善暨东川营所属木欺古汛等兵米三年额数。”[①]关于兵米不足的记载有云贵总督高其倬上奏条陈《为开垦马厂以济兵食事》称：“窃查云南一省，山多田少，生齿日繁，所产之米，有收之年，止敷食用，是以滇省米价，较邻省倍贵；而省城米价，又较外府独昂。省城之人，较他处度日为艰。而省城之兵，承平日久，人口日增，且无生理，较商民口食又窘。”[②]省城之兵如此，滇东北情况更严重。省城由于地势低平，且周边多有产粮区，补兵米之不足，并不太难。昭通等地就不同，山高水低，土地贫瘠，交通不便又不是粮食主产区，“四面环山，兵米自外州县运往，转输不易”[③]，缺粮也就在所难免。

此外，由于长期战乱，残酷的武力镇压，“把整个纵横数百里的地面，弄得暗无天日”[④]，农业生产破坏十分严重。粮食问题更趋紧张，为此，高其倬才请旨招募农民一千户到昭通开垦，“每户拨田二十亩，借发牛种，开垦为业”[⑤]，按年收谷、麦作价，扣还工本，起

---

①《清实录·高宗实录（四）》卷二五二，乾隆十年（1745年）十月，北京：中华书局，1985—1987年影印本，第239页。1石≈75公斤。

②（清）高其倬：《请垦马厂地亩疏》，《雍正朱批上谕》（第八十五册），雍正二年（1724年）四月九日奏章，方国瑜主编：《云南史料丛刊》（第八卷），昆明：云南大学出版社，2001年，第455页。

③（清）高其倬：《委员赴昭开垦疏》，雍正《云南通志》卷二九《艺文五·奏疏》。

④ 方国瑜：《彝族史稿》，成都：四川民族出版社，1984年，第495页。

⑤（清）倪蜕辑：《滇云历年传》卷一二，李埏点校，昆明：云南大学出版社，1992年，第619页。

科征米，以免兵食。[①]认为解决粮食问题乃当务之急，“若本地耕获有资，于军粮甚便，且田畴渐广，则民户日增，可以填实地方，可以移易倮习，事属有益。”[②]大量的移民屯垦，使萧条的昭通经济得到了迅速恢复和发展，不仅医治了武力改土归流后的严重创伤，也使这一地区的土地得到了广泛开发。[③]移民大量进入滇东北，加之不久后逐渐兴盛的矿业开发，又吸引大量矿工进入东川、昭通地区，滇东北地区的人口格局逐渐发生改变，地区的农业垦殖及粮食生产、供给等情况也发生了变化。

从雍正后期至乾隆时期，滇东北的矿业开发逐渐走向兴盛，矿区的粮食问题不断凸显，滇东北的粮食困局又一次放在地方官吏的面前。如何缓解粮食危机，保证矿业的正常开采，完成国家规定之定额，是地方官员需要解决的一大难题，也是清代中期以来，滇东北地区粮食供应中最主要的症结所在。为缓解全省、特别是滇东北地区的粮食供给不足的问题，清政府一方面向周边地区大量进购，另一方面又鼓励本地垦殖，扩大耕地面积。改土归流后大量土官逃亡，中央甚至将这些留下的土地称为“新辟夷疆”，从外地招徕大量农民进行垦种，乾隆七年（1742 年）张允随上奏朝廷称：“镇雄一州，原系土府，并无汉人祖业，即有外来流民，皆系佃种夷人田地。雍正五年（1727 年）改流归滇，凡夷目田地俱免其变价，准令照旧招佃，收租纳粮。”“昭（通）、东（川）各属，外省流民佃种夷田者甚众。”[④]由于粮食不足，甚至对酿酒等消耗粮食的行业进行限制与禁

---

①（清）高其倬：《委员赴昭开垦疏》，雍正《云南通志》卷二九《艺文五・奏疏》。
②（清）高其倬：《委员赴昭开垦疏》，雍正《云南通志》卷二九《艺文五・奏疏》。
③ 周琼：《改土归流后的昭通屯垦》，《民族研究》2001 年第 6 期。
④《张允随奏稿下》，乾隆七年（1742 年）二月十七日，方国瑜主编：《云南史料丛刊》（第八卷），昆明：云南大学出版社，2001 年，第 622 页。

止，“并禁止烧锅，严饬文武实力奉行，通省计约每日可节省米粮数千石，以济民食。”①

清中后期，由于高产作物的种植与推广，滇东北地区的粮食构成发生极大改变，特别是清后期，高产作物的推广对缓解民食紧张作用明显。在一定程度上减轻了矿区的粮食压力。而清后期，随着滇东北矿业的衰落，矿区对粮食的消耗量逐渐下降，但由于战乱影响，昭通、东川地区的农业生产破坏较大，粮食问题依旧未能解决。

## 第二节　清中期以降滇东北米价波动与驱动因素分析

考察清代滇东北地区的粮食供需变化，需要有具体的量化指标作为参照，而粮价波动无疑是最佳选择，清代官府对地方粮价有系统的登记数据，可以为此问题的开展提供史料基础。而在粮食变化过程中，又以米价的波动最为完整系统。而且通过米价波动问题的研究，也可以透视其他作物的种植与生产情况。

清代的全国粮价研究集中在长江中下游、东南、两广及台湾等地区，主要分析米价波动趋势、原因，以及市场整合程度等问题。②

---

①（清）高其倬：《委员赴昭开垦疏》，雍正《云南通志》卷二九《艺文五·奏疏》。

②全汉升：《清康熙年间（1662—1722）江南及附近地区的米价》，《香港中文大学中国文化研究所学报》1979年第10卷；彭凯翔：《清代以来的粮价——历史学的解释与再解释》，上海：上海人民出版社，2006年；［日］岸本美绪：《清代中国的物价与经济变动》，北京：社会科学文献出版社，2010年；王业键：《十八世纪福建的粮食供需与粮价分析》，《中国社会经济史研究》1987年第2期；陈春声：《市场机制与社会变迁——18世纪广东米价研究》，北京：中国人民大学出版社，2010年；谢美娥：《清代台湾米价研究》，台北：稻乡出版社，2008年；等。

这些地区或是稻米产地，或由于区域经济专业化而成为稻米输入区，具有联系紧密的稻米市场网络。但云南由于受地理位置、交通与经济发展等因素制约，处于国内区域粮食市场网络之外，自成一独立粮食市场。[①]而从整体上看，清代云南的米价又一直相对较高。[②]李中清认为云南地区的粮价存在一定的同步性，但并不是来自粮食贸易体系的完善，根源在于天气和战争的强烈冲击。[③]不过，自然灾害等因素仅在部分短时段对米价起作用，长时段作用并不显著。[④]滇东北地区是历史时期的矿业集中区，米价又长期高于全省其他区域。

清代的滇东北地区包括昭通、东川二府，雍正四年、五年（1726年、1727年）以前属四川管辖，此后划归云南，随即进行了系统改土归流，当地矿业开发也逐步兴盛。特别是东川府的铜矿开采，支撑起清政府财政铸币的半壁江山。滇东北矿业开发长期是经济史研究热点，成果颇丰。[⑤]矿业开发与米价波动关系密切，但开矿是否是影响当地米价波动的唯一因素，昭通与东川二府的米价各有何特点，

---

① 邓亦兵：《清代前期的粮食运销和市场》，《历史研究》1995年第4期。

② 王水乔：《清代云南米价的上涨及其对策》，《学术探索》1996年第5期。

③［美］李中清：《中国西南边疆的社会经济：1250—1850》，林文勋、秦树才译，北京：人民出版社，2012年，第235-259页。

④ 谢美娥：《自然灾害、生产收成与清代台湾米价的变动（1738—1850）》，《中国经济史研究》2010年第4期。

⑤ 严中平：《清代云南铜政考》，北京：中华书局，1957年；张煜荣：《清代前期云南矿冶业的兴衰》，《云南矿冶史论文集》，内部资料，昆明：云南历史研究所，1965年编印，第56-76页；全汉昇：《清代云南铜矿工业》，《中国文化研究所学报》1974年第7卷第1期；潘向明：《清代云南的矿业开发》，马汝珩、马大正主编：《清代边疆开发研究》，北京：中国社会科学出版社，1990年，第333-363页；陈庆德：《清代云南矿冶业与民族经济的开发》，《中国经济史研究》1994年第3期；等。近些年，杨煜达对滇东北的铜产量又进行了重新估算，并对开矿导致的森林覆被衰减进行了量化评估（杨煜达：《清代中期（公元1726—1855年）滇东北的铜业开发与环境变迁》，《中国史研究》2004年第3期）。

对这些问题，目前学界仍未细致解读。虽然李中清对西南地区，特别是清代云南米价有宏观的论述，却并没有展开对云南米价最高地区（滇东北）的具体研究，[①]也有部分学者对当地的矿工数量及粮食缺额有过解析，[②] 但想更深入探讨当地米价长期高昂原因，既有研究成果明显不够。本节对王业键先生整理的“清代粮价资料库”[③]，以及《清代道光至宣统间粮价表》“云南”册[④]中东川、昭通等府米价数据进行处理分析，探求长时段区域米价的波动轨迹，分析米价与矿产开发、交通、地方仓储以及区域作物种植与民食结构之间的对应关系。

## 一、米价波动趋势与特征分析

王业键先生整理的“清代粮价资料库”以府（直隶州、直隶厅）为单位，其中云南省的数据涵盖了14个府、4个直隶州、6个直隶厅[⑤]的上米、中红米、荞麦、南豆（蚕豆）等粮价信息，部分府县此四项粮价信息并不一定完整，但上米数据各府皆有。考察区域米价的波动，需要选定一项指标，本书选取数据库中的上米作为粮价波动

① [美] 李中清：《中国西南边疆的社会经济：1250—1850》，林文勋、秦树才译，北京：人民出版社，2012年，第169-259页。

② 马琦：《国家资源：清代滇铜黔铅开发研究》，北京：人民出版社，2013年，第134-139页。

③ 王业键编：清代粮价资料库.http：//140.109.152.38/.

④ 中国社会科学院经济研究所编：《清代道光至宣统间粮价表》（第21、22册），桂林：广西师范大学出版社，2009年。

⑤ 光绪三十四年（1908年）昭通府下属镇雄州升为直隶州，故光绪三十四年（1908年）后变为5个直隶州，共25个府级单位。

参照。[①]王业键先生的“清代粮价资料库”中米价数据完整性不足，从道光元年（1821年）至道光五年（1825年）数据缺失，但原因并非由于上报中断，而是数据库本身数据缺失。在《清代道光至宣统间粮价表》“云南”册中有这五年的粮价数据。笔者以“清代粮价资料库”为基础数据，缺失的五年数据用《清代道光至宣统间粮价表》插补，形成新的上米“价格数据库”。

李中清梳理了云南全省康熙四十四年至嘉庆十年（1705—1805年）的大米平均价格，数据显示，整体上昭通府最高、东川府与云南府交替变动，其他各府米价皆低于此三府。[②]此三府在地域上相连，因此，我们将东川、昭通二府与云南府的粮价进行比较。地方上报的粮价以月为单位，同时上报月最低与月最高两项数据。为此，我们将昭通、东川、云南三府的上米月最低与月最高进行月算数平均，再进行年算数平均，得到三府年均粮价数据。三者的变化趋势如图4-1所示。

咸丰六年至光绪四年（1856—1878年）全省没有粮价数据，原因是从咸丰六年（1856年）云南爆发回民战争，云南地方行政被完全打乱，粮价上报制度中断。从粮价波动整体趋势看，战乱前东川、

① 从文献记载看，矿民粮食消耗主要为大米，矿工因嗜爱大米而出名，据云南巡抚汤聘（1766—1767年）说：在云南，几乎所有的大米都被矿工和外来商人垄断，本地人和士兵主要吃红米，边疆的土著则吃荞麦和粟。中国第一历史档案馆藏：《雨雪粮价》第123盒，乾隆三十一年（1766年）八月十日奏，转引自［美］李中清：《中国西南边疆的社会经济：1250—1850》，林文勋、秦树才译，北京：人民出版社，第257页。而从数据库中的上米与中红米价格波动趋势看，上米与中红米之间保持0.2两左右的等距差。因此，以上米作为参照标准，也具有指示当地米价波动趋势的作用。

② ［美］李中清：《中国西南边疆的社会经济：1250—1850》，林文勋、秦树才译，北京：人民出版社，2012年，第238页。

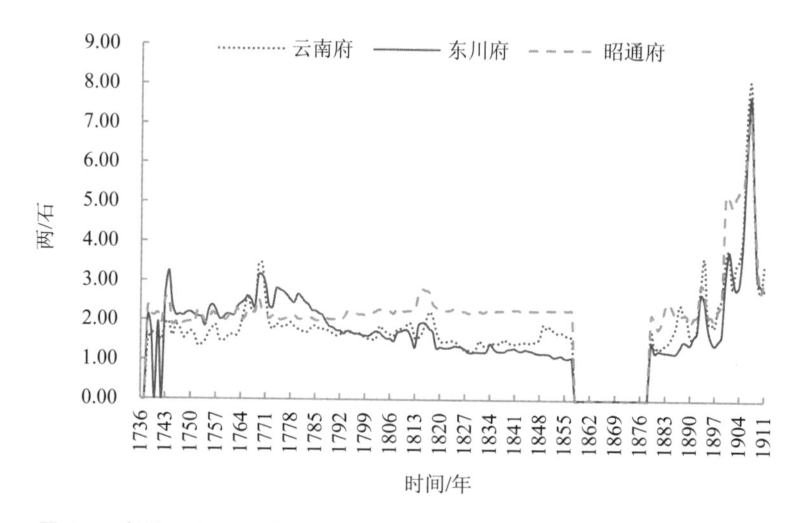


**图 4-1　乾隆元年至宣统三年（1736—1911 年）东川、昭通、云南三府上米年平均价格趋势图**

昭通、云南都有波峰变化，只是昭通府的米价更平稳。战乱以后，各府米价波动幅度极大，特别是光绪三十二年（1905 年）至光绪三十四年（1907 年）三府年均米价高达 7～8 两，如若以最高米价看，波动幅度更大，如光绪三十四年（1907 年）东川府的上米最高价达 15.4 两/石，其余各府也皆在 14 两左右，这在整个清代是极为罕见的，这三年也正是云南发生严重大旱灾的特殊年份。①因此，晚清云南米价波动受天气灾害影响极大，乃最关键因素。为更好解析影响当地米价波动的其他因素，本书将时段集中于乾隆元年至咸丰六年（1736—1856 年）。

① 嘉庆及光绪年间的两次大灾研究，参见杨煜达：《清代云南季风气候与天气灾害研究》，上海：复旦大学出版社，2006 年，第 119-157 页。

短时段上，东川、昭通、云南三府的米价都有三个明显的波峰，分别是乾隆八年（1744 年），乾隆三十年至三十五年（1765—1770 年）以及嘉庆二十年至二十二年（1815—1817 年）。这三个波峰，多与战争或灾荒有关：乾隆八年（1744 年）东川府的米价波动最大，可能原因是矿业开始兴盛；乾隆三十年至三十五年（1765—1770 年）则为战争与灾荒叠加的影响：乾隆三十二年至三十五年（1767—1770 年）征缅之战推高了云南的粮价，而乾隆三十四年至三十六年（1769—1771 年），云南各地还有不少因灾荒请求朝廷提供大规模救济的记载；[①]嘉庆二十年至二十二年（1815—1817 年）则为云南发生大面积的饥荒时期。战乱后，粮价受战争与天气灾害影响更为明显。因此，三府米价短时段波动与气候、战争关系密切。

长时段看，咸丰六年（1856 年）前云南府米价长期处于中间水平，米价有明显的波动起伏，属于正常需求、供应反应。“价格数据库”显示，周边的武定州及曲靖府的米价则相对略低，并与云南府的走势基本保持一致，应与云南府有粮食供应关系。而东川、昭通府的米价却呈现出独特的变化轨迹。

东川府年均米价在乾隆三十五年（1770 年）以前基本与云南府同步，并略高于云南府，处于上涨之中，此后开始下降。但在乾隆五十七年（1792 年）之前仍高于云南府，而且在乾隆五十三年（1788 年）前也一直高于昭通府。若以最高均价作对比，东川府米价在乾隆五十三年（1788 年）开始低于云南府，对此下文有具体分析。总之，东川府的年均米价有十分清晰的涨落转折过程，而这一过程与矿业开发关系密切。严中平先生归纳清代“滇铜”发展轨迹，

① 云南省历史研究所编：《〈清实录〉有关云南史料汇编》（卷三），昆明：云南人民出版社，1984 年，第 530-531 页。

其言："雍乾两朝可称滇铜极盛时期，嘉庆朝就见衰落了，道光一朝已至弩末。"[①] 到咸同年间因战乱影响，停办者十之六七，矿业一蹶不振。[②]杨煜达对咸丰六年（1856 年）前滇东北铜矿产量及占全省比重有详细统计，其认为：雍正四年（1726 年）至雍正十三年（1735 年）是滇东北铜矿的发展期；乾隆元年（1736 年）至乾隆三十八年（1773 年）为滇东北铜矿的极盛期，所获之铜占滇铜产量的 80%以上，平均每年产铜 1 067 万斤；乾隆三十九年（1774 年）至嘉庆六年（1801 年）年均铜产量下降为 787.4 万斤，占全省总量的 59.07%；嘉庆七年（1802 年）至咸丰五年（1855 年）年均铜产量再次降为 521.2 万斤。[③]从乾隆元年（1736 年）开始到乾隆三十九年（1774 年），东川府的米价总体处于上涨趋势，这段时期也是铜矿开采的最佳时期；从乾隆三十九年（1774 年）开始，东川铜矿产量开始下滑，这种态势一直持续。矿业兴衰与米价波动轨迹基本切合。

昭通府上米均价常年在 2 两/石以上，十分平稳。清代"滇省粮价，向由州县按旬径报，并未责成本管上司汇转"，其间可能会有"虚应故事"之举，[④] 但却不太可能长时段"相沿旧式"。从目前对县厅级粮价奏报的研究中可知，布政使对州县的粮价上报保持较高的警惕性，故而数据常年造假的可能性不大。[⑤]当地米价平稳，就不应该是人为造就的假象。

① 严中平：《清代云南铜政考》，北京：中华书局，1957 年，第 1 页。
② 民国《新纂云南通志（七）》卷一四六《矿业考二》，昆明：云南人民出版社，2007 年，第 133 页。
③ 杨煜达：《清代中期（公元 1726—1855 年）滇东北的铜业开发与环境变迁》，《中国史研究》2004 年第 3 期。
④《清实录·高宗实录（十二）》卷九三〇，乾隆三十八年（1773 年）闰三月上，北京：中华书局，1986 年，第 511a-511b页。
⑤ 余开亮：《清代晚期地方粮价报告研究——以循化厅档案为中心》，《中国经济史研究》2014 年第 4 期。

地方官府上报粮价，有最低、最高两项指标，分别根据所辖县的高低价取值。[①]嘉庆十六年（1811 年）前东川府只下辖会泽一县，故此前每月只有一个粮价；嘉庆十六年（1811 年）增设巧家厅[②]后，次年开始有高、低价之别，但价格差不大。上文只以平均价作为参照标准，不能全面反映东川米价优势变化过程及昭通府的米价特点。为此我们提取战乱前乾隆元年至咸丰六年（1736—1856 年），东川、昭通二府与云南府的上米最高均价进行对比分析，如图 4-2 所示。

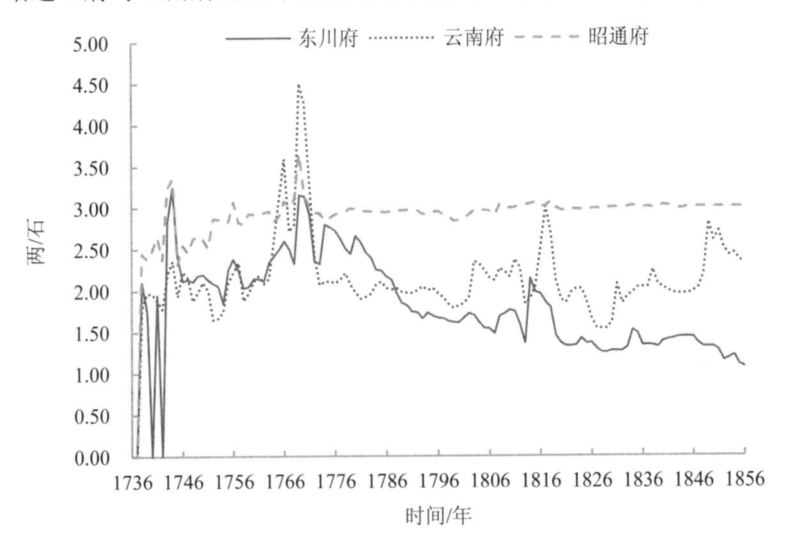


**图 4-2　乾隆元年至咸丰六年（1736—1856 年）东川、昭通、云南三府上米最高价年均价格变化趋势图**

① 对于府级粮价数据中的高低值的解释，余开亮在《粮价细册制度与清代粮价研究》（《清史研究》2014 年第 4 期）中通过对县级粮价数据的核对，也认为低价和高价不是指时间序列上价格波动的波峰值和波谷值，而是府下辖各地价格最高和最低值，府的粮价数据是“面”数据，而非“点”数据。

② 傅林祥、林涓、任玉雪、王卫东：《中国行政区划通史・清代卷》，上海：复旦大学出版社，2013 年，第 563 页。

从图 4-1 与图 4-2 的波动趋势看，昭通府上米最高年均价与年均价皆相当平稳，最高价常年在 3 两/石左右，最高价与均价之间价格差较大。东川府的年均米价与最高年均价变化趋势不大，但通过与云南府对比，却可以发现东川价格优势的丧失过程。东川府与云南府紧邻，大米需求上存在竞争，乾隆五十三年（1788 年）以前东川最高米价一直有优势。乾隆初年，矿业兴盛初期，东川米价就相对较高，当时商人为获利，将周边米粮大量运往矿区，致使产米之地反而缺米，“惟查东川境内汤丹等厂，每年产铜八、九百万斤，运供京局鼓铸，各省民人，聚集甚众，并运铜脚户往来接踵，需米浩繁，米价常贵，以至数站及十余站之云南、曲靖、武定三府附近厂地有米之家，贪得高价，将米运厂发卖，本地人户反不能买获。”[①]由于矿区价格高，东川府稻米市场甚至影响省城大米供给。不过，乾隆五十三年（1788 年）以后东川府最高米价持续低于云南府，开矿形成的米价优势地位逐渐丧失。从乾隆元年（1736 年）开始，东川米价高昂态势维持了近 50 年，此后再未超越云南府。出于利润考量，在距离差距不大的前提下，更多的上米在此后会流入省会。分析滇东北地区铜矿兴衰过程，除以矿产量作为参照外，米价波动也具有更为敏感的指示价值，而乾隆五十三年（1788 年）即可看作东川矿业出现衰退的拐点。值得关注的是，乾隆朝以后，中国的大部分地区物价上涨，[②]但东川的米价在战乱前却在历经上涨峰值后常年处于下降中，昭通也没有因全国性的物价上涨而出现大幅波动。

在滇东北的米价波动过程中可以看出，东川府的矿业开采受外

① 《张允随奏稿下》，乾隆八年（1743 年）十二月二十日，方国瑜主编：《云南史料丛刊》（第八卷），昆明：云南大学出版社，2001 年，第 658 页。

② 全汉升：《美洲白银与十八世纪中国物价革命的关系》，《中国经济史论丛》（第 2 册），香港：香港中文大学新亚书院、新亚研究所，1972 年，第 475-508 页。

来粮食价格、供应的影响很大。更直接的证据在史料中也有呈现，东川府在康熙时一直无力开采铜矿，原因之一就是“以米粮艰难之故”[①]。粮食问题，实际上已关系到工厂的盈缩和兴衰。像“汤丹等厂，岁产铜八九百万斤，不患铜少，惟患米贵，倘得川米接济，厂民足食，自必尽力功采，京铜可以永远充裕”，[②]粮食供给直接关系着额定“京铜”是否能完成。而矿区的粮价波动也直接影响到矿工生计。“油米价贵”导致“厂民工本不敷，出铜短缩。”[③]有些开矿之人，由于效益不好，所得利润基本只够粮食消费，甚至有无利可图致家破人亡的情况，“若遇大矿，则厂客之获利甚丰。然亦有矿薄而仅足抵油米者，亦有全无矿砂，竟至家破人亡者。”[④]这些都是矿区粮食紧张的最直接影响与反映。

矿区周围粮价的上涨，使铜矿的生产成本提高，进而影响到铜矿的生产，甚至迫使铜厂倒闭。乾隆三十四年（1769）云南巡抚彰宝上奏朝廷的奏折中也陈述了粮食供应不足影响矿厂兴衰：“滇省铜厂虽多，惟汤丹、大碌（碌碌）、金钗、义都为最，各厂俱在万山之中，并无稻田，厂民所需口粮，全赖外州县客商贩运接济。从前米价平减，厂民买食，计算工本有余，即广招砂丁，多方开采，是以获铜充裕。近年来商贩到厂稀少，粮价日增，竟有卖至十数两一石

---

①《雍正朱批谕旨》，第 5 函，第 25 册，雍正四年（1726 年）十二月二十一日，云贵总督鄂尔泰奏，转引自中国人民大学清史研究所编：《清代的矿业》（上册），北京：中华书局，1983 年，第 121 页。

②《张允随奏稿下》，方国瑜主编：《云南史料丛刊》（第八卷），昆明：云南大学出版社，2001 年，第 677 页。

③《乾隆朱批奏折》，乾隆二十七年（1762 年）六月十二日，云贵总督吴达善等奏，转引自中国人民大学清史研究所编：《清代的矿业》（上册），北京：中华书局，1983 年，第 140 页。

④（清）倪蜕：《复当事论厂务书》，（清）师范：《滇系》卷二之一，光绪十三年（1887 年）刻本。

者，厂民领出工本，贵价买食，供给砂丁采办矿砂，多将成本亏折，厂民亦渐次星散。”认为厂民都是为利是趋，粮价高昂，无利可图，厂民也就“渐次星散”了。矿主们则“因买食米贵有亏工本，以至不肯多募砂丁攻采”[①]，矿厂衰败自然难免。

## 二、稻米需求量与生产能力

分析米价波动原因，需要考虑的外在驱动因素较多，如人口的增加就是直接影响米价的重要因素。因此，分析一地的米价波动情况，首先需要考虑的就是人口是否在一定时期内有显著增加，增加的人口以何为生，人口数量是否已达到地区的环境承载力，等等。滇东北的东川、昭通地区在历史上属于偏僻的化外之地，长期为少数民族居住区，清代以前当地的移民进入较少。清雍正年间对该地区进行了系统而彻底的改土归流，土著人口大量减少，政府又从外地大量召农户垦种。此后，当地由于丰富的矿业资源，特别是铜矿的开采，吸引大量矿民进入。

云贵除稻米外，还以荞麦等杂粮为主食，遇有需要，向外地采买大米并不困难。但自从矿业兴盛后，米价也随之上涨了。乾隆十三年（1748 年），乾隆皇帝询问各省督抚米价昂贵缘由时，云南巡抚张允随上奏称：“滇、黔两省，道路崎岖，富户甚少，既无商贩搬运，亦无屯户居奇，夷民火种刀耕，多以杂粮、苦荞为食，常年平粜，为数无多，易于买补，与他省情形迥别。乃历年来米价亦视前稍增

① 《乾隆朱批奏折》，乾隆三十四年（1769 年）九月二十七日，署云南巡抚彰宝奏，转引自中国人民大学清史研究所编：《清代的矿业》（上册），北京：中华书局，1983 年，第 150 页。

者，特以生聚滋多，厂民云集之故”[①]，将矿厂作为抬高米价的重要原因。乾隆年间士人倪蜕对云南矿厂遍布导致粮食短缺也有过深深忧虑，其言天下之厂以云南为最多，云南矿厂乃云南之害，“厂分既多，不耕而食者约有十万余人，日糜谷两千余石，年销八十余万石。又系舟车不通之地，小薄其收，每忧饥殍，金生粟死，可胜浩叹！”[②]开矿与粮食不足之间的矛盾后期越发影响到普通民众生活，王太岳在其《铜政议》中就认为，“产铜之云南独受其害，其产愈多则求之愈众，而责之愈急。”[③]嘉庆年间 “且近场之地，食物必贵，盗贼必多，鸡犬不宁，蒸盐告匮，此则民之害也；煎烟萎黄菽豆，洗矿之溪水削损田苗，此又民之害也；有矿之山概无草木，开厂之处倒伐邻山，此又民之害也。”[④]详列开矿各种弊端，其中“食物必贵”排于首位。

虽然文献称米价高昂与矿业开发有极大关系，但具体影响程度如何，需要有更为翔实的数据做参考。要估算二府的稻米缺额，须确定当地的粮食需求量与供给量，这就需要对当地户口与稻田亩数进行估算。民户有相应户口数据，矿民却没有，文献记载极为模糊，一些史料中称人数上百万，有的则以数十万代之。如乾隆三十年（1765 年），云贵总督杨应琚说，时下外省流寓各矿山的“谋食穷民”已经“不下数十万”，并且犹在“风闻而至”[⑤]。为获得矿民相对精

①《张允随奏稿下》，乾隆十三年（1748 年）三月十三日，方国瑜主编：《云南史料丛刊》（第八卷），昆明：云南大学出版社，2001 年，第 730-731 页。

②（清）倪蜕：《复当事论厂务书》，（清）师范：《滇系》卷二，光绪十三年（1887 年）刻本。

③（清）王太岳：《铜政议上》，《皇朝经世文编》卷五二。

④（清）师范：《滇系》卷二《职官》，光绪十三年（1887 年）刻本。

⑤《清实录·高宗实录（十八）》卷七六四，乾隆三十一年（1766 年）七月上壬申，北京：中华书局，1985—1987 年影印本，第 392 页。

确数据，目前一般采用矿产量推算矿工数量的办法，而云南矿产中又以铜矿开采量最大、额铜数量最完整。马琦以滇铜产量推算乾隆朝滇铜矿民年均为 9.3 万人，最高时达 14.2 万人。加上其他矿业人员，最盛时可能接近 20 万。[①]这个数据基本可以反映乾隆年间的矿民规模。滇东北矿业全盛时期若按全省矿业从业人员七成计，则应该在 14 万人左右。在滇东北区域内部，矿产分布不均衡，其中主要的大厂、旺矿集中在东川，诸如汤丹、碌碌等大厂，兴盛时期年产量皆在 200 万～300 万斤，而昭通府的铜厂规模及产量皆不及东川，额铜量也不到东川府的二成，[②]其他矿业水平两府基本持平。[③]那么，在矿业开发的兴盛期，东川府的矿业人员大致在 10 余万人，而昭通府有 2 万～3 万人。大量不从事农业生产的矿民集聚矿区，必然给本非稻米集中产区的滇东北带来巨大压力。我们曾尝试通过对清代乾隆以后直至民国昭通、东川地区的水田亩数、户口数量进行估算统计，但皆不能准确对应矿业开发人口在当地人口中的比例，以及其给当地民食带来的压力程度。在没有完整成系列的人口、水田亩数以及稻米产量等数据的前提下，开展精确的计量研究，反而容易走入过分量化历史的误区之中。但基础数据可以帮助我们理解与把握滇东北地区的土地规模以及粮食生产的潜力与极限。就潜力而言，更多表现为山区面积广大，具有开垦山地的极大空间，而这也是清

---

① 马琦：《国家资源：清代滇铜黔铅开发研究》，北京：人民出版社，2013 年，第 134 页。

② 民国《新纂云南通志（七）》卷一四六《矿业考二》，昆明：云南人民出版社，2007 年，第 129-133 页。文献中详列清代乾隆、嘉庆年间滇铜矿厂分布及额铜量，经过统计，乾隆、嘉庆年间昭通府的额铜量只占云南全省 8.7%，但同时期东川额铜仍占 46.8%，矿厂主要集中在东川府。

③ 目前可以对比的除铜矿外，还有银矿，但两府银厂数量及产量基本相当，参见民国《新纂云南通志（七）》卷一四六《矿业考二》，昆明：云南人民出版社，2007 年，第 119-120 页。

代以后滇东北地区土地开发利用的最重要方面；就极限而言，由于受地形条件、水源、水利条件等因素的限制，滇东北地区的水田面积有限，水稻生产能力也有限，这也构成了清代，特别是中期以后，当地米价较周边地区为高的重要原因。

基于以上考量，笔者还是对滇东北东川、昭通二府土地面积等基本信息做一简单梳理。据统计，东川府雍正十年（1732 年）的耕地面积是 163 586 亩，到嘉庆二十五年（1820 年）耕地面积增长到 224 203 亩，[①]这其中包括了大量的山地，山地不具备生产水稻的条件，以种植玉米、马铃薯及杂粮为主。为获得更精确的水田亩数，我们以 1935—1939 年中央农业试验所云南工作站对云南部分县田亩统计数据作为参考（表 4-1）。

**表 4-1　民国年间东川地区的水田亩数统计表**

| 县份 | 耕地总面积/亩 | 稻田面积占耕地总面积之百分率/% | 稻田面积/亩 | 平均每亩稻产量/市斤 | 人口 | 每人占有耕地亩数 |
|---|---|---|---|---|---|---|
| 会泽 | 190 800 | 20 | 38 160 | 356 | 251 512 | 0.76 |
| 巧家 | 570 000 | 10 | 57 000 | 375 | 210 615 | 2.71 |
| 总计 | 760 800 | — | 95 160 | — | — | — |

资料来源：民国《云南七十县耕地面积及稻米产量》，《云南实业通讯》1940 年第 1 卷 5 期，第 22 页。

民国时期的会泽与巧家构成清代的东川府，此二县的稻田亩数总计 95 160 亩，水田面积受制于水源、地形限制不会有太大变化，故以民国年间巧家、会泽的水田数基本可以指征清代中后期东川府

---

① ［美］李中清：《中国西南边疆的社会经济：1250—1850》，林文勋、秦树才译，北京：人民出版社，2012 年，第 175 页。

的田亩数。

昭通府在改土归流后，耕地面积不断增加。雍正十年（1732 年），云贵总督高其倬招募农民前往垦荒，由官府借给路费和耕牛、籽种，每户给田 20 亩，农业开始快速发展。从雍正十年至嘉庆二十五年（1732—1820 年），昭通府田地由 269 366 增加到 561 379 亩，增长了一倍多。[①]这其中有多少是水田，需要进行分县、厅估算。其下辖各县、厅、州田亩数分别如下：

恩安县：恩安县民国时期改名昭通县。民国《昭通县志稿》记载，至乾隆四十五年（1780 年），田地共增至 201 342 亩，没有给出具体水田亩数。此后经咸同年间的回民战争，耕地大量抛荒，到民国十三年（1924 年）的调查统计得垦熟田、地 223 810 亩，[②]其中水田亩数 94 094 亩，[③]可能基本恢复到乾隆四十五年（1780 年）水平。

永善县：在雍正年间的原额水田只有 865.19 亩，后续垦田 18 亩，共计 883.19 亩；乾隆三十年（1765 年）又增下则田 18 亩，共 901.19 亩。此后升垦主要为山地，[④]水田条件较差。

大关厅：雍正十年（1732 年）清查核定农田 23 440 亩，此后无数据。1950 年统计，大关县水田为 12 641 亩，[⑤]考虑到大关县在 1917 年分出盐津县，大关厅水田亩数需为两县水田数之和。盐津县的水田较少，“梯田坡地高原可耕者，仅占全县土地面积百分之一二。”

---

① ［美］李中清：《中国西南边疆的社会经济：1250—1850》，林文勋、秦树才译，北京：人民出版社，2012 年，第 175 页。

② 民国《昭通县志稿》第八《财政·田亩》，民国二十五年（1936 年）刻本。

③ 民国《昭通县志稿》第六《财政·户口》，民国二十五年（1936 年）刻本。

④ 嘉庆《永善县志略》卷二《赋税》，抄本。

⑤ 云南省大关县地方志编纂委员会编纂：《大关县志》，昆明：云南人民出版社，1998 年，第 153 页。

盐津县 1938 年的实测数据耕地面积为 25 759.2 亩，[①]按百分之二的比例，则水田面积约 514 亩。民国时期两县水田亩数大概为 13 155 亩。

鲁甸厅：至 1949 年的稻田面积为 3.57 万亩，水田多以自然河道作为灌溉水源，[②]与清末变化不大。

镇雄州：雍正七年（1729 年）清丈原成熟田地（包括水田和旱地）195 217.56 亩，其中上则田 22 462 亩余，中则田 31817 亩，下则田 12 844 亩，共田亩数 67 123 亩；乾隆三十年（1765 年），新增下则田 1 942 亩，故至乾隆中期以后，镇雄州田亩数为 69 065 亩。[③]

受地形条件影响，昭通下辖各县（厅、州）的水田数量差距较大，多者数万亩，少的不到千亩，稻米生产地域分布不均。上文田亩统计上限到乾隆三十年（1765 年），默认乾隆三十年（1765 年）后，昭通府的水田基本开发完成，则清中后期昭通府的水田总面积约为 212 915 亩。民国年间对会泽、巧家的水稻亩产量的统计显示，滇东北地区的水稻亩产量毛重在 365 斤左右，以出米率 70%估算，每亩产米 263 斤。[④]那么在乾隆中后期，东川府的大米产量约 24.98 万石，昭通府约 56.02 万石。

本地民户数据，曹树基先生估算认为在乾隆四十一年（1776 年）东川府的人口为 18.6 万人，昭通府乾隆四十年（1775 年）总人口约

① 民国《盐津县志》卷七《民事·土地》，内部资料，昭通：昭通新闻出版局，2002 年，第 204-206 页。

② 鲁甸县水利水电局：《鲁甸县水利志》，内部资料，昆明：云南联谊印刷厂，1993 年，第 2 页。

③ 光绪《镇雄州志》卷三《田赋》，《中国地方志集成·云南府县志辑 8》，南京：凤凰出版社，2009 年，第 82-83 页。

④ 马琦：《国家资源：清代滇铜黔铅研究》，博士学位论文，昆明：云南大学，2011 年，第 135 页。

46 万人。[①]基于此，我们可以对本地的民户耗米进行估算。但民户不像矿民以食大米为主食，而以杂粮及高产作物为主，如昭通的山区民众以玉米、马铃薯、荞麦为主食，坝区、河谷地区也以玉米为主食，稻米次之，将玉米磨成面粉蒸食，有的掺入少量大米、荞面。[②]

关于清代日均食米量，《补农书》中有记载“凡人计腹而食，日米一升，能者倍之。”[③]而吴其濬在《滇南矿厂图略》中也说，每日“每丁以一仓升计”，实际情况是矿工本身喜食大米，加上从事重苦力劳作，食量较大，每日食米应大于常人。以一日一升粮食计，一年一个矿工就需要近 400 升的粮食。清代的器量单位采用十升为斗，五斗为斛，两斛为石，[④]即每石约等于 100 升。升有官升、民升之别，但一般以官升为准，上文史料中提到的“每丁食米一仓升”之仓升即为官升。也就是说，每个矿工一年大概需要 4 石米粮。

考虑到杂粮在本地的普及化及所占主粮比重，大部分普通民众不可能平均到每日一升米。姑且以普通民户所食大米占矿民所食大米三成计，即普通民户每人每天食 0.33 升米，[⑤]则东川府乾隆四十一年（1776 年）本地民户消耗大米 22.4 万石；昭通府乾隆四十年（1775 年）每年民户耗米 55.4 万石。两府所产基本够维持本地民食所需，与当时地方官员所称基本吻合，“窃滇省山多田少，当丰稔之年，本地

① 曹树基：《中国人口史》第五卷《明清时期》，上海：复旦大学出版社，2001 年，第 239-240 页。

② 昭通市民族宗教事务局编著：《昭通少数民族志》，昆明：云南民族出版社，2006 年，第 81 页。

③ 陈恒力：《补农书校释》，北京：农业出版社，1983 年，第 160 页。

④ [美] 赵冈等编著：《清代粮食亩产量研究》，北京：中国农业出版社，1995 年，第 8 页。

⑤ 以此作为民户大米消耗标准或许仍偏高，滇东北以山区为主，后期的移民主要开发区域也为山地，粮食以红米、荞麦为主。

所产，仅足供一岁民食。”[1]东川府在乾隆中后期仍处于铜矿开采的高峰期，当地有将近 12 万矿民，这部分人一年消耗的粮食达 43.8 万石，全府的大米缺额约 41.22 万石；而昭通在乾隆中期也至少有 3 万矿民，矿民耗米约 11 万石，稻米缺额约为 10.38 万石。

虽然上文中对田亩以及人口有一定的推测数据，但是在没有完整成系列的人口、水田亩数以及稻米产量等数据的前提下，开展精确的计量研究，反而容易走入过分量化历史的误区之中。我们虽采取多种计算方式，最终审慎对待通过计算人口、水田亩数等指标来估算该区域的稻米需求量与本地水田产量的做法。但可以肯定的是，矿区人口聚居，确实给滇东北的粮食供给带来了极大压力，但这种压力更多集中在矿业开发的兴盛期，而且地域上以东川府为最。

矿民分完全从事矿业开采人员与部分从事矿业开采人员。部分人员以周边民户为主，农时也进行农业垦殖。而完全从事矿业开采的人员其生活来源皆靠市场供给，特别是集中于矿厂的炉户、硐户、炭户、马户等。此外，在当地粮食消费群体中，还有屯守的士兵，士兵又以稻米为主食。本地稻米不足，兵米也长期从外地购买，如张允随曾“饬员分领，往黔、蜀地方买米一万四百二十八石，以足昭通、大关、鲁甸、永善，暨东川营、所属木欺古汛等兵米三年额数。”[2]

在翻查史料的过程中，民国时期会泽县的一份粮食产量统计表引起笔者注意，在 1921 年编的《会泽地志资料》中，有对当地粮食年产量的明确记载，能为滇东北粮食产量研究提供具体参照。产量

① 《张允随奏稿上》，乾隆五年（1740 年）闰六月二十二日，方国瑜主编：《云南史料丛刊》（第八卷），昆明：云南大学出版社，2001 年，第 592 页。

② 《清实录 • 高宗实录（四）》卷二五一，乾隆十年（1745 年）十月，北京：中华书局，1985—1987 年影印本，第 239 页。

如下：县产粳米 26 100 石、糯米 1 210 石（每石约 500 公斤）、大麦 560 石（每石约 375 公斤）、小麦 1 230 石（每石约 400 公斤）、豌豆 715 石（每石约 500 公斤）、荞子 18 426 石（每石约 300 公斤）、苞谷 30 100 石（每石约 400 公斤）、红薯约 4.21 万公斤、马铃薯 8.98 万公斤，折合原粮约 3 231 万公斤，[①]也就 8 万～9 万石。这是民国初年会泽一县的农产值，与清代矿业高产期相比粮食产量的变化应该不会太大，虽然东川府在民国时期将会泽县单独划出，会泽县不能完全代表清代东川府的情况，但会泽作为一个重要的粮食产区，就算以民国初年全县所有的粮食供给清代某个时期的所有矿工，也有极大缺口。

咸同以后，由于矿业基本停顿下来，对外界稻米的需求量也相应下降，到民国时期当地粮食可以维持自给。[②]不过，只要气候稍有波动，造成天气灾害，粮食即出现供给不足。故清代滇东北地区矿民所需大米绝大部分依靠外地补给，从土地面积、人口数量上分析，因矿业人口聚居而导致的粮食缺额以东川府最为突出，后期随着矿业人口的减少缺额有所回缩；昭通府的米价波动极为平稳，与矿业开发的波动曲线明显不一致，那又是什么原因推高并制约着当地的米价呢？

## 三、米粮市场与交通运输

一个长期缺粮，又稻田有限，不能通过开垦更多的水田获得稻米的区域，在市场完善的条件下，可以从外部获得稳定的粮食供应。一般认为缺粮越严重的地区粮价越高，与其供应地的差价越大，从

① 云南省会泽县志编委会编：《会泽县志》，昆明：云南人民出版社，1993 年，第 160 页。
②《云南七十县耕地面积及稻米产量》，《云南实业通讯》1940 年第 1 卷 5 期。

而可以从外部吸引更多粮食；另外，就整个市场网络而言，在其他条件不变的情况下，各个地区间的差价越小，说明流通费用越低，风险越小，市场的有效性也越高。[①]反之，价格差越大，交通运输成本越高。

1. 米粮来源与市场网络

从文献记载看，滇东北地区的外米来源有二：省内周边府县及省外川米。由于滇东北矿区集中，对米粮需求量大，成为重要的粮食输入区。据乾隆《东川府志》记载，东川府的稻有水稻、旱稻、赤稻、白稻、粳稻、糯稻、长芒稻等品种，主要集中在府城“四乡及丰乐、输诚、二里、巧家米粮坝等处”，[②]但并非广泛大量的种植；而另一类主粮大、小麦，也主要依靠从外地输入，“东川府气候寒冷，不宜大小麦，《旧志》载麦地仅二十二顷八十三亩，有零市所粜者，皆来自嵩明、寻甸、曲靖。”[③]而甜荞、苦荞等杂粮却是“四乡八里皆产”，然而，对于矿区人口高度集中的东川府来说，杂粮明显是不能满足需求的。当时省内的粮食主产区曲靖府、楚雄府等都向滇东北厂区运输粮食，影响了东川府米市交易，“惟查东川境内汤丹等厂，每年产铜八、九百万斤，运供京局鼓铸，各省民人，聚集甚众，并运铜脚户往来接踵，需米浩繁，米价常贵，以致数站及十余站之云南、曲靖、武定三府附近厂地有米之家，贪得高价，将米运厂发卖，本地人户反不能买获。”[④]产粮之地的民众反不能买得米粮。因此，

① 陈春声：《市场机制与社会变迁——18世纪米价分析》，北京：中国人民大学出版社，2010年，第44页。
② 乾隆《东川府志》卷一八《物产》，清乾隆辛巳（1761年）刻本。
③ 乾隆《东川府志》卷一八《物产》，清乾隆辛巳（1761年）刻本。
④《张允随奏稿下》，乾隆九年（1744年）三月初五日，方国瑜主编：《云南史料丛刊》（第八卷），昆明：云南大学出版社，2001年，第658页。

清政府对新开之矿，要求“必先筹划民食。”[①]

除省内粮食进入滇东北外，“川米”也是当地最重要的粮食来源。“川米”输入后，部分缓解了矿区及周边区域的粮食压力，矿区的粮价也相应地降了下来，甚至周边府州乃至省城昆明的米价也降了，“（昭通）厂地既有川米售卖，则东川、寻甸、和曲、禄劝等处之米，不必尽运赴厂，省城一带米价，复无昂贵之患。”[②]

进入清代中期以后，四川成为全国重要的稻米产区，“川米”大量外销，甚至传统稻米产区长江下游的湖北、江苏等地也向四川进米。雍乾年间，四川的粮食除本省民食外还有大量富余，据邓亦兵研究，四川每年向外运出的粮食在 300 万石左右，[③]而谢放的研究认为，四川余粮外运最多时可能每年达 500 万～1 000 万石。[④]每年秋收谷贱之时，政府就在全川各主要河流岸边城镇买谷贮存入仓，只要外省有需求，朝廷一声调拨令下，便迅速碾米装船，发运出川，供应下游。江南地区，每年都仰川粮的接济，甚至出现“湖广又仰给于四川”的情况。比如乾隆年间，湖北因雨水不足，粮价上涨，地方督抚上奏“遇有川米过境，催截运售”，而乾隆皇帝不同意，认为这样做会影响下游江南地区的粮食供给，“不知江南向每仰给川楚之米，今岁亦间有偏灾，更不能不待上游之接济，且楚米既不能贩运出境，若复将川米截住，不令估舶运载顺流而下，则江南何所取资，该督抚止就本省筹核，所见殊小，岂朕一视同仁之意，随即传

①《乾隆朝朱批奏折》，乾隆七年（1742 年）五月二十四日，云贵总督张允随奏，转引自中国人民大学清史研究所编：《清代的矿业》（下册），北京：中华书局，1983 年，第 585 页。
②《张允随奏稿下》，乾隆十年（1745 年）十月二十一日，方国瑜主编：《云南史料丛刊》（第八卷），昆明：云南大学出版社，2001 年，第 677 页。
③ 邓亦兵：《清代前期内陆粮食运输量及其变化趋势》，《中国经济史研究》1994 年第 3 期。
④ 谢放：《清前期四川粮食产量及外运量的估计问题》，《四川大学学报（哲学社会科学版）》1999 年第 6 期。

谕训饬，如川省米船到楚，听其或在该省发卖，或运赴江南通行贩卖，总听商便，勿稍抑遏。”[①]可见，“川米”对长江下游省份的粮食补给之重要。“川米”也随着滇铜路线大量进入滇东北矿区。

不过史料中却经常有云南“无外来之米”补给的记载，如乾隆三十一年（1766年），大学士云贵总督杨应琚上奏称，“滇省山多田少，产米有限，且在在皆山，不通舟楫，并无外来之粮可以接济，遇有缺乏即致周章。”[②]而且，学者也认为清代云南的粮食运输不在全国市场体系之内，其粮食的运销不曾汇入全国的运销路线之中。[③]因而，基本没有从外地进购粮食的情况。笔者认为，这种观点是片面的。首先，就杨应琚的奏论而言，其出发点是为了说明云南缺粮，而解决之法“惟有开垦未尽之地”，因而才说“并无外来之粮可以接济”，而实际情况却是清代云南有从四川、广西甚至湖南大量进米的史实，只是“川米”大多输入了昭通、东川等地，广西米大多只到广南府地区，所以只是局部地供给云南，并未大规模地进入。因而，站在滇中乃至全省的角度看，确实是“舟楫不通”，无外来之米粮补给。但就具体区域来说，却并非如此，滇东北地区在雍正以后就有大量米粮来自四川。

清代滇东北地区首要保证的是驻守士兵的兵米，雍正初年，高其倬上奏，“臣查昭通一郡，四面环山，兵米自外州县运往，转输不易。”由于地处高山环抱之中，山高坡陡，从周边府州县运粮较为困难，但从四川运粮则较为方便，故而长期以来，都向四川采买，“至

①《清实录·高宗实录》（十四）卷一〇六四，乾隆四十三年（1778年）八月，北京：中华书局，1985—1987年影印本，第231页。

②（清）杨应琚：《请广开垦疏》，《皇朝经世文编》卷三四。

③ 吴承明：《中国资本主义与国内市场》，北京：中国社会科学出版社，1985年，第255-259页。

次年所需兵米，除云南等府原有仓储足以供支，昭通一府照例赴四川采买。”[①]这“照例”二字说明滇东北地区向四川买米应是常事。从史料记载也可以看出，云南巡抚张允随曾多次“饬员分领，往黔、蜀地方，买米一万四百二十八石，以足昭通、大关、鲁甸、永善暨东川营所属木欺古汛等兵米三年额数。”[②]除了兵米，民食也大量从川进购，特别是灾年，“川米”成为当地救灾的关键米粮之源。如乾隆八年（1743年），张允随上奏称：“昭通、东川两府，收成歉薄，米价昂贵，现于铜息项下动银二万两，发驻札四川永宁转运京铜之同知，于川东一带，买米一万石，于明春水长前，运回滇省，……以备平粜。”而运“川米”之船，“其回空船，又可试运京铜。”[③]可谓是往来频繁，对保证昭通、东川地区的民食安全意义重大。

兵米、民食之外，矿区需求就是川米进入滇东北最重要驱动因素。矿区由于对米的需求量极大，而矿工又基本以米为主食，因粮价较高，“近年米价亦视前稍增者，特以生聚滋多，厂民云集之故。”[④]张允随在奏闻中也说，“滇地远居天末，一遇荒歉，米价腾贵，较他省过数倍，近年汤丹（东川）等厂厂民云聚，米价日昂。”[⑤]这些缺口粮食一部分要从附近州县购粮，还有一大部分则从四川购买。矿区人口集聚，民食危艰，向四川产粮大区购粮在当时成为缓解粮食危机的

①《张允随奏稿上》，乾隆元年（1736年）十月初十日奏，方国瑜主编：《云南史料丛刊》（第八卷），昆明：云南大学出版社，2001年，第551页。
②《清实录·高宗实录》（四）卷二五一，乾隆十年（1745年）十月，北京：中华书局，1985—1987年影印本，第239页。
③《清史录·高宗实录》（三）卷二〇一，乾隆八年（1743年）九月，北京：中华书局，1985—1987年影印本，第593-594页。
④《清实录·高宗实录》（五）卷三一一，乾隆十三年（1748年）三月，北京：中华书局，1985—1987年影印本，第104页。
⑤《张允随奏稿下》，乾隆九年（1744年）九月二十八日，方国瑜主编：《云南史料丛刊》（第八卷），昆明：云南大学出版社，2001年，第661页。

重要途径。

2．运输成本与价格波动

云南即使在集中产米区，稻米在本地食用后也没有太多的结余。省内米价，但凡需要长途运输者，基本都价格较高，如“昆明县所产之粮食，求过于供，故运销外县者极少。至输入之粮食，马龙县多用人力挑来，嵩明县骡马驮运，昆阳由木船装载，呈贡、宜良则用大车输送，运费均颇高昂，故粮食价格因之飞涨。”[①]这种情况在滇东北地区更为突出，昭通是缺米区，本地可以用来流通的稻米量是十分有限的。所以，外来稻米成本高低也就主要由交通成本决定了。

历史上沟通滇东北与四川的陆上通道主要由昭通出云南省，经过大关、豆沙关、盐井渡等地，进入四川筠连、叙府等地区，从而进入川省，也有绕道他处进入四川，但基本的路线大致相同。然而，由于山高谷深，路上交通十分不便，因而很长一段时间以来，外省进入云南基本不从这条陆路进入，而选择地形条件相对较好的曲靖入滇。因而，历史上滇东北地区长期与外界隔离，处于地方土司统治之下，中央王朝对这片区域很是头疼。进入清代，由于滇东北地区经常发生叛乱，而政区上又隶属四川管辖，省城距离叛乱地区过远，导致对该地区的管辖基本处于真空状态。为加强中央对该地区的控制，清政府分别于雍正四年（1726 年）和雍正五年（1727 年）将东川府和昭通府、镇雄州划归云南管辖。不久之后，鄂尔泰在滇东北地区推行残酷的“改土归流”，使中央对滇东北地区的控制更加牢固。在此基础上，滇东北地区丰富的矿产资源得到开发，而为了将东川、昭通地区的铜矿、银矿等资源运出，改善当地交通就成为

① 张肖梅：《云南经济》，上海：中国国民经济研究所，1942 年，第k132 页。

紧要之事，于是，在陆路上对各路段进行大规模修建，在水路上对沟通川滇的金沙江进行疏通，使滇东北地区的交通有较大改善。

滇东北地区与省内的粮食贸易路线以陆路交通为主，而川米贸易则以金沙江水运为主。但无论是陆运还是水运，由于滇东北山高谷深，运输成本都极高，因此也推高了当地的米价。以昭通而言，境内山岭纵横，除金沙江航道可通向外省，与省内往来多由陆路。粮食属于笨重商品，山区陆路运输距离增加，成本上升必然显著。当时从省城昆明至沾益“路皆平坦，牛马车行无阻，惟沾益州属之松林驿起，历宣威、威宁以至昭通，道途险窄，商贾难行”，后虽经开修，但运输成本仍不低；相比于省城及省内其他府县，昭通与川西南距离较近，但运输仍是难题，“四川高县之安宁桥一带，商贾辐辏，米价平减，盐、布货物，贸易颇多。而安宁桥至昭通，计程二十站，脚价甚重，是以百物至昭腾贵。”[①]乾隆年间巡抚张允随上奏朝廷时也称：“窃照滇省昭通一府，地方六百余里，屯扎重兵，控扼黔、蜀，形胜险要，实为全滇东北屏障。自雍正八年（1730年）乌蒙荡定之后，休养生聚，户口日以繁庶，惟因地处丛山，不通舟楫，一切米谷、油盐、布帛，食用必需之物，价值倍于省会，兵、民生计甚属艰难。”[②]交通对昭通的米价影响究竟有多大，可以大致从上米价格差获得直观感受（表4-2）。

---

①《张允随奏稿上》，雍正十二年（1734年）五月二十七日，方国瑜主编：《云南史料丛刊》（第八卷），昆明：云南大学出版社，2001年，第538页。

②《张允随奏稿上》，乾隆七年（1742年）二月十七日，方国瑜主编：《云南史料丛刊》（第八卷），昆明：云南大学出版社，2001年，第620页。

表 4-2　乾隆三年至咸丰六年（1738 —1856 年）

昭通府上米价格差　　单位：两/石

| 年份 | 年均最低价 | 年均最高价 | 价格差 | 年份 | 年均最低价 | 年均最高价 | 价格差 |
|---|---|---|---|---|---|---|---|
| 乾隆三年（1738 年） | 2.24 | 2.45 | 0.21 | 嘉庆三年（1798 年） | 1.41 | 2.89 | 1.48 |
| 乾隆四年（1739 年） | 1.92 | 2.38 | 0.46 | 嘉庆四年（1799 年） | 1.43 | 2.89 | 1.46 |
| 乾隆五年（1740 年） | 1.75 | 2.50 | 0.75 | 嘉庆五年（1800 年） | 1.45 | 2.85 | 1.40 |
| 乾隆六年（1741 年） | 1.68 | 2.65 | 0.97 | 嘉庆六年（1801 年） | 1.49 | 2.88 | 1.39 |
| 乾隆七年（1742 年） | 1.49 | 2.38 | 0.89 | 嘉庆七年（1802 年） | 1.55 | 2.91 | 1.36 |
| 乾隆八年（1743 年） | 1.77 | 3.25 | 1.48 | 嘉庆八年（1803 年） | 1.58 | 2.97 | 1.39 |
| 乾隆九年（1744 年） | 1.78 | 3.35 | 1.57 | 嘉庆九年（1804 年） | 1.54 | 2.96 | 1.42 |
| 乾隆十年（1745 年） | 1.46 | 2.32 | 0.86 | 嘉庆十年（1805 年） | 1.54 | 2.97 | 1.43 |
| 乾隆十一年（1746 年） | 1.34 | 2.55 | 1.21 | 嘉庆十一年（1806 年） | 1.51 | 2.96 | 1.45 |
| 乾隆十二年（1747 年） | 1.17 | 2.46 | 1.29 | 嘉庆十二年（1807 年） | 1.45 | 2.90 | 1.45 |
| 乾隆十三年（1748 年） | 1.21 | 2.62 | 1.41 | 嘉庆十三年（1808 年） | 1.58 | 3.04 | 1.46 |
| 乾隆十四年（1749 年） | 1.22 | 2.67 | 1.45 | 嘉庆十四年（1809 年） | 1.52 | 3.01 | 1.49 |

| 年份 | 年均最低价 | 年均最高价 | 价格差 | 年份 | 年均最低价 | 年均最高价 | 价格差 |
|---|---|---|---|---|---|---|---|
| 乾隆十五年（1750年） | 1.30 | 2.62 | 1.32 | 嘉庆十五年（1810年） | 1.49 | 3.00 | 1.51 |
| 乾隆十六年（1751年） | 1.28 | 2.52 | 1.24 | 嘉庆十六年（1811年） | 1.45 | 3.03 | 1.58 |
| 乾隆十七年（1752年） | 1.64 | 2.87 | 1.23 | 嘉庆十七年（1812年） | 1.48 | 3.04 | 1.56 |
| 乾隆十八年（1753年） | 1.37 | 2.86 | 1.49 | 嘉庆十八年（1813年） | 2.29 | 3.05 | 0.76 |
| 乾隆十九年（1754年） | 1.05 | 2.83 | 1.78 | 嘉庆十九年（1814年） | 2.52 | 3.07 | 0.55 |
| 乾隆二十年（1755年） | 1.08 | 2.83 | 1.75 | 嘉庆二十年（1815年） | 2.51 | 3.01 | 0.50 |
| 乾隆二十一年（1756年） | 1.31 | 3.07 | 1.76 | 嘉庆二十一年（1816年） | 2.43 | 3.02 | 0.59 |
| 乾隆二十二年（1757年） | 1.41 | 2.82 | 1.41 | 嘉庆二十二年（1817年） | 1.76 | 3.08 | 1.32 |
| 乾隆二十三年（1758年） | 1.27 | 2.80 | 1.53 | 嘉庆二十三年（1818年） | 1.65 | 3.00 | 1.35 |
| 乾隆二十四年（1759年） | 1.14 | 2.93 | 1.79 | 嘉庆二十四年（1819年） | 1.56 | 2.97 | 1.41 |
| 乾隆二十五年（1760年） | 1.10 | 2.92 | 1.82 | 嘉庆二十五年（1820年） | 1.51 | 2.97 | 1.46 |
| 乾隆二十六年（1761年） | 1.39 | 2.95 | 1.56 | 道光元年（1821年） | 1.51 | 2.99 | 1.48 |
| 乾隆二十七年（1762年） | 1.25 | 2.94 | 1.69 | 道光二年（1822年） | 1.54 | 2.98 | 1.44 |

| 年份 | 年均最低价 | 年均最高价 | 价格差 | 年份 | 年均最低价 | 年均最高价 | 价格差 |
|---|---|---|---|---|---|---|---|
| 乾隆二十八年（1763年） | 1.62 | 2.98 | 1.36 | 道光三年（1823年） | 1.64 | 2.99 | 1.35 |
| 乾隆二十九年（1764年） | 1.25 | 2.84 | 1.59 | 道光四年（1824年） | 1.60 | 2.98 | 1.38 |
| 乾隆三十年（1765年） | 1.20 | 2.90 | 1.70 | 道光五年（1825年） | 1.51 | 2.99 | 1.48 |
| 乾隆三十一年（1766年） | 1.40 | 3.08 | 1.68 | 道光六年（1826年） | 1.46 | 2.99 | 1.53 |
| 乾隆三十二年（1767年） | 1.47 | 3.01 | 1.54 | 道光七年（1827年） | 1.40 | 2.98 | 1.58 |
| 乾隆三十三年（1768年） | 1.29 | 3.11 | 1.82 | 道光八年（1828年） | 1.38 | 3.00 | 1.62 |
| 乾隆三十四年（1769年） | 1.41 | 3.66 | 2.25 | 道光九年（1829年） | 1.43 | 3.00 | 1.57 |
| 乾隆三十五年（1770年） | 1.39 | 3.15 | 1.76 | 道光十年（1830年） | 1.47 | 3.00 | 1.53 |
| 乾隆三十六年（1771年） | 1.38 | 3.02 | 1.64 | 道光十一年（1831年） | 1.41 | 3.00 | 1.59 |
| 乾隆三十七年（1772年） | 1.15 | 2.94 | 1.79 | 道光十二年（1832年） | 1.48 | 3.00 | 1.52 |
| 乾隆三十八年（1773年） | 1.27 | 2.93 | 1.66 | 道光十三年（1833年） | 1.54 | 3.02 | 1.48 |
| 乾隆三十九年（1774年） | 1.47 | 2.88 | 1.41 | 道光十四年（1834年） | 1.50 | 3.00 | 1.50 |
| 乾隆四十年（1775年） | 1.14 | 2.88 | 1.74 | 道光十五年（1835年） | 1.50 | 3.00 | 1.50 |

| 年份 | 年均最低价 | 年均最高价 | 价格差 | 年份 | 年均最低价 | 年均最高价 | 价格差 |
| --- | --- | --- | --- | --- | --- | --- | --- |
| 乾隆四十一年（1776年） | 1.12 | 2.92 | 1.80 | 道光十六年（1836年） | 1.49 | 3.01 | 1.52 |
| 乾隆四十二年（1777年） | 1.14 | 2.94 | 1.80 | 道光十七年（1837年） | 1.50 | 3.00 | 1.50 |
| 乾隆四十三年（1778年） | 1.12 | 2.95 | 1.83 | 道光十八年（1838年） | 1.50 | 3.00 | 1.50 |
| 乾隆四十四年（1779年） | 1.22 | 2.99 | 1.77 | 道光十九年（1839年） | 1.51 | 3.03 | 1.52 |
| 乾隆四十五年（1780年） | 1.08 | 2.98 | 1.90 | 道光二十年（1840年） | 1.51 | 3.03 | 1.52 |
| 乾隆四十六年（1781年） | 1.09 | 2.96 | 1.87 | 道光二十一年（1841年） | 1.53 | 3.01 | 1.48 |
| 乾隆四十七年（1782年） | 1.09 | 2.95 | 1.86 | 道光二十二年（1842年） | 1.50 | 3.00 | 1.50 |
| 乾隆四十八年（1783年） | 1.12 | 2.95 | 1.83 | 道光二十三年（1843年） | 1.49 | 3.00 | 1.51 |
| 乾隆四十九年（1784年） | 1.14 | 2.97 | 1.83 | 道光二十四年（1844年） | 1.50 | 3.01 | 1.51 |
| 乾隆五十年（1785年） | 1.05 | 2.95 | 1.90 | 道光二十五年（1845年） | 1.49 | 3.01 | 1.52 |
| 乾隆五十一年（1786年） | 1.05 | 2.94 | 1.89 | 道光二十六年（1846年） | 1.49 | 3.01 | 1.52 |
| 乾隆五十二年（1787年） | 1.14 | 2.95 | 1.81 | 道光二十七年（1847年） | 1.50 | 3.01 | 1.51 |
| 乾隆五十三年（1788年） | 1.17 | 2.96 | 1.79 | 道光二十八年（1848年） | 1.55 | 3.01 | 1.46 |

| 年份 | 年均最低价 | 年均最高价 | 价格差 | 年份 | 年均最低价 | 年均最高价 | 价格差 |
|---|---|---|---|---|---|---|---|
| 乾隆五十四年（1789年） | 1.08 | 2.97 | 1.89 | 道光二十九年（1849年） | 1.52 | 3.01 | 1.49 |
| 乾隆五十五年（1790年） | 1.08 | 2.97 | 1.89 | 道光三十年（1850年） | 1.51 | 3.01 | 1.50 |
| 乾隆五十六年（1791年） | 1.11 | 2.96 | 1.85 | 咸丰元年（1851年） | 1.52 | 3.01 | 1.49 |
| 乾隆五十年（1792年） | 1.03 | 2.96 | 1.93 | 咸丰二年（1852年） | 1.51 | 3.01 | 1.50 |
| 乾隆五十年（1793年） | 1.20 | 2.92 | 1.72 | 咸丰三年（1853年） | 1.52 | 3.01 | 1.49 |
| 乾隆五十年（1794年） | 1.52 | 2.92 | 1.40 | 咸丰四年（1854年） | 1.51 | 3.01 | 1.50 |
| 乾隆六十年（1795年） | 1.49 | 2.95 | 1.46 | 咸丰五年（1855年） | 1.50 | 3.01 | 1.51 |
| 嘉庆元年（1796年） | 1.42 | 2.95 | 1.53 | 咸丰六年（1856年） | 1.49 | 3.01 | 1.52 |
| 嘉庆二年（1797年） | 1.38 | 2.92 | 1.54 | | | | |

资料来源："清代粮价资料库"与《清代道光至宣统间粮价表》。

价格差走向趋势如图4-3所示。

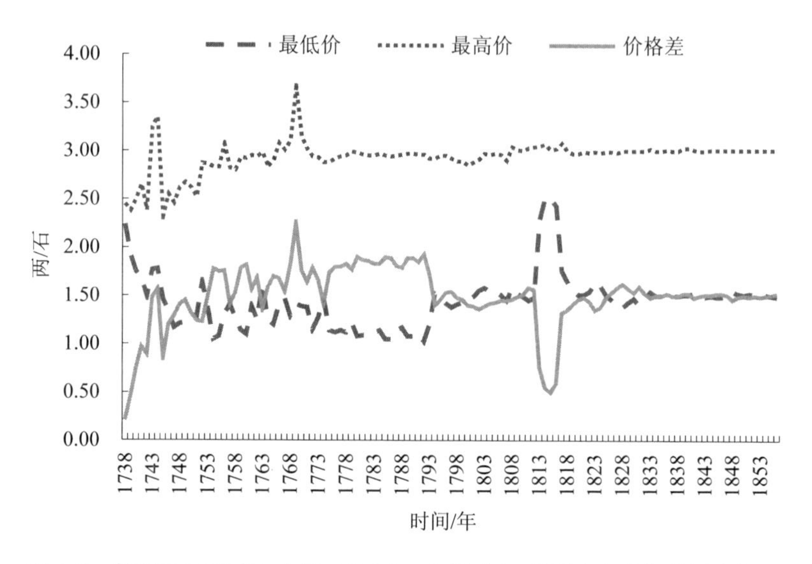


**图 4-3　乾隆三年至咸丰六年（1738—1856 年）昭通府上米年均最高价、年均最低价与价格差曲线图**

山区交通以陆路为主，而陆路运输以驮马和人力搬运为主。大部分短距离的货物由脚夫完成，远距离的谷米、盐、铜和布匹等都由畜力来驮运。[①]从上文昭通上米价格差数据看，昭通区域内，最高价与最低价的差距常年在一倍左右，即从低价区运米到高价区，运费基本与稻米价格持平，而且在 18 世纪的大部分时间内，价格差甚至高于最低价。这种价格差在光绪后期的灾荒年间更大，昭通地区的价格差甚至高于最低价数倍。当然，后期灾害年间的价格差，并不完全由交通决定，更多是区域性缺米后的市场极端表现。

① ［美］李中清：《中国西南边疆的社会经济：1250—1850》，林文勋、秦树才译，北京：人民出版社，2012 年，第 82 页。

### 3．金沙江水运改善与川米输入

对清政府而言，更为关心的是交通不便对滇铜外运的影响。乾隆年间，国力强盛之时，政府为改善当地交通，投入大量人力、物力，疏浚了工程浩大的金沙江航道。同时，有研究认为疏浚航道最初目的是为转运川米入滇。[①]云南巡抚张允随奏称："兼之东（川）、昭（通）两郡，俱系岩疆，产米稀少，节年办解京铜，人众食繁，陆路无从接济，欲筹水利，非开金江，别无善策。"[②]当时航道上"设立站船，上运盐米，下运滇铜"[③]，往来频繁。工程"自乾隆八年（1743年）十一月兴工，至十年（1745年）四月告成。现在川省商船，赴金沙厂贸易者，约三百余号，即顾募此项船支，装运京铜。除经过上游之滥田坝、小溜筒，及下游之沙河、象鼻、大汉漕等滩，分半盘剥，余皆原载直行，毫无阻滞。"[④]航道"上游一带，多在东川府境内"，"下游一带，俱在昭通府境内。"[⑤]

历史上金沙江水急滩多，水运一直不够通畅。至明代，金沙江下游从叙州府到蛮夷司（今宜宾市屏山县新市镇）沿江设立了陆驿，也有人水陆相兼从黄草坪以下采买四川粮米，但水路不通畅一直是云南通往内陆地区的一个阻碍。明正统、嘉靖及清初康熙年间不断有大臣力主开通金沙江下游航道，但都由于没有修治的动力而不能

① 蓝勇：《清代滇铜京运路线考释》，《历史研究》2006年第3期。
②《张允随奏稿上》，乾隆七年（1742年）七月十五日，方国瑜主编：《云南史料丛刊》（第八卷），昆明：云南大学出版社，2001年，第636页。
③《张允随奏稿上》，乾隆七年（1742年）七月十五日，方国瑜主编：《云南史料丛刊》（第八卷），昆明：云南大学出版社，2001年，第616页。
④《清实录·高宗实录（四）》卷二四一，乾隆十年（1745年）五月下，北京：中华书局，1985年，第114页。
⑤《张允随奏稿上》，乾隆六年（1741年）八月初六日，方国瑜主编：《云南史料丛刊》（第八卷），昆明：云南大学出版社，2001年，第608页。

实现。[①]清雍正时云贵总督鄂尔泰也力倡此说。但这些倡议均因工程浩繁，限于物力，未曾付诸实行。乾隆初年，在滇铜京运的急迫压力下，经过云南地方官员庆复、张允随等多次上奏建议，清政府才开始了历史上最大一次对金沙江下游航道的整治工作。中央和云南地方官员皆认为，如果能开通金沙江航路，则东川铜厂可与泸州一水相连，不但铜运问题可以彻底解决，而且“川米”也可经河道运入滇东北地区，正所谓“今各处工程，先后告竣，民间米粮，自可流通”[②]。

整治工作不但对金沙江主道进行疏浚，而且也对黄草坪至金沙江的旧路进行修凿。黄草坪至金沙江段河道价值巨大，不仅是运铜的重要交通线，也是运粮之最便捷之途，赴川采买“川米”多经此道，“滇省每年赴川采买兵粮，均由江路沿流运送，其黄草坪至金沙厂六十里，河道为商贾贩运米盐旧路，内有大汉漕等滩，水势险急，冬春之际，商贾虽有行走，而起载多艰，今应细加勘估，将可以施工之处，酌量修理，以利舟楫。”[③]该段水路的疏通，使东川、昭通至四川的水路完全打通。水路通畅，使滇东北的运铜量大大增加，也为“川米”进入滇东北地区奠定了基础，“川、楚商船，赴金沙厂以上地方贸易者渐多”[④]。自此，金沙江向下可运铜，向上则运输粮食，可弥补旱运牛马之不足，“自古不通舟楫”的云南交通之闭塞面貌得以极大改观。[⑤]

① 蓝勇：《四川古代交通路线史》，重庆：西南师范大学出版社，1989 年，第 159 页。
②《清实录·高宗实录（四）》卷二四三，乾隆十年（1745 年）六月，北京：中华书局，1985 年，第 141 页。
③《清实录·高宗实录（三）》卷一八一，乾隆七年（1742 年）十二月，北京：中华书局，1985 年，第 343-344 页。
④《清实录·高宗实录（三）》卷二二五，乾隆九年（1744 年）九月，北京：中华书局，1985 年，第 918 页。
⑤ 成崇德主编：《清代西部开发》，太原：山西古籍出版社，2002 年，第 409-414 页。

滇东北的东川、昭通等地，在清代以前都是极其闭塞荒凉之所在，尽管邻近大江，却是“地阻舟楫，物贵民艰”，航道开通后，进入滇东北地区的船只明显增多，出现了“现在商旅负贩赴金沙、乐马等厂贸易者，千里之内往来不绝”的繁荣景象。[①]而“川省商船贩运米盐货物至金沙厂以上发卖者，较往年多至十数倍。”据永善县王日仁的《江神庙碑记》记载，当时永善一带形成“舻舳相接，欸乃之声，应山而响，而自蜀至滇商贾贸易者，亦络续往来矣”的局面，俨然一个重要的水码头。[②]民间商贩以“京运”水路为通道大量进入滇东北地区。黄草坪、盐井渡等水码头也发展起来，成为重要集镇。昭通、东川也因此城镇经济更为发达，商务繁甚。[③]有所谓“现今远近客民，多于泊船之处葺屋兴场，川货日见流通，店房日渐建设，商旅往来，渐有内地景象。”[④]

航道开通前后，滇东北矿区米价形成鲜明对比，“即如二月间金沙等厂米价，每仓石卖银四两二、三。”但“商船一到，即减价一两有余”。[⑤]航道开通伊始昭通的米价也有明显下降，“臣查滇省米贵之患，久廑圣怀，而昭通米价，在通省尤为昂贵，今金江开修伊始，已少著成效，将来告成之后，设遇歉收，川省商民自必闻风贩运，

① 中国历史第一档案馆：《乾隆年间疏通金沙江史料》（下），《乾隆八年云南总督张允随为报金沙江工程告竣事奏折》，《历史档案》，2001 年第 2 期。

② 蓝勇：《清代滇铜京运对沿途的影响研究——兼论明清时期中国西南资源东运工程》，《清华大学学报（哲学社会科学版）》2006 年第 3 期。

③ 陈序德：《朱提铜银考》，《昭通文史资料选辑》（第 5 辑），内部资料，昭通：昭通政协编，1990 年，第 73-103 页。

④ 中国历史第一档案馆：《乾隆年间疏通金沙江史料》（下），《乾隆八年云南总督张允随为报金沙江工程告竣事奏折》，《历史档案》2001 年第 2 期。

⑤ 中国历史第一档案馆：《乾隆年间疏通金沙江史料》（下），《乾隆八年云南总督张允随为报金沙江工程告竣事奏折》，《历史档案》2001 年第 2 期。

或官为采买接济，从此边疆要地，米谷流通，可纾圣主南顾之忧”[①]。张允随在上奏乾隆皇帝的奏章中不无夸耀地说：“昭通向苦米贵，自江工告竣，米价平减，民食亦裕”。[②]航道开凿完成后，昭通、东川府的米价进一步得到稳定，“川米流通，滇属东、昭二府，向来米价最贵之处，渐获平减。”[③]

“川米”输入滇东北地区，缓解了当地的粮食供应紧张的局面，同时成为灾荒年间重要的粮食来源。乾隆二十一年（1756年），昭通恩安县由于连续三年旱灾，米价涨至“一京石五、六金”，就连杂粮也涨到“每京石三、四金”。为解当地百姓之苦，府宪郑公下令停止征收赋税，并开仓平粜，同时号召府县官员捐奉“赴川买运，以平市价，以安人心。”[④]道光年间，昭通地区遇有灾荒还向川南购米，“川南川米地，泛舟不问谁，铜去而米来，受载莫不疑，市价以一平。”[⑤]可见，川米在滇东北民食安全上的重要程度。

由于交通改善、川米输入，滇东北周边府县粮价也得到稳定，甚至省城米价也相应降了下来，“（昭通）厂地既有川米售卖，则东川、寻甸、和曲、禄劝等处之米，不必尽运赴厂，省城一带米价，复无昂贵之患。”[⑥]虽是水运，但毕竟逆流而上，加之运输距离较远，

---

①《张允随奏稿下》，乾隆九年（1744年）九月二十八日，方国瑜主编：《云南史料丛刊》（第八卷），昆明：云南大学出版社，1998年，第662页。

②《清实录·高宗实录（四）》卷二六九，乾隆十一年（1746年）六月下，北京：中华书局，1985年，第513页。

③《清实录·高宗实录（五）》卷三一一，乾隆十三年（1748年）三月下，北京：中华书局，1985年，第104页。

④ 云南省水利水电勘测设计研究院编：《云南省历史洪旱灾害史料实录（1911年〈清宣统三年〉以前）》，昆明：云南科技出版社，2008年，第287页。

⑤ 云南省水利水电勘测设计研究院编：《云南省历史洪旱灾害史料实录（1911年〈清宣统三年〉以前）》，昆明：云南科技出版社，2008年，第292页。

⑥《张允随奏稿下》，乾隆十年十月二十一日，方国瑜主编：《云南史料丛刊》（第八卷），昆明：云南大学出版社，2001年，第677页。

稻米成本不会太低，而且水运不可能覆盖大部分地区，内部仍需陆运，“查昭通、东川二府，现今米价，每京石需银三两二三四钱，川米一到，正得及时接济；但由水次运府城及永善、鲁甸、汤丹等处，尚有陆运，远近不等，必须增添运费。”政府仍需根据市场米价对运价进行贴补，“臣（张允随）行令布政司粮道转饬该处地方官合算成本，查明市价，如市价较成本过多者，每石于成本外，酌加银两钱出粜，次多者，酌加银一钱，留为添补沉失、折耗之用；其东川、汤丹等处程站较远，运费已重，不能加增者，即照成本出粜。”[①]但是，部分江段并没有维持长期的通畅，如金沙江巧家段，乾隆初年开通，“案内将巧家木租山产木筒，发运重庆、泸州售卖，并议下运铜斤，上运油米，即于是年拨大碌厂铜试运。”几年后，由于水运转运麻烦，加之当地“野夷出没，不免惊心，是以奏请停止水运，仍归陆运。”[②]清后期随着铜矿衰败，金沙江水运也逐渐没落，进入昭通地区的川米相应减少。但遇有灾荒之年，仍依靠川米的接济，清末贺宗章在《幻影谈》中详述了其在昭通永善县为官期间遇到灾荒之年，粮食价格之高及粮食补充来源：

县（永善）多山，皆梯田，粮原不足，全仗境外输入。余初于四月二十七日遣家丁到县，其时米价每升只六十四文，及抵任，涨至百十文。绅士咸请平价，余弗许，且出数百元收买，即于城隍庙设粥厂，委绅经理，城乡就食者二百余人；更派绅分赈各乡，虽深山穷僻，势难普及。而粮价仍高，各处闻风驱利，市面粮食日多。

① 《张允随奏稿下》，乾隆九年三月初五日，方国瑜主编：《云南史料丛刊》（第八卷），昆明：云南大学出版社，2001年，第657-658页。

② 乾隆《东川府志》（点校本）卷四《疆域·山川》，梁晓强校注，昆明：云南人民出版社，2006年，第96页。

> 适有粮贩在途被劫，立获正犯诛之。昭通殷商数人来请护照，愿往四川叙府采米，余立与之，并对照时价定购数百石。甫半月，舟运陆续到县，初至者，均照定价，后至者，价遂平，沿江发粜，藉以救活者众，余因之亏款甚巨，赖地方殷实捐助。[①]

到光绪年间，昭通地区的米价也开始与全省走势基本一致，米价也不再如咸丰以前那般平稳，更多体现出灾害对粮价的同步性影响。从米价的波动轨迹看，战乱以前昭通的米价虽高，但波动幅度较小，这就需要引入仓储等其他因素的分析。

## 四、仓储平抑作用与多元粮食种植结构

从全国尺度看，清政府的粮价奏报制度，确实实现了中央对地方政治、经济的掌控，尤其是乾嘉时期，朝廷通过建立粮价报送制度，再通过常平仓的调节，基本形成了稳定粮价的制度机制。到了清代后期，朝廷积弱，已无力进行调控，粮价的涨跌更多直接反映了当时社会政治经济的状况。[②]具体到各个地区，仓储的作用有多大，又要分情况而论。

云南仓储建设开始于元代，仓储重心在常平仓，社仓则于晚至清雍正二年（1724 年）才始定题报谷数之例。康熙四十五年（1706 年），云贵总督贝和诺言："滇省舟楫不通，常平仓积贮较之别省尤为紧要。"常平仓积储米谷有严格监管，雍正元年（1723 年）朝廷议

---

① （清）贺宗章：《幻影谈》，方国瑜主编：《云南史料丛刊》（第十二卷），昆明：云南大学出版社，2001 年，第 125 页。

② 王砚峰：《清代道光至宣统间粮价资料概述——以中科社科院经济所图书馆馆藏为中心》，《中国经济史研究》2007 年第 2 期。

准责令“督、抚核实严查，造册具案。督、抚升转离任，将册籍交代新督、抚，限三个月查奏，如有亏空，即行提参。”云南社仓设置较晚，雍正十三年（1735年），全省社仓所捐谷、麦才7万余石，其中千石以上者仅二十余处，此外皆百石、数十石，亦有全无社仓者。但乾隆年间朝廷支持社仓发展，将常平、官庄等谷拨作社本，此后社仓发展较快，到乾隆二十九年（1764年），全省社仓奏报存谷、杂粮达569 896石。[①]仓储构成中，社仓中的储备用于销售与借贷，常平仓更多用来平抑物价。

常平仓设立于县城，由官府管理，每年青黄不接时减价出粜，秋后买补；社仓则分布于各乡里，“原系本地殷实之户好义捐输”，即地方富户捐输，由乡民选正、副二社管理，每年春借秋还。民国《新纂云南通志》备考仓储种类中，昭通府以常平仓为主；东川府除府、县设有常平仓以外，在下属各乡设有社仓八处。[②]昭通地区占绝对优势的常平仓一般只在县城平粜，而对农村墟市上的粮价没有直接影响，乡村居民也往往因路途远而未能到县城籴米，加之仓储中并非完全是米，也有谷，甚至完全为谷，故平常年份里一般百姓对籴买仓谷并不热心。[③]

咸同战乱以前，昭通府米价的高、低值非常稳定，这种异常的平稳，使我们很容易就将其与当地应该有非常完善的仓储体系联系起来，具体情况是否如此？通过对当地材料的梳理，我们认为仓储

---

① 民国《新纂云南通志（七）》卷一五九《荒政考一》，昆明：云南人民出版社，2007年，第442-445页。

② 民国《新纂云南通志（七）》卷一五九《荒政考一》，昆明：云南人民出版社，2007年，第469-470页。

③ 陈春声：《市场机制与社会变迁——18世纪米价分析》，北京：中国人民大学出版社，2010年，第94-99页。

在当地米价常年波动中的作用是有限的。常平仓可以控制米价季节变动和预防灾荒发生，《大清会典》载："常平仓谷春夏出粜，秋冬籴还，平价生息，务期便民。如遇凶荒，即按数散给灾户贫民。"[①]但后期随着仓储体系的衰败，仓储对米价的影响逐渐丧失。云南本身大部分地区是缺米区，仓储也需要从周边或外地购米。因此，当地米价也直接受外入米价以及运输成本等因素的影响。

从晚近的地方志记载看，昭通地区的常平仓以莜（荞）和米为主，而米在咸同战乱以前主要拨作兵食，在战乱后，裁兵后即停收米。"旧志（昭通）府仓额贮兵米六千零九十石，计仓十三间，照数编列字号"，"按月支放兵米"；县仓也主要以贮存兵米为主。[②]当地的常平仓所收的米对普通民户的民食没有太大影响。民国《昭通县志稿》载："昭在先时，府县署均有仓谷，米荞均收，米则案月须放兵粮，行之久矣，自裁兵后，米已停收。仅县衙中存有数仓，名曰积谷义仓，以备地方之荒歉，仓虽在县署，皆举有仓正收管。[③]"府县仓储中的米多为士兵口粮，昭通永善县每年的七月份，由负责仓储采买人员到粮道衙门请价，之后赴四川泸州等地买米，以充兵食，当地市场上并没有剩余流通的稻米。[④]从1924年的《昭通县志》中我们可以对当地的仓储储米情况有更清晰的认识："昭通初改土时，驻兵甚多，故府县均设仓贮粮，按月支放，闻当时米荞并发，各地采买粮食均甚繁难。自乾嘉以来，叠经奉文裁减前之兵额，仅存其半。至咸丰中，因兵燹，饷奉难领，月粮常给，仓储稍空，迨承平后，

---

① 雍正《大清会典》第三十九卷《户部·蠲恤五·积贮》。

② 民国《昭通县志》卷一《食货志·仓厫》，民国十三年（1924年）刊本。

③ 民国《昭通县志稿》第六《民政·仓储》，民国二十七年（1938年）昭通新民书局铅印本。

④ 民国《永善县志略》卷二《仓储》，昆明：云南人民出版社，2006年，第783页。

始渐填补，府仓一项停止，只余县仓尚可稽考。”[①]仓储秋米与夏荞并收，战乱以后基本以荞为主，如光绪十年（1884 年），恩安县案册载：常平仓额贮荞 2 000 石，社仓贮麦荞 5 705.13 石，[②]没有稻米。

据民国时期的地方志记载，巧家县在光绪以前没有仓储，直到光绪初才设义仓用于春末借贷，“至光绪四年（1878 年）同知胡秀山有鉴于巧属边僻，非首重备荒，不足以筹治边要，爰召集城乡绅首，筹商积谷办法，劝令分别乐捐大谷一百余石作为基本，于城区组设义仓，订定办法，委绅管理，按年轮替，每斗加三分行息，每年春末放出，秋末收入，遇荒则不在此例。”光绪十二年（1886 年），同知朱坦能再立社仓，十六年（1890 年）同知易为霖以有谷无仓，难以管理，在城区二甲、三甲、八甲各成立社仓。[③]在此前当地基本没有仓储，也就不存在仓储对米价的调控。

仓储的平粜作用更多体现在灾害发生时，但后期由于仓储衰败，灾荒发生时，粮食补给也出现了大问题，如 1933 年昭通地区发生旱灾，当地前往外地购米不得，迫不得已开仓赈济，而仓储量却少得可怜：“方筹备间，适奉龙主席命令，速开仓平粜，以拯贫民，讵料仓谷碾米，仅得三十五石九斗八升半。”[④]因此，仓储对当地民食米价的调控作用并不大，而诸如玉米、洋芋（马铃薯）、荞麦等杂粮对平衡当地米价却有很大作用。米价长期高昂，乃因当地稻米产量有限，外地转运运费高昂所致；米价长期平稳，则与粮食结构有极大关系。

稻米长期需求区域主要集中于市镇及矿业集中区，这些区域，

---

① 民国《昭通县志》卷一《食货志・仓厫》，民国十三年（1924 年）刊本。
② 民国《昭通县志》卷一《食货志・仓厫》，民国十三年（1924 年）刊本。
③ 民国《巧家县志》卷四《民政》，民国三十一年（1942 年）铅印本。
④ 民国《昭通县志稿》第六《民政・仓储》，民国二十七年（1938 年）昭通新民书局铅印本。

大量人员不从事农业生产，粮食需求基本靠市场购买；周边地区的农村，则多自给自足，有部分水田之家种植部分水稻，不能种植水稻的山田、山地则种植玉米、马铃薯等夏季作物，在收获后又种植荞麦，实行两年三熟耕种制度。乾隆以后，当地玉米、马铃薯大量种植，构成粮食作物的大宗。民国《昭通县志稿》载："包谷之属，其类有黄、白、红、乌、花、金丝等色，以性质言亦分秔糯，以时期言亦有早晚，昭之粮食，此其最大宗也。"①巧家地区，"玉蜀黍除极寒之高地不宜种植、产量颇少外，凡寒、温、热各地段俱普遍种植，产量超过稻。其种可分为黄、红、白、花四种，以黄者为最多，白次之，红又次之，花最少。几成为农家之主要食粮，亦间有用作酿酒煮糖者。"②原属永善管辖的绥江地区，玉米"各区产额极多，农民食同正粮，酿酒犹获利"③。盐津县（民国新设县）"（玉米）产量极多，为盐津县粮食中之主要品。性有粳、糯，然糯不常见。色分黄、白、花等种，黄最多，白次之，红、花甚少，在盐津境内随地皆产。除供作饭食外，以之熬糖、酿酒或饲畜，有余则运销于川地。"④

马铃薯在滇东北种植也较广，品种很多，昭通的"芋之属，昔产高山，近则坝子园圃亦种之，磨粉及为茶品之用，凉山之上则恃以为常食。"⑤山地、水田皆有的民户基本不需要依靠市场，而一些只有山田、山地的民户则需要用种植的杂粮到墟市上换取部分稻米，

---

① 民国《昭通县志稿》卷九《物产志·植物》，民国二十七年（1938 年）昭通新民书局铅印本。

② 民国《巧家县志稿》卷六《农政》，台北：成文出版社，1974 年，第 480-481 页。

③ 民国《绥江县县志》卷三《农业》，昆明：云南人民出版社，2006 年，第 903 页。

④ 民国《盐津县志》卷八《农业》，昆明：云南人民出版社，2006 年，第 1759 页。

⑤ 民国《昭通县志稿》卷九《物产志》，民国二十七年（1938 年）昭通新民书局铅印本。

山地居民的民食以杂粮为主，也掺拌着部分稻米。

当地民食结构与族群分布地域有极大关系，占有较好地形的族群可以耕种水田，饮食结构中就有稻米；而耕地主要在山区，水田较少的族群则以食荞、麦为主。如僰人为“汉云南白饭王遗种，饭食衣服尚白，至今迄西多莳白谷，富贵贫贱皆炊白米作饭。”乾隆年间僰汉交流、通婚频繁，“近日僰人多江西、湖广炉户砂丁，赘僰女生者，非真尽僰人也”，饮食多“食荞、燕麦”；爨人乃当地世居族群，但主要生活在山里，“所食荞、燕麦”；还有一种曰干人，乃“靡莫别种，最勤苦”，多刀耕火种，农闲时则从事樵、牧、渔、猎等活动，“所食荞、燕麦”。[①]因此，稻米并非区域内部所有族群的必需品，由于地形、水田环境不同而形成的不同种植结构直接影响着当地的食物结构，在估算当地稻米需求量时也就不能简单地以人口数来推算。

考察区域粮食市场对揭示区域社会经济发展具有重要价值，目前国内关于清代区域粮价的研究诸如粮食流动、粮食供需及市场发育等问题，就是在深化此课题。西南地区由于受独特的地理环境、族群分布格局等因素影响，区域粮价波动呈现出独特的历史面相，而解析其背后的复杂因素还需要更多的实证研究。云南地形复杂，民族分布与生计方式各异，其内部的粮价差异也极大，因此影响粮价的因素也各有不同。本章以清代矿业集中区滇东北为例，探讨了影响区域长时段米价波动的内外驱动因素，为此问题研究做一些尝试。东川府的粮价波动，在咸同战乱之前基本与铜矿开发兴衰同步，矿业兴盛时米价也相应高昂；矿业走向低迷，米价则持续下滑，矿业开发是影响并主导东川府米价波动的主要因素。昭通府的米价则

① 乾隆《东川府志》卷八《户口·种人》，昆明：云南人民出版社，2006年，第197-198页。

不同，其米价虽相对较高，波动却十分平稳。米价高主要是由于城镇人口集中区对稻米有刚性需求且交通不便，将稻米需求量大的地区的米价抬升；其米价波动平稳，仓储虽然有一定作用，但由于本地产米有限，加之仓储体系的不完备，仓储对当地稻米价格的作用也是有限的。当地米价波动因素中，荞麦、玉米、马铃薯等杂粮种植对稻米市场的平衡作用十分关键。研究该区域米价波动需要对当地立体而丰富的民食结构及耕作制度进行深入分析，而不能以传统稻米消费地区的市场网络模式来解释当地的米价问题。

## 第三节　人口压力下的高产作物种植

滇东北在滇省属于产米较少之地区，杂粮在旧时为滇东北（特别是昭通地区）普通民食的主要来源："即如恩安（今昭通市）、永善、会泽、大关、巧家、鲁甸、镇雄等处，虽云出米甚少，然有包谷、拔麦、洋芋等佐食。"[①]矿区开垦的耕地中，主要的耕地形式就是高山旱地，根据《云南省志·农业志》[②]的划分，将滇东北的东川、会泽、巧家、永善、镇雄、大关、盐津等地划为水稻的零星种植区，也就是水稻并非主要种植作物。要解决这些地区的粮食问题，种植旱地作物成为关键，这其中就以玉米、马铃薯等高产作物的种植为主。在"滇铜"等矿业开采的大盛时期，为解决粮食供应的严峻问题，除由政府出面购买"川米"外，很大程度上就是要靠当地民众的粮食种植，特别是清中后期，玉米、马铃薯等高产作物的大量种

①罗养儒：《云南掌故》，昆明：云南民族出版社，1996年，第284页。
②云南省地方志编纂委员会：《云南省志》卷二二《农业志》，昆明：云南人民出版社，1996年，第174页。

植，对缓解当地民食紧张作用显著。

## 一、玉米、马铃薯等高产作物在滇种植

云南地处山脉高原，山岭盘错，盆地和河谷地仅占百分之五，明中叶以前，人口稀疏，大都居住在小盆地和河谷地，当然山区也有，“居深山者，虽高岗硗贫，亦力垦之，以种甜、苦二荞自赡”。[①]但荞的产量低，广种薄收，提供食粮有限。清代人口激增，劳动力多了，逐渐开发了山区。这时，玉米和马铃薯传至云南，使山区生产发生巨大变化。

玉米是云南省主要粮食作物之一，分布面积广，全省各县均有种植。在云南省的粮食作物中，玉米的播种面积、总产量，仅次于水稻，居第二位。云南省耕地中旱地约占2/3，玉米是山区旱地种植面积最大的一种粮食作物，也是山区农民的主要粮食。主要分布在海拔 1 600～2 400 米的滇东北、滇西北和滇南的广大山区、半山区及盆地周围的丘陵地带，其中曲靖、昭通、文山、红河、临沧、思茅等地州种植面积都在百万亩以上，是云南玉米的主产区。[②]

玉米原产于南美洲，作为栽培作物至今已有 5 000 多年历史，明代李时珍的《本草纲目》中写道：“玉蜀黍种出西土，种植亦罕。其叶苗俱似蜀黍而肥矮，亦似薏苡。苗高三四尺。六七月开花成穗如秕麦状。苗心别出一苞，如棕鱼形，苞上出白须垂垂。久则苞拆子出，颗颗攒簇。子亦大如棕子，黄白色。可炸炒食之。炒拆白花，

① 景泰《云南志·图经志书》卷二《陆凉州·风俗》。
② 云南省地方志编纂委员会编：《云南省志》卷二二《农业志》，昆明：云南人民出版社，1996 年，第 181 页。

如炒拆糯谷之状”[1]其传入我国的时间和路线，史书上缺乏明确的记载，存在较多争议，但可确定的是云南是全国玉米种植较早的省份之一，玉米传入我国大约在 16—17 世纪。方国瑜先生说“至于这两种农作物（玉米、马铃薯）传至我国，则在西班牙人从墨西哥侵占菲律宾（在公元 1571 年）以后，我国商人远航至吕宋，得这两种作物在沿海地区引种，再传入内地各省，逐渐普遍。传至云南普遍种植，则在公元十七世纪中叶以后，就在这时，云南各地开发山区农业生产，得到这两种山区高产的农作物，对于发展山区经济起了重大作用”。[2]

道光年间，吴其濬在《植物名实图考》中说：“玉蜀黍，《本草纲目》始入谷部，川、陕、两湖凡山田皆种之，俗呼包谷。山农之粮，视其丰歉，酿酒磨粉，用均米麦；瓤煮以饲豕，秆干以供炊，无弃物。”[3]云南全省在康熙后期就逐渐大量种植玉米，如滇东南的临安府，雍正年间“通邑皆有”[4]。民国《新纂云南通志·物产志》说：“滇中荒凉高山不适于麦作之地，玉蜀黍均能生长，用途与稻、麦同，为当地主要食品，并可饲畜、酿酒，即其秆、叶、苞皮，无一废弃之物，真云南经济作物之重要者也。”[5]滇东宣威地区，到民国时期，玉米已经成为当地最重要的粮食作物，“包谷，即玉蜀黍，其粒小而嫩，又早熟者，宣人谓之玉麦。有红、黄、白、鸟、花数种，亦分秔糯早晚，熬糖煮酒磨曲，功用甚广，宣人仰为口粮大宗。”此地对于玉米的种植工序也十分重视：“宣人于此项口粮非常注意，清明前即预备灰粪，辇致地中，种时复以油粘或石灰之属搀和，粪

① （明）李时珍：《本草纲目》，北京：人民卫生出版社，2004 年，第 1478 页。
② 方国瑜：《云南地方史讲义》（下册），昆明：云南广播电视大学，1983 年，第 173 页。
③ （清）吴其濬：《植物名实图考》卷二《玉蜀黍》，北京：商务印书馆，1957 年，第 38 页。
④ 《古今图书集成》卷一四七六《职方典》。
⑤ 民国《新纂云南通志（四）》卷六二《物产志》，昆明：云南人民出版社，2007 年，第 97 页。

内每子落地需费不少，既出则视其阙塘之处而补之，耘耨之功，多至三次，少亦二次，甚者亦长至一二尺之际复蘸以粪拥以粘，生计所关，不待劝勉而后力作也。”[①]

玉米传入，对云南粮食生产和社会生活产生了深刻的影响。由于玉米适应性强，在水利条件较差、肥力不足的土地上也能适应，产量比其他杂粮高，因此随着玉米的广泛种植，云南大片宜农山地得到开垦，促进了耕地面积的扩大和粮食产量的提高。从康熙二十四年至嘉庆十七年（1685—1812 年），云南耕地面积就从 64 818 顷增加至 93 151 顷，扩大 43.7%。[②]

马铃薯在滇称洋（阳）芋，吴其濬《植物名实图考》对这种备荒之物记载较为详细：“阳芋，滇、黔有之。绿茎青叶，叶大小、疏密、长圆形状不一，根多白须，下结圆实，压其茎则根实繁如番薯，茎长则柔弱如蔓，盖即黄独也。疗饥救荒，贫民之储，秋时根肥连缀，味似芋而甘，似薯而淡，羹臛煨灼，无不宜之。叶味如豌豆苗，按酒侑食，清滑隽永。开花紫筩五角，间以青纹，中擎红的，绿蕊一缕，亦复楚楚。山西种之为田，俗呼山药蛋，尤硕大，花白色。”[③]清代前期在云南各地种植马铃薯的记载不详，所以初期应未受重视。方国瑜先生认为可能到道光年间，云南才广泛种植马铃薯，“则道光年间，始识宝而珍视此农作物。”[④]

马铃薯的在滇种植，时间上应该晚于玉米，在种植区域上，玉

① 民国《宣威县志稿》卷三《物产》，民国二十三年（1934 年）铅印本。

② 云南省地方志编纂委员会编：《云南省志》卷二二《农业志》，昆明：云南人民出版社，1996 年，第 180 页。

③（清）吴其濬：《植物名实图考》卷六《阳芋》，北京：商务印书馆，1957 年，第 144-145 页。

④ 方国瑜：《云南地方史讲义》（下册），昆明：云南广播电视大学，1983 年，第 176 页。

米广于马铃薯。马铃薯对土壤的要求不高，且适合于高山地区种植，而玉米则在坝区、山区都可大量种植。正因如此，方先生才认为明末清初，玉米和马铃薯传至云南，迅速成为山区的主要农作物，使云南农业经济提高到一个前所未有的水平，是云南农业经济史上的一次大飞跃。[①]

美洲粮食作物对云南农业生产和社会经济发展起到了一定的促进作用，也在当地饮食生活中发挥了重要作用，在一定程度上减轻了当时云南的人口增长带来的粮食压力，同时流民垦山种植玉米对生态环境产生了负面影响。

## 二、滇东北玉米、马铃薯的种植

如前所述，玉米的种植不仅在山区，在坝区也得到广泛种植，对传统的农作物种植结构构成挑战；而马铃薯则不同，基本很少种植在坝区。所以，马铃薯的种植虽在种植时间上稍晚于玉米，但在对山区的占领上却与玉米不分上下。由于在滇东北地区玉米与马铃薯同属于夏季作物，在很多山区形成玉米与马铃薯同种之局面，而在坝区，或是海拔相对较低的地区，则基本都是玉米的种植区域。

滇东北地区山多田少，为玉米、马铃薯的种植提供了基础，而其相对丰富的降水及充足的热量，为高产作物的种植提供了适宜的气候条件。所以，滇东北地区的玉米、马铃薯在清代中期以后开始大量种植。

乾隆《镇雄州志》卷五说："苞谷，汉、夷贫民毕其妇子垦开荒

① 方国瑜：《云南地方史讲义》（下册），昆明：云南广播电视大学，1983年，第176页。

山，广种济食，一名玉秫。”[①]说明在乾隆时期滇东北已经种植玉米了，至于种植规模与比重，不同地区可能有所不同。上文中所引巧家、昭通绥江、盐津等地区除极寒之高地外，几乎皆种植玉米。原属东川府的会泽县，在今天的耕种制度中，大春作物仍以玉米、马铃薯为主。具体看来，玉米种植面积占总耕地面积的 32.1%，产量占粮食总产的 40%；马铃薯种植面积占耕地面积的 29.6%，产量占粮食总产的 21.6%；而水稻种植面积只占总耕地面积的 12.3%，产量也只占粮食总产的 16.8%。三种作物的产值比例为 5.3（玉米）∶2.8（马铃薯）∶1.9（稻谷），[②]虽不能完全代表清代的粮食格局，却也能侧面反映出玉米、马铃薯在这些地区的种植比例是很高的。再如地处滇省东部的宣威，地势西南高而东北低，河流之大者，有盘龙江、可渡河、车滃江等；“惟多年未经浚理，一届夏秋，河水泛涨，贻害禾稼，为患颇烈！”而“县境内旱地多而水田少，农产中以玉米为大宗，稻次之，麦与豆又次之”[③]。到民国初期，宣威玉米的种植面积已经居首位，其产量也逐渐超过稻米（表 4-3）。

**表 4-3　宣威县 1939 年粮食产量统计**　　单位：斤

| 种类 | 稻米 | 麦类 | 豆类 | 玉米 | 马铃薯 |
| --- | --- | --- | --- | --- | --- |
| 产量 | 45 800 | 25 108 | 36 530 | 55 510 | 44 200 |

资料来源：张肖梅：《云南经济》，上海：中国国民经济研究所出版社，1942 年，第 k135 页。

从表 4-3 可以看出，玉米作为宣威最主要的粮食作物之一，在民国时期产量已经跃居第一，马铃薯的产量仅次于稻米，位列第三。

① 乾隆《镇雄州志》卷五《物产》。
② 云南省会泽县志编委会编：《会泽县志》，昆明：云南人民出版社，1993 年，第 157 页。
③ 张肖梅：《云南经济》，上海：中国国民经济研究所出版社，1942 年，第k135 页。

玉米、马铃薯在滇东北地区的粮食供给中占据半边天。可见其对当地粮食供应的影响之大。

按照滇东北山区面积的比例来计算，山区面积占总面积 96%以上，而玉米、马铃薯的种植又主要集中在山区，就将玉米在夏季作物中的比例以 30%计，在山区，马铃薯的种植与玉米几乎平分天下，在夏季种植作物中的比例也按 30%计，则玉米与马铃薯在夏季作物种植比例也该占总作物面积的 60%左右，有些地区玉米与马铃薯，特别是坝区相对较少的地区，种植面积应该更广，应该可以达 70%～80%。

基于以上的分析，笔者认为清代以来，滇东北地区的玉米与马铃薯分别在山区及相对地势较低的区域广泛种植，成为清代以来，特别是清中期以来，滇东北地区农业种植格局的重大变革。

玉米、马铃薯等高产作物的种植，扩大了滇东北地区的耕地面积，增加了粮食单位面积产量，从而增加了滇东北地区的粮食总产量。在一定程度上，缓解了因矿业开采急剧增加的人口所需的粮食压力。

在滇东北人口急剧增长的压力下，人们需要扩大耕地和提高单位面积产量，以增加粮食，由于滇东北地区山高坡陡、田少地多，而之前很多条件相对较好的耕地已基本被开垦殆尽，剩下的土地基本都是些不适合作物生长的高岗山坡地、瘠土砂砾地，但是因为玉米等适应性较强的作物的引进，使之成为宜农土地，从而使滇东北地区的山地耕地面积、耕地范围扩大。

玉米适宜在山区生长，即使是在土壤贫瘠、海拔较高的地区也可播种。滇东北区的“宣威、平彝、沾益等处半属荒原，几于遍漪苞谷，而一切生活无不需之”，包世臣《齐民四术》也称“玉黍……

生地瓦砾山场皆可植，其嵌石够尤耐旱，宜勤锄，不须厚粪，旱甚亦宜溉……收成至盛，工本轻，为旱种之最”；“苞谷，苞而生如粱，虽山巅可植，不滋水而生”[①]。随着玉米栽培面积的扩大，滇东北地区过去长期闲置的山丘地带和不宜种植水稻的旱地被迅速开发利用，逐步取代了原有的低产作物，成为大宗农产品。马铃薯凡土壤贫瘠、气温较低、其他粮食作物不易生长的高寒山区，都可传播繁衍。这些作物推动了人类对沙地、贫瘠土壤、不能灌溉的丘陵，甚至高寒山区土地的利用，提升了人类利用自然、改造自然的能力。

马铃薯在滇东北一带的东川、巧家、昭通，种植较广，品种也很多，民国《宣威县志》中马铃薯入谷属，已成为口粮大宗，“白洋芋，开白花，芋皮白，大如拳者最佳，细小者微麻，宣人口粮恃此以为援助，每当青黄不接之际，率皆赖以生活四分年之一”。[②]

清代全国耕地面积的增加，一是向水要田，一是向山要地。云南也基本如此，但山多田少的客观条件决定了其向山要地更为普遍。原因在于，经过我国历代人民的农业开发，当时“熟荒”地亩多已垦辟，再要增加耕地，就只能开垦那些生荒或贫瘠之土地。山地开垦后多种植旱作物，而这些贫瘠的土地只能种植玉米、马铃薯等耐旱的美洲作物，随着这些作物的推广种植，滇东北的大片地区相继得到开发。

玉米、马铃薯的种植所引起的耕地面积的扩大，主要体现在两个方面：一是绝对土地面积的扩大。玉米在早期还是垦荒种植，被种植在传统农作物不宜生长的山区、丘陵旱地等地区，绝对土地面积的扩大指的就是那些新辟的耕地。清代因种玉米而开辟的新地数

① 光绪《普安厅志》卷一〇，光绪十五年（1889 年）刻本。
② 民国《宣威县志》卷三《物产志》。

目虽无从考证，但耕地面积的增加是无可置疑的，耕地面积增加势必导致粮食产量增加。二是玉米等的种植能扩大土地的相对面积，这主要是指原有耕地面积不变，但土地利用程度提高，即农业生产空间的拓展。在玉米扩大种植后，一些地区并未发生与传统农作物争地的情况，相反，当地人采用其本身的复种以及与其他作物的轮作、间作套种和混种的耕作技术。由于玉米适于旱地，不和水稻、小麦争地，它的推广，并不影响稻麦的栽种面积，因此其本身的复种和轮作，就相当于在时间上为农业生产拓展了空间。这样在不减少耕地面积和不影响其他作物种植的情况下，多种植一种作物就意味着多一种粮食来源管道，使粮食总产量增加。[①]

玉米、马铃薯作为高产作物，在清代大量推广后，对提高单位面积产量具有一定的作用。古籍中有关玉米、马铃薯具体产量的记载很少，且多有夸大之嫌，但可以肯定的是在传统生产技术条件下，由于玉米、马铃薯的推广，确实使当时的粮食亩产量得到提高。吴慧在《清代粮食亩产的计量问题》中研究认为：清代的亩产为 367 市斤，比明晚期的 346 市斤增长 21 市斤，增幅为 6%，而单纯由于玉米、甘薯等的作用，就使清代亩产比明代增加 16.8 市斤。[②]这是全国的平均水平，对于水稻种植区，这个比例或许会低一些。但是，云南山多田少，特别是清中期以后，农业垦殖向山区推进，玉米、马铃薯等也就成了这些地区的主要作物。

高产作物的大量种植为滇东北地区提供了更多的粮食来源，为矿区粮食供应提供了物质保障；提高了滇东北地区的粮食亩产量，也就扩大了民食之源，人们有更多可供支配的粮食，而将余下粮食

① 刘峰、王庆峰：《论清代玉米种植对救荒事业的影响》，《安徽农业科学》2006 年第 13 期。
② 吴慧：《清代粮食亩产的计量问题》，《农业考古》1988 年第 1 期。

贩卖至矿区，也保障了矿区的粮食；缓解了山区，特别是矿区分布较为密集的山区的粮食问题，为清代滇东北地区的经济开发提供了坚实的物质保证。滇东北的昭通、东川地区，如今成为云南玉米、马铃薯种植面积、产量最大的地区，这和清代对这些地区的矿业开发导致粮食需求量剧增，高产作物种植面积扩大有密切关系。

但是在人口压力下，垦山种植玉米、马铃薯，毁坏林木带来了水土流失，对生态环境造成破坏，以及其他多种因素的作用，导致清后期粮食生产的不利条件越发突出，从而在一定程度上导致了粮食亩产量下降也是不可忽视的。

## 三、粮食需求催生下的水利工程

增加粮食的另一个途径就是提高土地的单位面积产量。要增加单产，对山多田少的云南来说，加大对水利设施的建设就显得十分重要。清代初期，对滇东北地区，特别是昭通地区进行大规模的强制性改土归流，滇东北广大地区的农业、社会经济破坏严重，史料记载为“自从大军进剿，屠灭逆猓之后，人烟稀少，田野荒芜，商贾不来，米粮甚贵。”[①]为改善当地的社会经济状况，同时也是为了给开发滇东北的矿产资源提供充分的物质基础——粮食，清政府在滇东北地区广泛修建各种水利工程，以改善农田的耕种条件，提高粮食产量。

云南的历任督抚一直十分重视水利工程的修建，皆言“云南跬

① 《世宗宪皇帝朱批谕旨》，转引自云南省水利水电勘测设计研究院编：《云南省历史洪旱灾害史料实录（1911年〈清宣统三年〉以前）》，昆明：云南科技出版社，2008年，第284页。

步皆山，不通舟楫，田号雷鸣，民无积蓄，一遇荒歉，米价腾贵，较他省过数倍。是水利一事，尤不可不亟讲也。”[①]水利工程的修建，在一定程度上缓解了广大山区靠天吃饭的局面。“各地水利工程的兴修、续修、维护、治理等，不仅使民众受益，田地得溉、粮食丰收，赋税随之增加，清代云南农业的整体发展水平得到了提高，也表现了云南内地化在清代的普遍及深入。这些遍布于各府厅州县的水利设施保障了农业生产和生活用水，为农业的发展奠定了坚实基础，稳定了新垦土地的收成，在粮食的增收、保收方面起到了积极作用。”[②]于是，一场农业水利化建设高潮在滇东北展开。东川府的会泽县修娜姑沟、笔锋山箐、蔓海东石闸、鱼洞闸、小七坝堰、常公堤等沟渠堰坝；巧家厅修大米粮坝堰、小河村堤等水利工程；昭通府水利工程则更多，以镇雄县为例，其所修各种大型水利工程不下数十处，灌溉农田上万亩。[③]

乾隆年间，东川府属（今会泽）那姑汛荒地一区，“据汉夷人呈请，于披嘎河筑坝引水，开钻山洞放注，可成水田七、八千亩……又府城（会泽）西门外龙潭水源甚大，可开渠绕达东、北两门，引灌川舍、瓦泥各寨隆地，及五龙募、渔洞一带田亩，改用以礼河之水，城外满坝，皆成水田。”[④]此外，乾隆二十年（1755 年），东川会泽的蔓海地区，“开河招垦，建坝蓄洩，河尾虽通，源头无水，而栽

①《清实录·高宗实录（一）》卷四〇，乾隆二年（1736 年）四月，北京：中华书局，1985 年，第 712-713 页。

② 周琼：《清代云南内地化后果初探——以水利工程为中心的考察》，《江汉论坛》2008 年第 3 期。

③ 民国《新纂云南通志（七）》卷一四一《农业考四》，昆明：云南人民出版社，2007 年，第 69-72 页。

④ 云南省水利水电勘测设计研究院编：《云南省历史洪旱灾害史料实录（1911 年〈清宣统三年〉以前）》，昆明：云南科技出版社，2008 年，第 240 页。

插易误，查县西南有以濯河，源远且大，会各山溪水直下，拟开渠蔓海，可灌熟田，荒芜亦资垦辟。”[①]

昭通地区大大小小的水利工程修建也比较多，针对清初昭通地区残破的社会经济状况，地方督抚加大了对昭通的治理与开发力度，先是从周边府县移民入昭，如雍正十二年（1734年）就“于云（南）、曲（靖）、澄（江）三郡之附近昭通者，资遣务农之家二千户，户三十亩，给牛具，颁籽种，发币金，盖房栖止，嗣因艰于得水，岁糜有秋，解体逃窜。”[②]随后，又开展大规模的水利修建工作，设堰置坝，开河导流，并派总兵徐成贞在城北修建了省耕塘，塘成后，雍正帝赐给“福”字，徐成贞将御赐“福”字摹刊于塘上，其言：“夫昭通旧乌蒙夷猓地也，余于雍正八年（1730年）创辟，曾几何时，举犬羊腥羶之所，而变为农桑醉饱之乡。”[③]乾隆元年（1736年），昭通地区开修河道有三条，分别是利济河、旧河、洒渔河。其中，利济河的开通及河道石闸的修建，“灌溉水田数千亩，又虑城中无井，引河水由西北涵洞入，汇为二塘，以资汲饮，复引城中水出灌溉西南方田数千亩，其利甚溥，迄今四民乐业。”[④]修建的闸坝有“龙洞、擦拉、水塘、八仙营、芦柴冲、李子湾、西戈寨，及北门外分水官坝、官沟”[⑤]等等。通过对昭通地区水利工程的修建和疏导，使昭通的农业生产条件渐好，吸引外地移民进入昭通地区，“黔、蜀、江、

① 云南省水利水电勘测设计研究院编：《云南省历史洪旱灾害史料实录（1911年〈清宣统三年〉以前）》，昆明：云南科技出版社，2008年，第240页。
② 云南省水利水电勘测设计研究院编：《云南省历史洪旱灾害史料实录（1911年〈清宣统三年〉以前）》，昆明：云南科技出版社，2008年，第284页。
③（清）徐成贞：《省耕塘碑序》，民国《昭通志稿》卷八《艺文志》，1924年铅印本。
④ 云南省水利水电勘测设计研究院编：《云南省历史洪旱灾害史料实录（1911年〈清宣统三年〉以前）》，昆明：云南科技出版社，2008年，第284页。
⑤ 云南省水利水电勘测设计研究院编：《云南省历史洪旱灾害史料实录（1911年〈清宣统三年〉以前）》，昆明：云南科技出版社，2008年，第284页。

楚之贸迁至此者，渐次承业”[1]，推动了当地的社会经济发展。

除农田灌溉水利外，河道的治理也是水利工程的重要内容，河道的疏浚，特别是金沙江支流河道的疏浚，对昭通、东川的粮食补给影响明显。正是由于滇东北地区水利设施的修建与疏通，更多农田得以改变受制于降水的困局，粮食产量增加。

伴随水利、农业等“内地化”进程加快，云南农业开垦力度也不断加大，生态的恶性影响也逐渐显露出来，水利设施逐渐走向衰败，泥沙淤积越来越严重，水利设施疏浚的次数增多、周期缩短。这主要是山地水土流失导致的，又与山区农业开垦有必然关系。“到清代中后期，各地的河道渠坝塘堰在修筑使用后不久就连续遭到毁坏，泥沙淤积堵塞、河身变浅，水利灾害次数明显增多、程度日益严重，许多地区成为水患频发区，水利工程新建者少、疏浚维护者日增，并且疏浚周期日益缩短。”[2]水利工程的废弃，最直接的影响就是降低了农业生产对不利气候的抵御能力。故从目前所见东川、昭通地方志记载看，水旱灾害发生的频率确有越来越频繁之趋势。

---

① 云南省水利水电勘测设计研究院编：《云南省历史洪旱灾害史料实录（1911 年〈清宣统三年〉以前）》，昆明：云南科技出版社，2008 年，第 284 页。
② 周琼：《清代云南内地化后果初探——以水利工程为中心的考察》，《江汉论坛》2008 年第 3 期。

# 第五章 生计、聚落与文化：矿业开发与区域社会

环境影响和制约着人类行为，人类行为同时也改变着环境。金沙江流域盛产黄金，区域内的居民“靠山吃山，靠水吃水”，淘金是区域居民加工、利用和改造自然物质的有意识社会劳动。淘金在金沙江区域发展历程中不容忽视，是区域居民生产生活的重要部分，这一生产生活活动也丰富了区域的文化。社会环境涵盖社会生活中的政治、经济、文化、教育、思想等方方面面，构成社会环境的因子多是一些抽象的概念，没有一个固定的指标作为统一的参照标准。探讨一个区域内社会环境的变迁，涉及区域社会的方方面面，我们仅能以淘金作为一个突破口，捕捉一些具有代表性的社会环境因子，以“点”来透视一个区域“面”上的变迁。

# 第一节　生计、聚落：金沙江淘金与区域社会

## 一、区域居民生计方式的变迁

马克思说过：“人们为了能够‘创造历史’，必须能够生活。但是为了生活，首先就需要衣、食、住以及其他东西。因此，第一个历史活动就是生产满足这些需要的资料，即生产物质生活本身。”①人类为了维持基本的生活，总是首先向周围的环境索取生活必需品，因而原始人类通过采集狩猎获取食物，而后才慢慢发展到利用自然创造生活必需品。

金沙江出产黄金，区域内的居民发现并利用这一自然资源，创造着物质财富。金沙江沿岸居住着世代以淘金为生的淘金户，也有将淘金作为发财致富门路的民众。淘金曾一度维持了区域内很多居民的生计，但在淘金业由兴转衰，淘金成为历史之时，依靠淘金为生的淘金人的生计方式也由此改变。

笔者曾在丽江市玉龙县巨甸镇巨甸村委会拉市坝自然村开展田野调查。巨甸，纳西语称为“过堆”，意为积水干涸后形成的坝子。唐朝前后的史书称巨甸为“九赕”或“罗婆九赕”，“赕”指坝子。元朝初年更名为“巨津”，意为大渡口，清朝改为“巨甸”，一直沿用至今。1936 年 4 月，中国工农红军第二方面军北上抗日路过巨甸，巨甸是红军抢渡金沙江的最后一个渡口。

巨甸镇位于今玉龙纳西族自治县县城西北 120 千米处的金沙江

① 《马克思恩格斯选集》（第 1 卷），北京：人民出版社，1972 年，第 32 页。

畔，东与香格里拉上江区隔江相望，南与金庄乡相接，西与鲁甸乡相连，北与塔城乡相邻，境内有金沙江、古渡河、金河及古渡—金河大沟四条主要沟渠。海拔 1 870 米，全镇幅员面积 381 平方千米，耕地面积 26 218 亩，其中水田 9 279 亩，旱地 16 939 亩。下辖 8 个村委会，119 个村民小组，4 827 户、21 236 人，其中农业人口 19 546 人，占总人口的 92.9%。居住有纳西、汉、傈僳、藏、白等 11 个民族，是一个集干热河谷坝区、山区、半山区为一体，民族杂居的农业大镇。

金沙江巨甸—大具片属于古生代地台基础上发展起来的印支地槽褶皱系，是重要的有色金属及与喜马拉雅期碱性岩有关的斑岩型金矿和铅矿的分布区。巨甸及其以北区域，砂金一般位于河流内湾靠上端部位，含金层厚 0.4～2.6 米，平均品位为 0.023～0.097 克/立方米，最高 0.318 克/立方米，在拉市坝北东侧，含金砂体呈带状，长 500 米，宽 60～150 米，厚 0.72～2.6 米，平均 1.82 米，品位 0.024～0.318 克/立方米，埋深 0～0.5 米。[①] 这一代的居民世代都有淘金者。

笔者选定的调查地为丽江市玉龙县巨甸镇巨甸村委会拉市坝自然村，巨甸村委会位于镇政府驻地，距镇政府 0.5 千米。幅员面积 14.52 平方千米。辖 18 个村民小组，总户数 901 户，总人口 3 316 人，其中：农业人口 3 316 人。农作物播种面积 3 011 亩，其中水田 2 421 亩，旱地 590 亩；[②]拉市坝自然村为村委会所在地，全村 356 户，人口 1 231 人，耕地 1 227 亩。拉市坝村现有住户中，祖上都有淘金者，还有世代以淘金为生的淘金户。20 世纪二三十年代拉市坝

① 黄仲权、史清琴：《金沙江流域（云南段）砂金成因类型及其找矿前景》，《云南地质》2001 年第 3 期。

② 巨甸镇基初数据来源为调查期间，笔者在巨甸镇政府所获 2007 年《巨甸镇简介》，为 2006 年末之统计数字。

一带淘金最为兴盛，几乎户户都有淘金者，主要有三种组织形式的淘金者：其一，小淘金户，以户为单位淘洗黄金，每户自己有金床；其二，大淘金户，拥有数张金床，雇工进行淘金；其三，淘金工，自家没有金床，出卖劳动力，帮大淘金户淘金。调查中访问的和姓报告人，已是耄耋之年，现因儿子在丽江城里工作，举家迁往丽江城。其祖上是居住在巨甸镇拉市坝的大淘金户，淘金始于报告人的父辈，约在20世纪20年代，最初的一张金床是父辈的几兄弟合资办置的，并一起以淘金为生。到20世纪30年代，淘金积累了一些家产，父辈的兄弟就分开单干。报告人回忆，到20世纪40年代左右，他们家就有十几张金床，雇佣近百个淘金工淘金。淘金工多是本村或临近村落的无地或少地贫民，雇工按月给月钱，淘金点在村子附近时，淘金工多数回家住，只包中晚两顿饭；若淘金点离村子较远，则搭窝棚住在淘金点附近。淘金所得很丰厚，这种状况一直保持到1949年。报告人孩提时，家里相对富足，因而得以接受教育。1950年以后，私人淘金受到限制，和姓一家停止淘金，报告人到巨甸镇鲁甸乡教书。总的说来，20世纪50年代以前，拉市坝村家家都有淘金者，淘金是村内多数居民重要的生计方式。

20世纪60年代，为响应政府的号召，金沙江沿岸一些社队积极组织农民淘金，巨甸镇沿岸的村社都曾组织过农民淘金。1965年，巨甸产金120两。1966—1976年，金沙江淘金业受重创，这一时期巨甸镇金沙江一带淘金者极少。20世纪70年代中期以后，依托政府政策上的扶持和鼓励，淘金业又有回热现象。20世纪80年代，拉市坝村中很多人在农隙之时又恢复淘金，彼时个体农业生产已经开始，当地人将淘金作为一种副业来经营。这一时期也就出现一种新的形式，几家联合淘洗一张金床，淘金者多是剩余劳动力。一位近40岁的杨姓报告人，20 世纪 90 年代初，高中毕业之后在家无事可做，曾经和村里的四个男人一起在巨甸附近一带的江岸淘金，收获好的时候，一天一人可以分到十五、十六元人民币，收获不好，一天就八九元人民币。后来因觉淘金辛苦，收益又小，不能赚钱，1995 年以后就不再淘金，平时种庄稼，农闲时到镇上打零工，彻底放弃了淘金这一生计方式。1998 年以前，拉市坝村在农闲时淘金者还很多，后来逐年减少。近两年，村子里淘金的只有两三户人家，而且不是每季都淘洗。拉市坝村 20 世纪 90 年代以后，从事淘金者越来越少，经访谈结果来看，主要有以下原因：一是金子越来越少，用传统的土法淘金，很多时候一无所获，淘金收益不佳。二是随着经济的发展，有了更多谋生方式，且收益远远超过淘金。淘金一天可挣十来块钱，而且十分辛苦。现今农闲到外面打工，一天收入至少有二十元，工作量远远小于淘金。总之，淘金不再是理想的生计方式，故金沙江沿岸曾经以淘金为生的居民逐渐放弃这一生计方式。

笔者调查时寻访并统计了遗留的淘金工具，80%的旧淘金者说家里还留着淘金工具，但多数是金盆。一方面，金盆构造较小，摆放不占地方。另一方面，当地人认为金盆就是“聚宝盆”，不能随意抛弃。而相比之下，金床较大，摆放占空间，很多人家近几年不再淘金，就将金床拆了当柴火。笔者调查的拉市坝村，只有一家还留着金床，因这户人家在 2005 年左右还淘过一季的砂金，此后也没再淘金。

结合调查资料分析，20 世纪 50 年代以前，金沙江沿岸居民以淘金维持生计者较多，主要原因是当时区域经济发展相对缓慢，需极大程度地开发利用区域内自然资源，淘金、贩卖木材、捕鱼等是最基本的生计方式。淘金在当时收益可观，是区域居民不错的谋生选择，或私人淘金或当淘金工，有一定数量的人口从事淘金业。20世纪六七十年代，区域经济停滞不前，但淘金还是其生计方式之一。20世纪80年代后，这一情况发生了巨大改变，社会发展速度加快，区域内居民的生计方式多样化，有了更多比淘金更理想的谋生选择，因而区域内选择淘金作为生计方式的人逐年减少。20世纪90年代以后，机械淘金船兴起，对区域内生计方式选择产生了一个不小的振动。运用淘金船淘金获利甚高，一季有百万收入。先是外省的淘金者纷纷到来，后来为利益所驱，当地人也纷纷加入其中。有的因此一本万利，发家致富；有的在政府采取禁淘措施后，血本无归。机械淘金引发区域生计方式的变迁，主要表现在生计模式选择的价值取向上，从这一点也可以明确，生计方式的选择要合乎自然法则和社会法则。①

## 二、区域内聚落环境变迁

聚落环境是人类聚居和生活的场所，是人类有意识地利用自然而创造出来的生活环境。它是人类活动的据点，展现了一个区域的特色，是自然因素和人文因素交互影响的综合体现。矿区是个复杂的人口聚集区，人口流动快、人口成分复杂。

### 1. 淘金区形成新人口聚集点

淘金促进人口流动，形成新的人口聚集点，这在民国年间在金沙江沿岸设厂淘金时表现的较为突出。矿产开发属于劳动密集型产业，一处开矿，走厂之人数以万计。清代倪慎枢描述矿厂的人口聚集状况："且一厂之中。出资本者，谓之锅头；司庶务者，谓之管事；

① 该部分调查数据为2007年笔者在巨甸镇开展田野调查时所获，特此说明。

安置镶楮，谓之镶头；采矿破甲者，谓之椎手；出荒负矿者，谓之砂丁；炼铜者，谓之炉户；贸易者，谓之商民。厂之大者，其人以万计，小者亦以千计。”[①]民国时期金沙江滇西段金厂，厂矿虽无一达到如此规模，但一厂之内也聚集数千的淘金矿工。1940年，曹立瀛、范金台调查金沙江沿岸的砂金矿业，云南丽江裕丽矿业公司、白马厂、土塘金矿等金厂兴旺之时聚集数千名矿工，人少之时也有数百人。因此在设厂采金的金矿矿区内，人口积聚，迅速兴起一个个人口聚集区。1939年，国民党中央经济部派路兆冷、白家驹等人组成调查团到永胜金江街附近调查后，写成《云南永胜金江街附近地质及金矿概述》，其中描述，坐落在小角郎村下的土塘厂，全厂数百人都集中住宿，搭起窝棚百余间，占地面积约数百平方米。厂内开设食馆、茶馆、烟馆和零杂小卖铺，通宵达旦，灯火辉煌。大周子厂临江较近，但隔村较远，所有淘金人，除搭临时工棚住宿外，有的还盖茅屋平房，或两间，或三间，准备常住。矿工多是“其来也，集于一方；其去也，散之四海”，一厂开至数年数十年，厂关闭了，却有不少矿工留下来，融入区域居民当中。

这些因淘金形成的人口聚集点，拥有独特的聚落文化。矿工身份复杂，矿厂是“聚千万乌合之众”的地方，矿厂内“丁男涌集，合力兴工，锯木凿山，穿石穴土。”[②]走厂的人来自四面八方，拥有各种身份的身强力壮的男子，加上矿产又往往分布在相对偏远的地方。因而一天的工作结束之后，矿工所能从事的活动相对单一。基

①（清）倪慎枢：《采铜炼铜记》，（清）吴其濬：《滇南矿厂图略》，转引自中国人民大学清史研究所编《清代的矿业》（上册），北京：中华书局，1983年，第110页。

②（清）吴炽昌：《客窗闲话》卷一，第10页，《笔记小说大观》，第5辑，第5函，转引自中国人民大学清史研究所：《清代的矿业》（上册），北京：中华书局，1983年，第102页。

于以上原因，矿区生活十分混乱，就金沙江的淘金矿工来说，据老人回忆，矿工结束一天的工作之后，就在窝棚里聚众赌博，或下茶馆酒馆。因而淘金矿工大多染上了赌博、抽大烟和漂游浪荡等恶习。抽大烟的灯火闪闪烁烁，经常遍布每个工棚，昼夜不息。大多数人一年苦到头，依然两手空空，孑然一身，这就是当时淘金者的真实生活状况。当地至今还流传着“淘金不富，只够养肚”，“厂上银钱厂上花，厂上银子不归家”的说法。

2．牵动矿区周边市镇的兴衰

矿厂聚集大量的人口，为满足矿工的衣食住行，各地商贾往来其间，矿区附近的市镇随之兴盛。王崧《矿厂采炼篇》记载“商贾负贩，百工众计，不远千里蜂屯蚁聚”，“其繁华亚于都会之区，其侈荡过于簪缨之地”，“远近来者数千人，得矿者十之八九，不数月而荒巅成市。”①现今以“锡都”著称的个旧市，在明代成化年间还是属于新置蒙自千户所辖区的一个偏僻山乡。清初康熙年间开始采矿，到乾隆年间个旧已成为一个繁华的市镇。金沙江淘金虽未成就“锡都”这般的市镇，但淘金业的发展直接牵动了矿区周边市镇的兴衰。位于永胜金沙江边的金江街就是一个典型的例子。

金江街位于永北镇以南的涛源乡西 2 千米，距永北镇 76 千米，处于河谷区，海拔 1 170 米。因为濒临金沙江畔，且涛源乡的国家机构、集体企业、集市贸易均在此地，故名金江街。②金江街是金沙江古渡之一，以古渡成集市，沿街聚落成线形；又是永胜出口红糖、棉花、黄金、西瓜子、花生等的主要集市，申、子、辰日集，1980

① （清）张弘：《滇南新语》，《小方壶斋舆地从钞》第 7 帙第 3 册，转引自中国人民大学清史研究所：《清代的矿业》（上册），北京：中华书局，1983 年，第 96-98 页。
② 永胜县人民政府编：《云南永胜县地名志》，内部资料，1989 年印刷，第 132 页。

年1月定为逢四、九日集，多至8 000人。[①]金江街，自唐宋始，即为南诏大理通州古津，明朝至1949年以前，先后在此设置过金沙江堡、金沙江巡检司、金江知事厅、金江汛、金江县佐、警察分局、糖捐局、区镇公所等机构进行统治。金江街最初形成于唐宋，民国以后因金江街一带淘金兴盛而随之繁盛起来，金江街也因盛产砂金而闻名。

金江街是永胜县涛源乡沿江一带唯一的商品集散地，也是金沙江上的一个渡口，是金沙江江北各县通往宾川、祥云等县和进入滇中的必经之道，两岸的居民和商贾往来进行商品贸易。金沙江金江街一带两岸的常住居民相对较少。据1989年的统计资料，整个金江村公社，16个自然村，7个村民委员会，共499户，2 764人。[②]加上对岸归大理市鹤庆县朵美一带的居民，常住人口估计不足 5 000人，往来于金江街进行商品贸易的人口应大大少于常住人口。但《永胜县志》统计，金江街人最多时达8 000人，金江街一带产砂金和产糖是带动金江街繁盛起来的原因。金江街对岸的朵美一带是滇西著名的糖产地，种甘蔗、做糖的均为当地常住居民，多数人都前往金江街交易甘蔗、糖和生活用品，但这个原因不足以使参与金江街贸易的人超过常住人口数。笔者认为在这一带聚集的数千淘金人口是使往来金江街进行贸易的人口剧增的最主要原因。

金江街一带砂金分布广泛，淘金者众多。金沙江流经永胜县215千米，经过8个区，21个乡，180个自然村，历史上都有人采金，其中金江街一带淘金最为兴盛。金江街的主要砂金产地，其实不在金江街其地，而分布在金江街周边几处：①大皱子，在金江街西15

① 云南省永胜县志编纂委员会：《永胜县志》，昆明：云南人民出版社，1989年，第57页。
② 永胜县人民政府编：《云南永胜县地名志》，内部资料，1989年印刷，第133页。

千米，金沙江北岸砂金层分布约 1 平方千米，砂金品位较高；②青草弯，在金江街西约 20 千米，含金梯级砾石层厚达 50 多米；③厚福洞，在下甘村北 5 千米之江东岸，高出江面 60～70 米；④土塘，在厚福洞北 5 千米。同时下甘村、大坪、黄洛崀、杨桥硐、红岩子、天子崖、茅坪子、沙弯、清水河等沿江两岸 30 千米范围内，均有砂金分布。[①]砂金分布密集，淘金者亦众多。据 1939 年资料，金江街一带人数多达 2 000 到 3 000 人，年产黄金 1 000 两左右。1958 年和 1972 年，曾两次在此建立国营黄金厂，采用传统的方式开采。1972 年以后，群众陆续恢复开采，每年收购黄金 385.4 两，1972 年到 1983 年的 12 年间，共收购黄金 1 426 两。1989 年前后，金江街一带群众仍在淘洗当年洪水冲来的富矿砂，枯水季节淘金人数多达 1 000 到 2 000 人，长年淘金者已极少。[②]两岸居民和距离江边较远的人都到这一带淘金，金江街附近就聚集了大量的人口。淘金者多数住在江边淘金点，数千名淘金人的吃穿用度物品就都要到金江街集市采买。民国年间土塘金矿雇工的工资为“二十八年份（1939 年）年底以前工资每日捶手新滇币一元，淘金五角，马尾三角，外供三餐，每街打牙祭（犒劳）一次。”[③]1940 年调查所记，土塘金矿两个张姓雇工是“每六天牙祭，是日每人给肉半斤”。此外，金江街还是附近的砂金市场，金江街一带的淘金者都到金江街上进行黄金交易。1940 年前后，每街的黄金交易量可达四五十两。到 1958 年，永胜银行还在金江街设置营业所，就地收购砂金。金江街成为聚集在这一带淘金

① 云南省永胜县志编纂委员会：《永胜县志》，昆明：云南人民出版社，1989 年，第 93 页。
② 云南省永胜县志编纂委员会：《永胜县志》，昆明：云南人民出版社，1989 年，第 254 页。
③ 曹立瀛、范金台：《云南迤西金沙江沿岸之沙金矿业简报》，转引自顾金龙、李培林主编：《云南近代矿业档案史料选编（1890—1928）》，云南省档案馆，云南省经济研究所内部发行，1987 年 4 月，第 588 页。

的数千淘金者进行商品交易的必来之地。20 世纪 90 年代以前，每到枯水季节就聚集众多淘金者，据老人们回忆，这一时期是金江街最为繁盛的时期。20 世纪 90 年代以后，金江街一带的淘金者慢慢减少，金江街也不似当年繁盛了。

淘金使大量的人口聚集在金沙江沿岸的各大砂金分布地，这些淘金者到附近的市镇进行生活物品和黄金交易，大量的人口聚集一地又引来各地商人往来其间买卖物品，因此，淘金点附近的市镇随之繁盛起来。等到一处黄金采尽，人走矿散，这些市镇也会随之冷清下来。

## 三、淘金引发的区域社会问题

淘金创造了社会财富，带动了人口流动，淘金之地的社会环境也发生了很大改变，但随之也产生了一些新的社会问题。金沙江淘金带来的区域社会问题在 20 世纪 80 年代以后逐渐显现出来，最大的原因即是黄金所带来的巨大利润。金沙江淘金所引发的社会问题，带来了很多不安定因素，主要表现在以下方面。

### 1. 淘金引发区域内社会治安问题

民国时期，金沙江沿岸淘金引发的矿区社会治安问题十分严重，带有很强的地方保护色彩。1940 年曹立瀛、范金台到金沙江沿岸调查时，滇康边境的木里金厂，位于木里土司辖境内。土司不准外人进入开采，当地人挖掘亦不能让土司知道。利民公司前往开采之时，就有大量的军队前往维持矿区治安。但到 1940 年 3 月，仍发生了民变，利民公司工程师赵朋遇害，导致工人四散，矿业停顿。1949 年以后，金沙江一带私人淘金者间亦不时因争淘金范围而发生争执。巨甸一带的淘金者讲述，当地人淘金之前都先由一位经验丰富的淘金者到各处试淘，然后选择淘金点。选好之后，就用石头或树桩等做标记，将选定区域围起来，当地淘金者称为“号塘子”[①]。一般来说，大家都遵守这个潜规则，但是受利益诱惑，不时出现违规者。一旦一个地方出现富砂层，含金率较高。部分淘金者就会窥视这个地方，有的大淘金户凭势力明抢，有的暗地里使坏，夜里去移动桩子扩大范围等。因而就会为争塘子而发生争执，甚至武斗。更有极端事例，淘金者中不乏外来采金者，淘金点附近的某些居民，眼红淘金者在区域内淘金所获的巨额利润，讹诈淘金者。据《生活新报》报道，2003 年丽江玉龙县金沙江沿线一带，就出现了专靠敲诈淘金者收“保护费”的村民，多是附近 20 来岁的无业游民，还导致这些村民和淘金者之间产生了严重冲突。

2. 砂金走私严重

新中国成立后，国家对黄金实行统一的管理，由中国人民银行统一收购黄金。但为利益所驱，金沙江流域淘金还是引来很多砂金走私者。笔者在巨甸调查中得知，20 世纪 70 年代末开始，淘金者所得的黄金很少交售到国家规定的交售点。黄金收购点一般离淘金点有一段距离，经常前往交售点不方便，还要搭上盘缠。积累后前往交易，存放又不安全；相反，收购黄金的商人每天都来岸边收购，方便快捷，价格又相差无几。20 世纪 80 年代以后，金沙江沿岸淘金者多数将采得的砂金卖给收购黄金的私人老板。1980 年后，就有来自宾川、巍山、大理、开远、鹤庆、永胜等县的投机商人在永胜一带金沙江进行走私活动。1983 年 9 月，永胜县就查获了私购砂金者 57 人，砂金 97.4 两，查获盗卖水银者 5 人，水银 6.68 斤，查获并取

① “号塘子”为丽江一带方言，“号”的意思为占、看。

缔熔炼砂金加工金饰加工点 3 个。[①]到 2005 年，金沙江兴起机械淘金热之时，仍存在私购砂金的走私者。据《生活新报》报道，丽江市玉龙县、宁蒗县境内的金沙江一带，有来自德宏、大理、文山等地的金老板，携带保镖收购砂金。这些走私黄金的私人老板，为谋取高利，往往将黄金转卖到境外，多是东南亚各国，造成我国黄金收购量逐年减少。

## 第二节　群体记忆：金沙江淘金与区域文化

淘金在金沙江滇西段的历史中扮演着重要的角色，淘金这一生产生活活动极大地丰富了区域文化。区域内产生了与淘金有关的地名、故事、传说、谚语、习惯、禁忌等，能否将其称为“淘金文化”有待探讨，但金沙江淘金丰富了这一区域的精神文化是无疑的。

### 一、金沙江流域淘金地名文化

冯骥才先生在其著作《地名的意义》中说：“地名是一个地域文化的载体，一种特定的文化象征，一种牵动乡土情怀的称谓。故而改名易名当慎，切勿轻率待之。无论是城名，还是街名，特别是在当今城改狂潮中，历史街区大片铲去，地名便成了一息尚存的历史。”[②]从命名法的角度来看，地名可分为描述性地名、记述性地名和寓托性地名三大类。地名都具有一定的含义，汉语地名更是义、音、形兼备，许多描述性的地名本身就在一定程度上反映了自然地理环境

① 云南省永胜县志编纂委员会：《永胜县志》，昆明：云南人民出版社，1989 年，第 400 页。
② 冯骥才：《地名的意义》，《人民日报》2001 年 11 月 13 日，第 12 版。

特征和社会历史事实。

20世纪80年代，依据云南省编写的地名志丛书来看，金沙江沿岸就有众多与淘金采金有关的地名。这些地名从其命名法的角度来看，记述性的地名居多，记述了金沙江沿岸的产金状况和淘金历史。这些地名有的还是民族语地名，表5-1中，“金核”为汉语地名，“寒史里”“哈止可洛”为纳西语地名，说明区域内不同民族民众都有以淘金为生者。笔者在调查中走访了部分村落，得知在民国年间这些采金地仍有淘金活动，将部分地名整理如表5-1所示，以供佐证。

**表5-1　金沙江沿岸与淘金相关地名表**

| 村名 | 所在地 | 村名起始（备注） |
| --- | --- | --- |
| 金核① | 香格里拉上江乡，位于乡东南方 | 因建村地有金矿而命名，汉族村落 |
| 寒史里② | 香格里拉金江镇，位于镇西北方 | 含义为淘黄金之地，历史上此地曾淘洗过砂金，遂名 |
| 哈止可洛 | 香格里拉金江镇，位于镇驻地西方 | 含义为淘金子的箐沟，历史上淘过砂金，故名 |
| 龙门水③ | 永胜板桥乡 | 相传从前皇帝需要大量黄金，当时这个地方人烟稀少，而此地水源充沛，又坐落在金沙江边，淘金有前途，可以不用江水，利用丰富的水源就地淘金，使皇帝能满意得得到黄金，故名“龙门水” |
| 金龙④ | 永胜太极乡 | 曾名卢家坪，以此地淘金沟及龙潭得名 |
| 小石洞 | 鹤庆龙开口镇 | 相传古时外籍人来此淘金，在金沙江边挖了若干小洞找金沙，得名小石洞 |
| 黄洛崀 | 鹤庆龙开口镇 | 相传明末清初，河南、四川一带灾民逃来此地淘金度日，得名黄落拦，后演变为黄洛崀 |

① 中甸县人民政府编：《云南省中甸县地名志》，内部资料，1986年印刷，第118页。

② 中甸县人民政府编：《云南省中甸县地名志》，内部资料，1986年印刷，第130页。“哈止可洛”条同。

③ 永胜县人民政府编：《云南省永胜县地名志》，内部资料，1989年印刷，第69页。

④ 永胜县人民政府编：《云南省永胜县地名志》，内部资料，1989年印刷，第102页。

金沙江一带部分村落地名的演变历程也真实反映了其地的产金史。回访这些记载有淘金历史的村落，仍可推断当时当地淘金的情形，如虎跳峡核桃园村、两家人村两个村名的演变。虎跳峡的纳西语名字是“阿昌过”，意为阿昌峡谷；现在的核桃园村本名“余化滩”，意为绵羊成群处；现在的两家人村，本名“吉排罗”，意为白水箐谷。历史上纳西先民曾在此居住淘金，故以纳西语命名村落。后来，外来淘金者来此淘金并定居下来，就改为以汉语称呼村名。去是对黄金的失望，来是对黄金的渴求。今天的核桃园村多数人的祖籍是四川，比如核桃园村夏姓的人家。淘金遗址至今还在，核桃园村的下方，中虎跳的悬崖断壁间，仍留有旧时的淘金台、淘金洞、淘金人住的“洞房”及石灶。据村里老人回忆，沿江分布的淘金洞都有洞主，或一户一洞，或几户一洞，或一户数洞。有的洞产金多就愈挖愈深并分出岔洞，有的洞含金量少就半途而废。无洞的还可向洞主租岔洞，所得金子的一部分用来缴租。金洞内十分黑暗，人进入洞时需要用口衔一盏油灯，背负麻袋，爬行进入，挖满一袋金沙，又爬着出来。如果遇到深洞塌陷，淘金人就会有去无回。背出的金沙在洞外的淘金台上进行淘洗，淘到最后不过捡到些许芝麻大小的金粒子，卖了还要上税，剩下的还不够糊口，后渐被荒废。[1]

金沙江沿岸众多与淘金相关的地名，不仅记录了金沙江沿岸的淘金史，也丰富了金沙江流域的地名文化，在这一区域内形成了独特的地名文化。

① 杨世光：《读不尽的金沙江》，《今日民族》2004年第3期。

## 二、淘金与群体记忆

群体记忆是社会心理学研究中一个特殊的领域，主要通过对民间口头相传的历史进行调查，进而对史料进行佐证与核实，以求达到解释历史事件真相的目的。金沙江流域各民族中流传着众多神话、传说、民间故事、歌谣、史诗、民间叙事诗、谚语、民间说唱等口头文学，记述了金沙江淘金的历史、金沙江产金的事实、区域内居民淘金的故事、淘金的艰辛，并用淘金来寓意人生，内容丰富、形式广泛。我们将在查阅文献和调查中收集到的，以淘金为内容的这些资料整理出来，看看以淘金为创作来源和主题的区域群体记忆。

1．“三代取金沙”的故事[①]

相传有一家祖孙三代居住在金沙江边。在离江边不远处有一块巨大的石头，石头上面有一个小凹槽。夏季水涨时，江水就把石头淹没了，石头上积满了泥沙；江水不断流过，到冬季，江水越变越小，只剩下一小滩沙子积在小凹槽里。祖孙三代每年定时到石头上去取沙子回来淘洗，得到了一小撮砂金，就这样代代相传。爷爷一代的时候，每年定时去取沙子回来淘洗。到父亲一代的时候，仍同样去取那一点点沙子回来淘洗。可到了孙子这一代，孙子想：要是将石头上的小凹槽凿大一点，就会有更多金子留在上面。于是，孙子就把石头上的凹槽凿大了，等到来年冬天，孙子满怀希望的到石

① 此故事系本人调查期间，一位从事丽江市玉龙县农机监管工作的和姓报告人所讲述，讲述用纳西语，笔者用汉语如实翻译，故事名字为笔者所起。极有意思的是，报告人在讲完故事后，还继续分析了这个孙子找不到砂金的原因。说道：金子是自然给予的，破坏了自然环境最后会导致一无所有。说明该区域的居民已经意识到人与自然的关系。调查期间还发现，在金沙江沿线纳西村落中还有众多类似的故事流传。

头上取金沙。可孙子发现小凹槽里什么都没有，从此孙子再也没有在石头上取到过砂金。

2．“龟背取金”的传说[①]

永胜金沙江太极村半岛的顶端，江滨有一片很宽阔很厚的沙滩，江心矗立着两座巨石，历年来随着江水的涨落隐现，这两座巨石被冲刷成特殊的形状，前面一个宛如渡江的巨龟，正仰着头望着咫尺天涯的对岸，后面一个像欲追随巨龟而去的仙人，卓然波中。传说龟背上那些被江水侵蚀而成的缝隙，在江水涨跌过程中，每年都会留下些许黄灿灿的金沙，每年端午节让善水的勇士游到江心去采集。后来，一个贪心人为了获得更多的金沙，偷偷地去把几个存金的缝隙凿大了，但事与愿违，金沙却一点也留不住了。现在，金沙虽然早已成了故事。可端午渡江登上龟背一展风采的习俗还是保留了下来，吸引并锻炼了一代又一代的勇士。

3．纳西民歌《水银会金沙》《金沙围青石》《金子掺铜镜》[②]

《水银会金沙》歌词译注“雪山六雪峰，高耸三峰山，积满白雪花；次高三个峰，绕满白云层。白云会白雪，云雪相会否？金江六支流，深水三条河，河床积金沙；浅水三条河，河底出水银，水银会金沙，金银相会呵！”

《金沙围青石》歌词译注“异地异乡的，我们小哥哪！石头自己滚，落到这地方，石灰窑中来，若烧成石灰，这个地方呀，村口立照壁，壁面抹石灰，也许闪白光，还不止此呀。青石滚呀滚，滚到这地方，大地金沙江，落入金江中，数钱沙金呀，若不围青石，马鹿回高山，我不回家乡，东方出月亮，月落在西山，未落西山前，

① 木平：《金沙江的故乡——太极》，《丽江日报》1995年12月22日，第4版。
② 和志武：《纳西族民歌译注》，昆明：云南人民出版社，1995年，第33页。

请先回答我。”

《金子掺铜镜》歌词译注“有情小妹的，对面黄土山，黄土藏黄金。我们小哥的，这边青沙坡，青沙藏红铜，红铜打圆镜，要打一块呀！金子掺红铜，请掺镜中来！有情小妹哟，金子若掺镜，我们小哥的，红铜虽不亮，金子掺铜镜，金子会闪光。”

4．其他

①摩梭人谚语：“金沙江水无声，水底却有金子；箐沟水震山响，水底只有石头。”②傈僳语谚语：“金子出自沙土里，幸福来自汗水里。”③汉族谚语：“淘金不富，只够养肚”；“厂上银钱厂上花，厂上银子不归家”；“穷走厂来饿当兵，背时倒灶淘砂金”④纳西族谚语：“高山产白银，大江出金沙”；“金江涌金沙，气力使不尽”[①]；“灿灿金沙水里藏，浩浩东流水不枯”[②]；“大江含金沙，流水无声息；溪水无金沙，响声震九地”[③]。

区域内与淘金相关的群体记忆数量众多、形式多样。笔者2007年在巨甸镇拉市坝调查时还得知，这一带淘金时还会唱起《淘金歌》，多是吟唱金沙江盛产黄金、黄金的价值、淘金的艰辛等内容的歌谣。据当地居民回忆，操作金床的淘金人，一边唱歌一边摇动金床，一曲唱毕，一床金塃正好摇洗完毕。但调查中未能找到会唱《淘金歌》的淘金者，甚是遗憾。此外，金沙江流域还有诸如“金沙姑娘”“金沙老人”等传说，都反映了与金沙江产金和淘洗金沙致富相关的主题。

东巴经书中还如实记述了纳西先民淘金的情景。《挽歌·买卖寿

① 郭大烈、郑卫东：《纳西族谚语——科空》，昆明：云南民族出版社，1999年，第6页。
② 郭大烈、郑卫东：《纳西族谚语——科空》，昆明：云南民族出版社，1999年，第19页。
③ 郭大烈、郑卫东：《纳西族谚语——科空》，昆明：云南民族出版社，1999年，第19页。

岁》[1]载："苏罗苏色哥，老了不觉老。砍下黄木盆，无量河上游，河边去淘金。身影水中照，又望见自己，颊毛白花花，才知自己老。苏罗苏色哥，样样他都有：金银装满匣，玉珠拿升量；牛羊关满圈，粮食堆满仓。鹰翅插腰间，建下八个庄。"[2]又"天族吾阿哥，又不淘沙金，倒翻黄木盆，扔在江堤上；掀翻竹槽床，抛到江岸边，丢完转回来。"[3]这一经书记述的是一个名叫"苏罗苏色哥"（有的东巴叫"天族吾阿哥"）的贵族靠淘金度日的生命历程。从上面的经文中不难推断，纳西先民很多以淘金为生，很多男性一生都靠淘金来维持家计，有的也因此致富，变成"金银装满匣"的贵人。

① 1934年，方国瑜先生曾从东巴和忠道先生获得原记录稿，可推断此经书的创作应在民国之前。
② 方国瑜：《纳西象形文字谱》，昆明：云南人民出版社，1981年，第541页。
③ 和志武：《东巴经典选译》，昆明：云南人民出版社，1994年，第244页。与方国瑜先生的翻译在文字上有所差异，但内容是相近的。

# 第六章 矿业开发与区域生态环境变迁

## 第一节　金沙江滇西段淘金的生态影响

环境是一个非常复杂的体系，“一般是按照环境的主体、环境的范围、环境的要素和人类对环境的利用或环境的功能进行分类。”①人类行为对于环境的影响是多种多样、复杂多变的，是一个量变到质变、单线到多线，最后引发环境变迁的过程。矿产是不可再生资源，储量有限，矿产资源大量开采，矿产储量不断减少，最终将走向耗竭。矿产资源的开采、冶炼和使用引发了一系列的自然环境变迁。矿产资源的开采过程中，露天开采造成大范围的地表破坏，地表生物随之受损；地下采掘引起地质构造破坏，地表塌陷；采矿产生的废水和尾矿排放造成环境污染；矿产冶炼和使用过程中，由于矿产大多是多种元素共生矿，所谓冶炼也就是把某种元素提取出来把矿石变成某种纯金属，不可避免的会把其他元素作为废料排放到环境中。传统工业生产资源利用率低，生产使用中又有大量的废料排放

① 《中国大百科全书·环境科学》，北京：中国大百科全书出版社，1983 年，第 154 页。

到环境中。云南黄金生产引发自然环境的变迁主要表现在以下方面：

## 一、黄金储量减少

云南地区是我国重要的黄金产地，黄金储量巨大，素有“有色金属王国”之称。云南全省已探明的金矿储量达61.75吨，保有金矿储量55.26吨，居全国第18位。随着地质勘探的进展，全省金矿预测资源量448.74吨，[①]总计金矿储量及资源量约607吨。到目前为止，已知矿床、矿化点近1 000处。从这些数据来看，云南黄金储量巨大，但经数千年开采，金矿资源萎缩也是不争的事实。

战国时云南地区已有黄金生产，西汉到宋代的文献中，只记云南盛产黄金，“金、银、铜、锡，在在有之”，以致有“金取于滇，不足不止；珠取于海，不罄不止”的说法。元明清时，云南地区的黄金产地不断增加，而黄金开采量难以完成朝廷额征金课。朝廷对云南所征金课增加，兵荒马乱是重要的原因，但云南可采黄金减少是其中最根本的因素。清代云南兴起开办矿产的高潮，众多矿洞或旋开旋停，或因“硐老山空”而废弃。清末到民国年间，因“硐老山空”而停办的矿厂数量更是极具攀升，说明黄金资源日益萎缩。[②]

东汉王充《论衡·验符篇》曰：“永昌郡中亦有金焉。纤靡大如黍粟，在水涯沙中，民采得日重五铢之金。”[③]按汉代二十四铢为一两，“民采得日重五铢之金”约为2钱。清代，刘崑《南中杂说》说“永平县采江金法，土人没水取泥沙以漉之，日可得一二分，形皆三

① 王声跃主编：《云南地理》，昆明：云南民族出版社，2002年，第156页。

② 上文谈及各时期云南黄金生产状况是都有提及，此略。

③（东汉）王充：《论衡•验符第五十九》，长沙：岳麓书社，2015年，第245页。

角，号曰狗头金。采土金之法，土人穴地取沙土以漉之，亦日得一二分，状如糠粃，号曰瓜子金”[①]，甚至时常出现“三四日不得分离”。清代云南进行淘金日所得仅东汉时期的十分之一二。到近代，从事人力淘金者逐渐消失，就是因为采金量减少，所得减少，淘金收益微薄，以前的淘金民众都纷纷另谋生路。

近代以来，云南黄金生产发生质的改变，运用机械开采冶炼黄金。在生产力提高，黄金产量急速增长的同时，云南黄金储量也在急剧减少。

## 二、黄金矿产地生态恶化

云南地处青藏高原及其边缘地带，地质构造复杂，山高沟深，地形破碎，极易造成滑坡、泥石流等大型地质灾害。矿产资源的开发，改变和破坏了地球表面和岩石圈的自然平衡，使地质环境不断改变和恶化。

水金开采都是采集几千年冲来的沉积金，沉积金分布有深有浅，有厚有薄，有多有少，浅的称草皮金，在地表面或草茬脚下，深的则埋藏在地皮下一二米至数十米的地方，其含金的沙色有红、黑、白、灰、黄等各色。因此，取沙淘金的方式也各不相同，有挖薄地的，有挖老坎的，也有挖深洞的，另外还有溜金沟、捞水沙等，但无一另外，都先要挖坑取沙。陕西有一地称金池，“在县东北八十里，金池，院中昔人淘金成池，故名”[②]。淘金成金池不足道哉！挖沙使大江沿岸挖出众多大大小小的洞穴，砂金淘洗之后的尾沙又堆积成

① 谢本书主编：《清代云南稿本史料》（上），上海：上海辞书出版社，2011年，第226页。
②《陕西通志》卷一一，见《四库全书·史部·地理类·郡会县郡之属》。

山，倒入现今的河道，水中含沙量增加，直接影响河流下游；这些淘金形成的洞穴和沙堆，致使河流改道，水流转向，又进一步危害两岸的耕地和山林。赵州双马槽金厂引发的矿区生态恶化是一个例，“自明开采淘金，至嘉靖年间，有金之日报纳金课，后沙金淘尽，淘金之人散去，所报州课，遗害州民……至今历二百余年，兼以充没民屯田地，厂虽封闭，害尤未息……水在中行，田列两旁，沙填河底，冲没田地……查双马槽一冲，水从此处发源，流灌州田地……今一开淘，则河沟淤阻，田地尽成沙洲，垅亩尽成荒壤。……又恐霖雨泛涨，淹没阖州，害深祸大，是以州之绅民，身被其害。”[1]

山金找矿和采矿的过程，极大地改变了当地的地质结构和地表覆盖。山金的开采，先是穴地而入，挖掘矿洞，深浅不定。矿洞的方向又随矿脉而变。因而矿洞在地表之下曲曲折折，变化无常。矿区的地表之下很多是空虚的，土层变得极为松弛，易出现泥石流、山体滑坡等地质灾害。

因故，刘崑《南中杂说》说淘金“取利甚微，而其害甚大。水金之害，江深而水驶，或造淹没，或遇水怪，则性命相殉。土金之害，则破民田，坏城郭，而硐丁卒未闻以金富也。”[2]谈及黄金开采之危害，何止此也。

自然环境是“环绕着人群的空间中可以直接、间接影响到人类生活、生产的一切自然形成的物质、能量的总体。构成自然环境的物质种类很多，主要有空气、水、植物、动物、土壤、岩石矿物、太阳辐射等”[3]。人类行为是引发环境变迁的头号杀手，金沙江流域

① 段金录、张锡禄：《大理历代名碑・种松碑》，昆明：云南民族出版社，2000 年，第 437 页。
② 谢本书主编：《清代云南稿本史料》（上），上海：上海辞书出版社，2011 年，第 226 页。
③《中国大百科全书・环境科学》，北京：中国大百科全书出版社，1983 年，第 499 页。

水土流失严重，人类砍伐森林、开采矿产资源、开荒种地等行为是最主要的诱因。淘金在金沙江流域有着上千年的历史，淘金引发自然环境最直接的变迁是黄金资源减少。民国以来云南地区兴起开矿热潮加之黄金开采加工设备的改进，黄金产量剧增，黄金资源储备随之减少。[①]淘金还导致区域内地质构造变化、地表形态改变、河道改道、水流中的生物资源减少，易出现地质灾害和自然灾害，威胁区域居民的生命和财产安全。

## 三、金沙江流域生态变迁

### 1．金沙江砂金矿点地理分布与环境变迁

金沙江砂金矿点分布地的地质构造十分脆弱，地质环境稳定性差，加大了人类行为对自然环境造成的破坏力。金沙江云南段是一个向南突出的弧形河流盆地，受断裂控制，最早形成于第三纪始新世末中新世初，是“北水南流，南水北流”的河谷盆地，因而金沙江区域砂金和岩金矿床（点）多受深断裂及派生的次级断裂的控制。断裂带发育，岩石松软破碎，地表松散、堆积物众多。外加河流网多沿构造薄弱带形成，而构造薄弱又常常是控岩、控矿构造的条件，因此金矿体往往形成在含金的河谷中。当河流与断裂走向趋向一致时，河流在前进过程中，遇到含金剪切破碎带增大侧向侵蚀产生曲流，金源就近补给，形成较为开阔的开、关门地貌，对砂金的成矿特别有利。[②]

---

① 淘金引发黄金资源储备的减少，上文已阐述，此略。

② 金沙江云南段砂金构造特征内容，参见黄仲权、史清琴：《金沙江流域（云南段）砂金成因类型及其找矿前景》，《云南地质》2001年第3期。

金沙江滇西段淘金矿点多分布在金沙江干流两岸的宽谷地带，冲积砂金埋藏较深，砂金富集于河床的底部。山金的开采点则分布在海拔高出江面的山脉中。金沙江两岸的地质分层基本上如图 6-1 所示，江底分布砂金矿床，干流两岸分布含金冲积层和旧河道形成的含金冲积层，部分河段两岸山脉中分布含金石英脉（山金）。

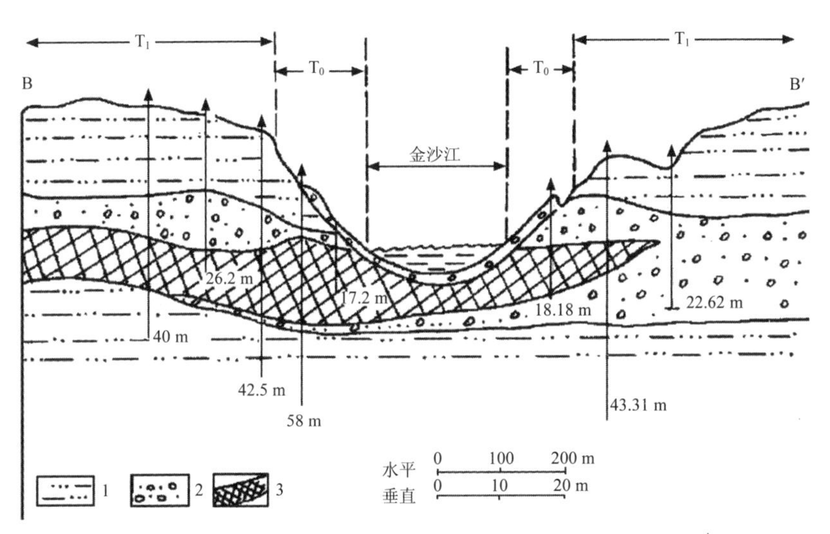


图示：1. 砂质黏土夹粉细砂层；2. 砂砾层；3. 砂金矿体；T 阶地分级；钻孔。

**图 6-1　金江街砂金矿床矿体地质剖面**

资料来源：黄仲权、史清琴：《金沙江流域（云南段）砂金成因类型及其找矿前景》，《云南地质》2001 年第 3 期。

水金淘洗，需挖掘处于现有河道底部和延伸至两岸山体腹部的砂金矿体，砂砾层和砂金矿体被挖掘，河道将下切，两岸山体被挖成中空状态。一般来说，在高山纵谷的金沙江流域，两岸的河滩、旧河道、阶地中的含金冲积层起到一个缓冲带的作用，缓冲两岸高山的坡度和两岸山体的稳定性。淘金过程中不断挖取两岸阶地冲积层中的砂砾层和砂金矿体，无疑使得本来构造就较为薄弱的山体基部进一步松动。而山金淘洗进一步推波助澜，深挖矿洞，有的矿洞往山体中绵延数十米，将山体挖成中空的状态，使得金沙江流域沿干流两岸的地质构造极度恶化。采矿民众“选山而劈凿之，谓之打嘈子，亦曰打硐，略入采煤之法，嘈硐口不甚宽广，必佝偻而入……其中气候极热，群裸而入，入深苦闷，掘风洞以疏之，做风箱以扇之，掘深出泉，穿税窦以泄之，有泉则矿盛，金水相生也。”[①]如民国时期位于永胜金沙江沿岸寡沟坪下的阳雀洞，洞子又大又深，洞宽五六尺[②]，高约七尺，洞内成了买卖市场，还有马帮出入，从中驮运矿砂，洞内缺少安全设备。后来因坍塌而酿成人畜财物全部损伤的重大事故，这个厂的遗迹，至今尚有残留。[③]取墝淘金的地方，地表的植被受到严重破坏不说，山体也遭受根本性的破坏。水金的开采，使得山体山基不稳，山金的开采使山体本身受损，雨季一来，塌方、山体滑坡等自然灾害随之而来。如永胜土塘一带，历史上曲折沉积的梯级地为含金沉积层，各层总高达三十六公尺[④]，再上即为高山。民国年间调查，永胜土塘之下坪村在梯阶地上，第一层高出江面约四五十公尺，第二层约十五公尺，村后为一峭壁，高约五六十尺，峭壁上为第三梯阶平地。第三梯阶上有一个大陷坑，俗称土塘，塘长约五百公尺，宽约二百公尺，深约三四十公尺，即采金的中心，是古代的采金遗迹，到民国时期，地层因采金挖空而陷落，

---

①（清）王崧：《矿厂采炼篇》，（清）吴其濬：《滇南矿厂图略》，卷上，清道光刻本。

② 1 尺≈0.33 米。

③ 李培、李樾：《永胜县黄金生产史》，《永胜文史资料选辑》（第三辑），内部资料，1991 年印刷，第 165 页。

④ 1 公尺=1 米。

逐渐改为露天采掘，到民国时期已形成一个大坑。[①]

民国年间，金沙江滇西段钻山洞淘金的矿点不在少数，如表 6-1 中所记中甸地区（今迪庆藏族自治州辖境）的状况。土塘金矿对自然环境变迁的影响只是一个普通的例子，区域内众多金矿采用钻山洞采金对整个金沙江流域的影响是巨大的。

**表 6-1　中甸矿产矿业调查表（1939 年）**

| 地点 | 矿质 | 开采情形 | 开办人及极旺时期 | 现状 |
|---|---|---|---|---|
| 老山红溜口 | 马牙金 | 钻山洞 | 光绪年间 | 荒 |
| 大塘口 | 冗金 | 钻山洞亦挖明塘 | | 现正开采 |
| 下河 | 瓜子金 | 挖明塘 | 光绪年间 | 现正开采 |
| 沿金沙江一带 | 冗金 | 淘洗 | | 现正开采 |
| 上麻康 | 马牙金 | 钻山洞 | 咸丰、同治年间 | 荒 |
| 下麻康 | 瓜子金 | 钻山洞亦挖明塘 | 清初丽江木氏开办，同治年间最旺 | 现正小规模开采 |
| 聚宝厂 | 瓜子金 | 钻洞 | 清初木氏开，清末最旺 | 现正开采 |
| 那贺厂 | 瓜子金 | 钻山洞亦挖明塘 | 光绪年间 | 荒 |
| 岩里 | 瓜子金 | 钻山洞亦挖明塘 | 光绪年间 | 荒 |
| 格咱 | 瓜子金 | 钻山洞亦挖明塘 | 清末民初 | 荒 |
| 拍怒 | 瓜子金 | 钻山洞亦挖明塘 | 清初木氏开，极旺 | 现由利民公司开采 |
| 铺上 | 瓜子金 | 钻洞 | | 荒 |
| 洛吉河 | 瓜子金 | 钻洞亦挖明塘 | 陈阳真、王万民办，光绪初年又旺 | 荒 |
| 天生桥 | 瓜子金 | 挖明塘 | 咸丰、同治年间 | 荒 |

资料来源：段绥滋等修：民国《中甸县志稿》中卷《矿业》，1939 年稿本。

① 曹立瀛、范金台：《云南迤西金沙江沿岸之沙金矿业简报》，转引自顾金龙、李培林主编：《云南近代矿业档案史料选编（1890—1928）》，云南省档案馆，云南省经济研究所内部发行，1987 年印刷，第 586 页。

地层内有含金矿床，含金率高且具有可开采价值，是选择淘金点最重要的客观条件，而采用重选法淘洗黄金的，选取临近河流的地方淘洗是淘金点应具备的最基本条件。金沙江滇西段淘金矿点原本即较多地分布在金沙江干流两岸的宽谷地带，冲积砂金埋藏较深，砂金富集于河床的底部。为了淘金方便，淘金点都要选择在近河流的地方，即使是山金的开采，淘洗金矿的金塘也要设在溪水、河流附近。临近溪畔河流两岸分布的淘金作业，加大了对水环境、水中的生物资源和山体破坏的可能性。传统的人力采金，先是挖洞取沙，后到水边进行淘洗。挖取“金塃”直接改变了地表环境；淘洗矿砂的过程又产生大量漂浮沙粒，加大了河流中的泥沙含量；抛弃的尾矿堆积在河道两岸的河滩之中，又改变了河道，对区域自然环境造成极大的影响。

淘金矿点分布在水流附近，淘洗过程产生的污水就将直接或间接的排放到河流中，直接影响区域内的水环境，同时对区域河流内的生物资源造成了伤害。20 世纪 80 年代以后使用淘金船在水上淘金，开采河道内的含金矿床，在河道两岸的河滩上或直接在河道上作业。整个淘金过程都在金沙江的水体上完成，循环往复地探底取沙和淘洗排沙，对金沙江流域水环境和水域内生物资源的影响就更大、更直接。

2．淘金流程与区域自然环境变迁

金沙江淘金涉及砂金淘洗和山金淘洗两种，1949 年以后，普遍使用“氰化法”进行山金开采，故其采金的过程不再称为淘金。机械化的砂金开采仍多采用“重选法”，故传统的人力淘洗和近代以来的机械淘金船采金，都被称为淘金。大体说来，淘金可分为钻洞挖明塘挖取“金塃”、淘洗“金塃”、尾矿处理、提取黄金四个基本的步骤。

金沙江滇西段的淘金者，提取黄金一般采用“以火熔之”和“混汞法”两种方法，“以火熔之”不同于铜矿的冶炼，无须太多的柴薪，“混汞法”除汞本身带有毒性，大量的使用会对淘金者的身体健康造成一定的危害外，一般危害不大。因此在淘金的四个基本步骤中，提取黄金对自然环境的影响极小，尚不至于造成区域环境变迁，而其他的三个步骤对自然环境的影响是相对明显而直接的。

（1）挖取“金墴”

金沙江沿岸淘金挖取“金墴”主要有钻洞和挖明塘[①]两种方法。钻洞所挖多为倾斜向下深入，在地下的矿洞曲折有变，深浅不一，矿洞时大时小。小的仅容矿工一人匍匐而入，大的可宽达数十米。

云南从开始黄金生产到民国有上千年的淘金历史，沉积于地表的、易于开采的黄金矿床，几乎已被挖掘殆尽。人类所发现并加以开采的矿床，离地表越来越远。故挖掘的矿洞也越来越深，从离地表一二十米到深至二三百米。如坐落在永胜金沙江小角郎村下的土塘厂，规模较大，全用挖深洞（俗称“监子”，旧时采矿人忌讳“洞”字）的方法采金，最深的深洞已达数百米，油灯几乎已无法照明，为了安全，洞内以松木搭架支撑，两侧用树枝挡塞。[②]

以曹立瀛、范金台《云南迤西金沙江沿岸之沙金矿业简报》所记民国年间开采的丽江白马厂金矿为实例，可以看出挖掘的具体情况。白马厂位于大具坝之对岸，过大具渡江略偏西行三千米就到白马厂，为当地军官史华司令等组织之公司，开有二硐，都是从旧日硐尖挖入。1940 年以前，甲硐尖原深二百九十步，自 1940 年 3 月 8

① 挖明塘，因所挖的塘子都在地表，看得见其大小、深浅，故名。

② 李培、李樾：《永胜县黄金生产史》，《永胜文史资料选辑》（第三辑），内部资料，1991 年印刷，第 165 页。

日挖起[①]，至5月8日又挖入七十步。按普通行走之步为0.75米计算，1940年3月8日以前深217.5米，到5月8日深为270米，两个月时间，矿洞挺进了50多米。而乙硐尖在甲硐尖东北方，两硐尖相距约一百二十米，位置较低，距现在江边亦较近，原有深度为一百七十步，约127.5米，自1940年4月2日挖起，至5月8日又挖入三十步，故全深二百步，约150米。到5月8号为止，尚未到理想的含金层，仍需继续挺进。硐道均为斜进，有时几乎成直立，上下要用梯子，硐尖的形式是上圆下方，上窄下宽，高约二公尺十公分（约2.1米），腰宽约八十五公分（约0.85米），底宽达一公尺又十公分（约1.1米）。试假设，所挖矿洞为大致等宽的方形，挖一个深100米，入口宽0.85米、高2米的矿洞，就要挖出近160立方米的泥土，这160立方米洞坑也成为中空状态。而淘金所挖矿洞并非如此规整的立方体，矿洞底宽远不止此数，如在永胜寡沟坪下的阳雀洞，洞子又大又深，洞宽五六尺，高约七尺，洞内成了买卖市场，还有马帮出入，驮运矿砂，洞内缺少安全设备。[②]为了保持空气流通，硐尖中还要另外开挖风洞。开凿矿硐致使地下出现大范围的空洞，易诱发地表坍塌。

淘金所挖硐尖深浅不一，直到挖到含金层为止。到达含金层后，挖出的矿砂即“金墭”由背夫搬运到河边进行淘洗。而之前挖硐尖时产生的不含金的沙土，为了节省人力物力，仅是堆到离矿洞不远的地方。成堆的矿砂堆积，破坏了矿洞附近的地表植被是其一，关键是这些矿砂堆积在地表，土质疏松，使矿区附近地表松散堆积物增加。遇雨水冲刷，加金沙江沿岸山脉海拔高、坡度大，随雨水冲

① 本段所引年份均为旧历。
② 李培、李樾：《永胜县黄金生产史》，《永胜文史资料选辑》（第三辑），内部资料，1991年印刷，第165页。

入河流中，就成为河流中的沙土悬浮物。

民国时期，金沙江沿岸金矿厂兴盛，数十个金矿厂分布在滇西各段上。“矿路既断，又觅他引，一处不获，又易他处，往来纷籍，莫知定方。是故一厂所在，而采者动有数十区，地之相去，近者数里，远者一二十里或数十里……”[①]矿区及矿区辐射区很广，因而矿区环境恶化所牵动的范围很广。金矿分布区，矿硐分布密度又极高，如白马厂之甲乙两个硐尖相距的直线距离仅有120米之遥，在方圆不大的区域内，同时存在两个深达数百米的空洞，矿洞中的支撑设备又极其简单，加之两岸高山的压力，引发山体塌方、矿难的概率大大增加。

挖明塘挖取“金垙”的，在旧河道的冲积层或今日河堤上直接开挖，有的直接从农田耕地上深挖。虽说是明塘，浅的数米，深的亦可达数十米，淘金地方的河床、旧河道因此遍布大大小小的坑洞。“明塘”含金矿砂采集完后，淘金者又另寻他地，留下千疮百孔的地表。河堤上挖明塘取沙后，河堤时常出现坍塌，雨水季来临，洪水就越过河堤，淹没耕地和村庄。笔者调查中得知，民国初年，位于丽江市玉龙县巨甸镇拉市坝附近河段河堤上有砂金，村民就地挖明塘淘取砂金，致使河堤坍塌、矿砂堆积，到雨季来临，江水上涨，两岸的耕地被淹没，并一度威胁岸边的村庄。1949年以后，在政府的组织下，当地居民经数代人的努力，修起了高近十米，宽约五米的防洪堤。

淘金船在河道内作业，一方面，淘金船挖取“金垙”深达河床底部近百米，将河床底部矿砂掏空堆积到地面上进行淘洗，滇西纵谷区内，山高峡深，峡谷地带地层和河床底部土层所承受的压力较大。淘金船挖取“金垙”的过程破坏了河床底部的地质构造，极易

---

①（清）王太岳：《论铜政利病状》，（清）吴其濬：《滇南矿厂图略》，转引自中国人民大学清史研究所编：《清代的矿业》（上册），北京：中华书局，1983年，第110页。

引发地质灾害。2005 年就因淘金造成山体松动塌陷，拉伯乡的一个村庄十几户村民集体搬迁。另一方面，由于主河道水流急，河床蕴藏的沙石资源相对偏少，河道两岸的资源相对丰富，而主河道河水较深，淘金船作业难度大，所以河水涨得越高，淘金船就越靠近岸边作业，破坏河岸的可能性就越大。有的地方砂金含量较高，还出现淘金业主用重金私自征地毁岸淘金的现象。危害河道的岸堤和两岸的土地，农田因岸堤崩塌而逐年缩小，并导致公路塌方、岸边房屋地基下陷等严重问题。

（2）淘洗“金塃”

金沙江滇西段淘洗“金塃”，人力淘金者多采用金床，将金床按一定的倾斜度安置在临江的地方，金床上半部安置有用竹片编制而成的“金斗”。挖掘出来的矿砂要先通过人工筛选，把较大颗粒矿石拣出弃之，山金矿石还要用锤子敲碎成极小的颗粒状，然后倒入“金斗”内淘洗。淘洗者站立在金床边，一只手用器皿将水舀入“金斗”内的矿砂上，另一只手不停摇动“金斗”。因黄金的比重较大，含金的细沙顺流而下落入金床下半部的横槽内，不含金的矿砂顺水冲出金床，流入水中。“金斗”内残留的颗粒较大的泥沙即尾矿，淘洗者顺手倒入金床靠江一侧。如此反复数次后，将金床横槽内含金粒细泥沙放入“金盆”中，由经验丰富的淘金工，将“金盆”端到江水流动较缓的地方，不停地在水中漂洗、抖动，洗去多余的“游沙”，慢慢就可见到“金盆”底部泥沙中细小的金砂颗粒。把金盆中的含金泥沙收集起来，用“混汞法”或“以火熔之”就可提取出泥沙中的砂金。从表面看，淘洗过程对自然环境并不能产生极大的影响，实则不然。砂金多存在于细沙层，从“金斗”中通过水流冲洗，经过金床流入江中的泥沙，均为极细之沙粒。进入江中，顺势就被水流带走，成为江中的泥沙悬浮物。

采用淘金船淘金，江水中更会产生很多的泥沙悬浮物。淘金船实际上是一台链锁式的挖掘机。在庞大的机体内设有淘洗结构，船尾及侧翼有将岩石、泥沙、废水排出的设施，一般在矿区的集水区内组建而成。船体进行挖掘作业的方式有：①沿着河流方向；②逆着河流方向；③在河道内和河道旁；④出主河道引水至富集区或在地下水丰富的地方挖出集水区。一旦开始作业，集水区事实上就成为泥浆坑，且随船体不断缓慢前行原来的集水区成为堆积岩石、泥浆的尾矿区，进行着“原集水区→尾矿区→新集水区”过程。[①]

淘金产生的废水中主要的污染物是悬浮物。废水中有 97%～98%的悬浮物是颗粒度在 0.1～250 微米的黏土粒子和泥沙，约有 2%～3%的悬浮物由颗粒度在 0.001～0.1 微米的黏土粒子组成且与水形成水溶胶，非常难处理。[②]淘金废水的具体污染情况如表 6-2、表 6-3 所示。

**表 6-2　某砂金矿区河流污染段与静水段水质生物学指标比较表**

| 指　标 | 净水段 | 污染段 |
| --- | --- | --- |
| 浮游植物生物量/（mg/L） | 2 | 0.6 |
| 浮游动物数量/（个/m³） | 7 600～7 800 | 10～20 |
| 浮游动物生物量/（mg/m³） | 85～90 | 1～2 |
| 底栖动物数量/（个/m²） | 1 426 | 27 |
| 底栖动物生物量/（g/m²） | 5.1 | — |
| 悬浮物/（mg/L） | 14～28 | 2 226～16 112 |

资料来源：贾生元、任文、赵桂凤：《砂金采矿对生态环境的影响及其防治对策》，《污染防治技术》1997 年第 3 期。

① 本段淘金船作业原理，参见贾生元、任文、赵桂凤：《砂金采矿对生态环境的影响及其防治对策》，《污染防治技术》1997 年第 3 期。
② 陈长兴、丁剑峰等：《砂金矿开采中的环境问题及控制》，《环境保护》1984 年第 3 期。

**表 6-3　某砂金矿采金废水水质及污染物总量（单船）**

| 项　目 | 浓度/（mg/L） | 日排总量/（kg/d） |
| --- | --- | --- |
| COD[①] | 216 | 989 |
| SS[②] | 5 084 | 22 294 |
| PH | 7.5～7.7 | — |
| 总固体 | 6 752 | 30 154 |
| AS（砷） | 0.030 | 0.128 |
| Cu（铜） | 0.12 | 0.345 |
| Pb（铅） | 0.167 | 0.448 |
| Zn（锌） | 0.113 | 0.391 |
| Cd（镉） | 0.010 | 0.029 |

资料来源：贾生元、任文、赵桂凤：《砂金采矿对生态环境的影响及其防治对策》，《污染防治技术》1997 年第 3 期。

人力淘金每天一张金床所能处理的“金塃”数量相对有限，产生的污水量看似极小。但民国年间，金沙江滇西段以淘金为生者众多，笔者所调查的丽江市玉龙县巨甸镇拉市坝，民国年间到 20 世纪 70 年代初期，全村家家都有淘金者，有的一家有数张“金床”，有的三五家合伙有一张。直到 20 世纪 70 年代以后，以淘金为生者才逐渐减少。据此估计，民国年间到 20 世纪 70 年代初，金沙江滇西段大概分布着数千张金床，其日处理的“金塃”量和产生的污水量是

---

① 所谓化学需氧量（COD），是在一定的条件下，采用一定的强氧化剂处理水样时，所消耗的氧化剂的量。它是表示水中还原性物质多少的一个指标。水中的还原性物质有各种有机物、亚硝酸盐、硫化物、亚铁盐等。但主要的是有机物。因此，化学需氧量（COD）又往往作为衡量水中有机物质含量多少的指标。化学需氧量越大，说明水体受有机物的污染越严重。

② SS就是悬浮固体，SS是英语（Suspended Solid）的缩写，即水质中的悬浮物。水质中悬浮物指水样通过孔径为 0.45 μm的滤膜截留在滤膜上并于 103～105℃烘干至恒重的固体物质，是衡量水体水质污染程度的重要指标之一，常用大写字母C表示水质中悬浮物含量，计量单位是mg/L。

惊人的。20 世纪 80 年代开始出现淘金船淘金，照表 6-3 的数据，一艘淘金船每天产生 3 吨多总固体。2005 年，仅从宁蒗县拉伯乡到玉龙县奉科乡一段 70 余千米的江面上采金船就多达 100 多艘，每天产生的污染物就达到 300 吨之多。

淘洗过程产生的污染物造成区域内自然环境的变迁，主要反映在以下方面：其一，采矿区内河流水质变化剧烈，人们仅凭肉眼都可以看到江水变得混浊不堪。笔者调查中得知，20 世纪六七十年代，金沙江的水还非常清澈，当地民众到江边劳作之时，无须带水，渴了可以直接在江中捧水来饮。到 20 世纪 80 年代中期以前，当地居民仍习惯到江边洗澡洗衣服，但已不能再饮用，需要另外引水源作为饮用水，干旱季节时有缺水。故而当地流传着“眼望滔滔金沙水，杯中没有泡茶水”的谚语。到 20 世纪 90 年代，部分河段的江水已经变得十分的混浊，枯水季节，有淘金船采金的河道内数千米都是泥水。淘金船作业的过程中还产生一些油污，漂浮在水面上，淘金船所到河道混浊不堪。

其二，矿区水中的悬浮物急剧增加，水流含沙量逐年增加，矿区下游河段泥沙堆积，河床增高。金沙江上游居民靠山吃山，数十年来的森林砍伐导致两岸的原始森林变成秃山头。森林砍伐是导致水土流失严重，流域沙流量猛增的首要原因，矿产资源的开发也是流沙产生原因之一。特别是淘金船采金的过程，从表 6-3 中的数据来看，一艘淘金船每天产生的污水中有 2 吨多的悬浮物。这些泥沙悬浮物随水冲流而下，遇到迂回河段，水流速度减慢，流沙沉积，形成大大小小的沙坝，河床随之上升，江水上涨之时，威胁沿岸的农田和村庄。长江流域带入东海的泥沙每年达 5 亿吨，相当于黄河的 1/3，等于尼罗河、亚马孙河、密西西比河三条大河的输沙总量。

水土流失的面积达 56.2 万平方千米，占流域总面积的 31.2%，其中中度和强度流失区占总流失面积的 52.1%。[①]金沙江是长江产生流沙较多的一个河段，近年来流域含沙量呈逐年增加的态势，直接威胁着长江中下游的生态状况。长江入海口流沙堆积，航道堵塞，需花费大量的人力物力清理泥沙。泥沙给长江生态带来的问题，引人深思。

其三，水域中的动植物数量随之减少甚至绝迹。金沙江“江鱼”的减少是一个显著的例子。往日的金沙江是“裁霞为衣云为带，金丝银线织渔网。朝披旭光浴红波，暮染夕辉鱼满舱”[②]的地方，金沙江边一直流传着的民歌唱到：“大河涨水沙浪沙，鱼在江中摆尾巴。哪天才得鱼下酒，哪天才得妹当家。水牛犁田翻浪花，哥在田中弄泥巴。哪天赶得牛上埂，哥开‘铁犁’妹当家。”[③]以前每年盛夏时节水位落到最低的时候，经常能见到四处游荡的江鱼和虾。调查中，据一位 20 世纪 70 年代末 80 年代初曾在金沙江龙蟠医院当医生达十年之久的李姓医生回忆，当时金沙江沿岸有不少人以打鱼为生，每天傍晚，到江中水流较缓的地方下“排勾”[④]，次日清晨就可以划着小皮船，下水收“排勾”，十有八九的勾上都有鱼儿上钩。他在金沙江边的十年里，几乎天天有江鱼吃，晚上打着手电到江边用鱼叉子叉鱼，也会有收获。近年来，金沙江生态恶化，江鱼逐年减少，有的河段甚至已经绝迹。“物以稀为贵”，江鱼的价格急剧攀升，2007 年的时候，一市斤江鱼的价格涨到近 80 元。

---

① 邓先瑞、邹尚辉：《长江文化生态》，武汉：湖北教育出版社，2004 年，第 141 页。

② 杨世光：《虎跳峡的传说》，《玉龙山》1980 年第 4 期。

③ 《金沙江边民歌》，《丽江日报》1995 年 8 月 18 日，第 4 版。

④ 所谓“排勾”，是金沙江沿岸渔民时常使用的工具，一根绳子分别固定在江的两岸，使之横在江面上。绳子上并排挂置很多的鱼钩，挂上鱼饵，钓江中鱼。

（3）尾矿处理与自然环境变迁

清代王培荀《淘金行》中有“竹筛筛沙沙成岭，点金不见愁眉颦”之句，淘洗成堆的“金塃”才能淘出极少量的黄金，其余均为尾矿。传统的人力淘金为了节省人力物力，直接将尾矿堆放在淘洗地附近，才成“沙成岭”状况。淘金者淘完一地的黄金之后，另寻新的矿点，为省时省力，绝不会将淘金的尾矿填到先前挖取“金塃”的洞坑中。因而，挖取“金塃”使地表出现大大小小的坑洞，尾矿又在地表上堆积成岭，人为改变了地表环境。

淘金的尾矿堆积在河道两边，使原来的宽敞河道变窄，改变原先河流的流向。雨季来临，水位上涨，河道排水不畅，洪水就会越过河堤威胁岸边耕地和人口聚居地。按 1940 年云南丽江裕丽公司的洗金记录来看，一号井洗 6 050 市斤的矿砂，才得金 44 市厘[1]，四号井矿砂含金率相对较高，洗 865 市斤的矿砂，得金 159 市厘（表 6-4）。

**表 6-4　云南丽江裕丽矿业公司洗金记录**

| 1940 年月日 | 一号井 | | 四号井 | |
|---|---|---|---|---|
| | 洗砂量/市斤 | 得金量/市厘 | 洗砂量/市斤 | 得金量/市厘 |
| 月　日 | 900 | 8 | — | — |
| 月 1 日 | 500 | 8 | 50 | 8 |
| 2 | 1 000 | 8 | 100 | 5 |
| 3 | 250 | 2.5 | 50 | 10 |
| 4 | 950 | 8 | 300 | 10 |
| 5 | 150 | 1 | 100 | 20 |
| 6 | 700 | 4 | 60 | 42 |

① 1 市斤=500 克，1 市厘=0.05 克。

| 1940年月日 | 一号井 | | 四号井 | |
|---|---|---|---|---|
| | 洗砂量/市斤 | 得金量/市厘 | 洗砂量/市斤 | 得金量/市厘 |
| 7 | 600 | 2.5 | 45 | 35 |
| 8 | — | — | 60 | 18 |
| 9 | — | — | 100 | 11 |
| 10 | 1 000 | 2 | — | — |
| 共计 | 6 050 | 44 | 865 | 159 |

资料来源：曹立瀛、范金台：《云南迤西金沙江沿岸之沙金矿业简报》，转引自顾金龙、李培林主编：《云南近代矿业档案史料选编（1890—1928）》，云南省档案馆，云南省经济研究所内部发行，1987年4月，第587页。

2005年，金沙江淘金热造成的河道堵塞和金沙江河道的改变是一个鲜明的例证。离拉伯乡约5千米的一段长约800米的金沙江河道，原本是一条直线，2003—2005年，淘金船在此处疯狂淘金后，河道变成了不规则的“S”形，最为严重的是，采金船制造的尾矿全都堆放在河道两侧，原本宽敞的河道被严重“瘦身”。离拉伯乡约30千米的村庄处，河道已完全被采金船挖起的沙石挤占。淘金船过度靠岸作业，把原先的河道挖出了几个大缺口，而新“开”的缺口旁边就住着三户村民。一旦雨季金沙江涨水，洪水排放不通，江水就会漫出河堤，淹到两岸的田地和村庄。

淘金的尾矿不仅堆放在江面上，江心也堆起一个个的沙堆，挖取“金塃”又在江底挖了一个个的深洞，使原本平静的江面，变成险滩暗流分布的江面。按淘金船作业原理，淘金船选定一个集水区进行作业，一旦实施挖掘，集水区就成为泥浆坑，且随船体不断缓慢前行原来的集水区就成为堆积岩石、泥浆的尾矿区，进行着“原集水区→尾矿区→新集水区”过程。金沙江滇西段除了部分河段有摆渡，历史上都没有航运，淘金产生的尾矿对金沙江航运并未产生影响。但是，一方面当地居民渡江、打鱼和游泳的危险性在增加，看似平稳的江面危机四伏。另一方面，江心堆积矿砂，河道堵塞，河流势必改变流向，流向两侧地势较低的地方，水流改变方向，又将再次威胁河流两岸的土地和村庄。

自然环境是由众多的环境因子构成的复杂系统，自然环境直接、间接的影响人类生产生活，人类的生产生活对自然环境变化也产生着直接或间接的作用。近年来，“人口—资源—环境”问题成为摆在人类面前的一大难题，促使人们开始采取行动积极地保护自然环境，包括国家参与环境管理，进行环境保护立法和执法，用各种措施治理和控制环境污染。自然环境的变迁不是在一朝一夕之间发生的，数十年数百年，自然环境因子从量的积累发展到质的改变，我们才能清晰地看到它的改变。自然界、人类社会及人类行为之间有着千丝万缕的联系，金沙江流域淘金产生的环境变迁也不只表现在上面几个方面，区域内地质构造改变、地表形态改变、河道改道、水流中的生物资源减少，随之引发地质灾害和自然灾害，威胁到区域居民的生命和财产安全。同一生态系统内的各因子是相互作用、相互影响的，淘金引发的环境变迁牵一发而动全身。

## 第二节　滇东北段矿业开发驱动下的区域环境变迁

滇东北在云南地貌中自成体系，生物物种也有其特殊性。其生态系统以山地为主，而对整个生态环境最有影响的是森林生态系统，其次是以高山草甸为主的草甸生态系统和以高原湖泊为代表的湿地生态系统。在清代，滇东北地区的物种发生显著变化，这种变化是由于过度开发所导致的，特别是清代中期以后的矿业经济与农业推进，对当地的森林生态环境及物种环境产生极大影响，并最终形成今天滇东北地区的环境格局。

## 一、地质环境复杂

云南山脉盘结，地形起伏，平地甚少，特别是滇东北地区，山高坡陡，地表垂直海拔高差较大。而滇东北地区复杂的地貌及脆弱的生态系统，在开矿及农业垦殖的双重压力下，越发暴露出来。从地质特点来说，滇东北地区属扬子准地台、滇黔川鄂地坳中的褶皱断束地带，地质构造复杂，山势陡峭，山地占总土地面积的 96%。属于以乌蒙山脉和五莲峰为骨架的中山山原峡谷地貌，地势东南部、西部和中部较高，北部和东北部较低，向金沙江和四川盆地倾斜，最高峰在乌蒙山西南段白龙塘附近，海拔 4 300 米，五莲峰南部的药山也高达 4 040 米[①]。地形复杂，山高坡陡，岭谷高差悬殊，斜坡物质稳定性差，岩性多为砂岩、叶岩、玄武岩、石灰岩和第四系松散堆积物，这些岩石极易风化，极易被流水侵蚀冲刷[②]。在这种地质环境下，一旦人类经济活动破坏山地生态环境在历史进程中形成的相对稳定状态，就会促使地质灾害发生，一旦地面覆盖物被破坏，土壤侵蚀便应运而生，并发展为滑坡、泥石流灾害。

此外，就耕地分布而言，滇东北地区坡耕地在总耕地面积中所占比例较大，据杨子生研究，目前该区坡耕地面积占总耕地面积的

① 《云南农业地理》编写组：《云南农业地理》，昆明：云南人民出版社，1981 年，第 303 页。
② 陈川、陈循谦：《滇东北山区生态环境恢复与重建探析》，《林业调查规划》2003 年第 4 期。

比重达 94.52%[①]，坡耕地在总耕地面积中居绝对优势。坡耕地是水土流失的主要源地，又是山区人民赖以生存的土地资源。山高坡陡、地质又复杂，并且耕地主要是坡耕地，这些因子势必影响着滇东北地区的生态平衡。而清中期以后矿业开采的进入，使当地的生态变得更加脆弱，加重了该地区的生态环境危急。

## 二、清初期以前的野生动植物资源

自然界中的植物、动物与微生物等生物元素之间，水、土、光、气、热等非生物因素之间，以及生物因素与非生物因素之间，都不是孤立存在着的，其间相互联系、相互制约、相互依赖。滇东北地区的生物因素与非生物因素在清代经历了极大的变化，引起这种变化的主要驱动力即为矿业开发与农业垦殖。

滇东北在地质时期森林茂密，生活着著名的“昭通剑齿象”。进入历史时期，森林仍然十分茂密，昭通威信一带农耕与狩猎兼行，区域内森林密布，气候温湿，有犀牛、貘等野生动物栖息。[②]与昭通、东川相邻的宣威，以采集业为主，也是森林茂密，伴生着大量的野牛、羊、马、鹿、麂子等。[③]到汉晋时期，昭通坝子上依旧气候温暖湿润，诸如龙池、千顷池等湖泊广布。此时的昭通许多地区，山高林茂，《华阳国志》中记载“南广郡”（范围包括今四川西南部与云南东北部交界地带），称“土地无稻田蚕桑，多蛇蛭虎狼”，[④]多有

① 杨子生：《滇东北山区坡耕地分类及基本特征》，《山地学报》1999 年第 2 期。
② 云南日报社新闻研究所编：《云南——可爱的地方》，昆明：云南人民出版社，1984 年，第 645 页。
③ 李保伦：《云南宣威县尖角洞新石器时代遗址调查》，《考古》1986 年第 1 期。
④（东晋）常璩：《华阳国志校补图注》卷四《南中志》，任乃强校注，上海：上海古籍出版社，2017 年，第 279 页。

动物繁多之生动描写，“时多猿，群聚鸣啸，于行人径次，声聒人耳”[①]。可见，汉魏晋时期，滇东北地区的森林繁茂、动物众多，受人类开发影响较小。

唐宋及以后的很长一段时期，滇东北地区依旧是地广人稀，人类开发力度小。《元和郡县志》中记载了洒渔河[②]上游：“穷年密雾，未尝睹日、月辉光。树木皆衣毛深厚，时时多木湿，昼夜沾洒，上无飞鸟，下绝走兽，唯夏月颇有蝮蛇，土人呼为漏天也。”[③]这其实就是森林覆盖率高，致使浓雾密布，动植物腐烂形成瘴气，导致上无飞鸟，下无走兽。当时昭鲁坝子呈现“青松白草”的自然景观，当地的土獠蛮多是“出入林麓，望之宛如猿猱。人死则以棺木盛之，置于千仞颠崖之上”，这正是昭通地区的悬棺，这些地方“山田薄少，刀耕火种”，“常以采荔枝贩茶叶为业”，[④]荔枝茶叶都是热带常绿植物。蓝勇认为，到唐宋时期，滇东北的森林覆盖率应该还在70%以上。[⑤]

元明时期，乌蒙、东川地区为少数民族土司所控制，中央控制较弱，经济开发也较缓慢，原始森林依旧十分茂密，乌蒙一带出产鹦鹉、筇竹、荔枝、桤木等，虎、猿出没普遍。东川一带则是“居多板屋”[⑥]，出产松子、麂子等。甚至与东川相连的曲靖地区，明代

①《太平御览》卷七九一《永昌郡传》，方国瑜主编：《云南史料丛刊》（第一卷），昆明：云南大学出版社，1998年，第190页。
② 洒鱼河，在恩安县西四十里，发源于马鞍山，汇昭通诸水，过大关，入金沙江。参见段木干主编：《中外地名大辞典》（六至七册），台中：人文出版社，1981年，第5412页。
③《元和郡县志》卷三二《剑南道》，文渊阁四库全书本。
④（元）李京：《云南志略·诸夷风俗·土獠蛮》，王叔武校注：《大理行记校注 云南志略辑校》，昆明：云南民族出版社，1986年，第94-95页。
⑤ 蓝勇：《历史时期西南经济开发与生态变迁》，昆明：云南教育出版，1992年，第42-43页。
⑥ 乾隆《东川府志》卷九《风俗》，清乾隆辛巳（1761年）刻本。

还有亚洲象出没。[①]

清初，滇东北地区人口有限、开发较少，生态环境保持很好，昭通、东川等地依旧是“其地万峰壁立，林木阴森，以为蚕丛鱼凫境界，于兹犹见。”[②]东川府据史料载“东川初辟之时，茀厥丰草”[③]，昭通镇雄州一带，“密竹大木，蝮蛇恶兽，青草寒风，人莫敢入。”[④]各个生态系统内部保持较好的良性循环。从雍正年间清政府对滇东北大规模的改土归流及之后矿业开发的兴起开始，滇东北进入高速发展时期。大量毁林烧炭以供冶炼和农业垦殖的迅速推进，改变了滇东北的地貌与物种生存环境，森林、土壤、气候、动植物以及农业生产的主体——粮食结构都在发生着改变，并在整个生态环境系统中互相影响，共同促成了清代滇东北地区生态系统的变迁。

矿业开采以及农业垦殖对当地的森林破坏十分严重，而这也影响着原本较为脆弱的生态系统，使大量动植物减少。同时，在农业垦殖的推进下，滇东北地区传统的多元农业生态系统逐渐趋于单一化。

## 三、清代以降森林消退与动植物生境变化

滇东北地区清代以前甚至是清初，森林覆盖率都是很高的，蓝勇认为，直到清代初期，滇东北的森林覆盖率和汉晋时还没有较大

---

①（清）徐炯：《使滇杂记·物产》，缪文远等编：《西南史地文献》（第 28 卷），兰州：兰州大学出版社，2003 年。

②（清）方桂：《环青楼记》，乾隆《东川府志》卷二〇《艺文》，清乾隆辛巳（1761 年）刻本。

③ 乾隆《东川府志》卷一八《物产》，清乾隆辛巳（1761 年）刻本。

④（清）贾琮：《开修阿路林新路碑记》，光绪《镇雄州志》卷六《艺文》，《中国地方志集成·云南府县志辑 8》，南京：凤凰出版社，2009 年，第 252 页。

差别，都能达到70%左右。[①]但是到了20世纪50年代，昭通地区的森林覆盖率只有12.8%，[②]之后一段时间这样的情况还在恶化。直到近些年当地推行退耕还林政策以来，情况才稍有好转。就小区域的生态系统角度而言，森林可以收集雨水，在地表形成一层腐叶层，像海绵一样吸收雨水，并常年持续不断地供给河流。当小流域失去森林时，土壤也失去了之前具有吸收雨水功能的腐叶层，导致雨水流失非常快，引起雨季的洪水和旱季的缺水。

1. *矿业开采及农业垦殖与森林衰退*

对于矿区及周边的森林资源造成破坏的因素主要来自两个方面：一是开矿及冶矿对木材的需求；二是人口增加后，扩大垦殖，与自然植被争夺土壤，大量砍伐森林。森林破坏造成滇东北地区各类生态系统平衡的失调，影响到各物种的生存环境。

开矿及冶矿本身对森林的破坏是十分严重的。在开矿之前，首先得找矿，找矿需要对矿山的植被进行清除，以寻找矿苗。人们将这种找矿行为比喻为给山“剃头”，在找矿的过程中经常是整只山都被扒了“皮”，所以经常是“有矿之山概无草木，开厂之处，例伐邻山，此又民之害也”[③]的情况。此外，矿业生产的各个环节都需要大量的木材，如用木材来支撑坑道，用柴火破石等，这些都对森林造成巨大破坏。

更为重要的是，冶炼矿石需要大量的木碳，根据杨煜达的研究，每炼100斤铜约需1 000斤木炭，在雍正四年（1721年）至晚清的

① 蓝勇：《历史时期西南经济开发与生态变迁》，昆明：云南教育出版社，1992年，第64-65页。

② 昭通地区地方志编纂委员会编纂：《昭通地区志》上卷《林业篇》，昆明：云南人民出版社，1997年，第476页。

③（清）倪蜕：《复当事论厂务疏》，《皇朝经世文编》卷五二，清道光刻本。

咸丰五年（1855 年）这 130 年间，因为铜业的需要，滇东北地区损失了 6 450 平方千米的森林，约占土地总面积的 21%。仅因铜矿开发就使滇东北地区的森林覆盖率下降了 20 个百分点。一直到咸丰六年（1856 年）因战乱的影响，滇东北的矿业开发才衰落下来，到了这时，森林覆盖率已大幅度下降。[①]

除了矿业开采对森林的大量破坏，周边地区的农业垦殖也在大量吞噬着森林资源。部分矿民为自保粮食而就近种植农作物，也加大了矿区的土地开垦力度。[②]开垦耕地首先要砍伐、焚尽地表植被，然后再进行整地，建构辅助的排灌设施，这样开出的农田才能长期使用。在相当长的时间内还必须清除野生的灌丛和杂草，直到农田中耕能有效控制杂草为止，才算固定农田建构完毕。“农作物与天然植被是互相竞争土地的，要推广农业生产就要铲除地面上的天然植被。人口增长后，就要增加耕地，垦殖的结果就会减少天然植被覆盖的面积。天然植被，如森林及草原，对生态环境有一定的保用，过量铲除后，就会导致生态恶化。”[③]这样一来，使得原生生系统基本丧失更新和自我恢复能力，意味着人为的建构农田生态系统，将会永久性的排除原生生态系统。[④]而早在鄂尔泰任云贵总督期间，其就多次上奏请示朝廷在东川等地丈量土地，招民开垦，将滇东北的大片高山草地和丛林开垦为农田，“至于抛荒土地，半属良田，通计开垦，不下数十万亩。臣现已置办耕牛，添造农器，拟于者海、

① 杨煜达：《清代中期（公元 1726—1855 年）滇东北的铜业开发与环境变迁》，《中国史研究》2004 年第 3 期。

② 杨伟兵：《云贵高原的土地利用与生态变迁（1659—1912）》，上海：上海人民出版社，2008 年，第 232 页。

③ ［美］赵冈：《中国历史上生态环境之变迁》，北京：中国环境科学出版社，1996 年，第 1 页。

④ 马国君：《清代至民国云贵高原的人类活动与生态环境变迁》，博士学位论文，昆明：云南大学，2009 年，第 52 页。

漫海等处盖房百余间，先垦田万余亩。明岁秋收，即可得粮二万石。除添放兵米外，用备修理，接济厂民，诸事可以调剂。”[①]大量的垦殖必然导致森林的大片消失，这不仅使原本山清水秀的自然风貌消退了，也危及着滇东北地区的生态系统，一些物种在人类的推进下逐渐收缩生存领地，甚至慢慢从滇东北地区消失了。

2．森林消退与野生动植物的减少

茂密的森林对区域小气候具有调节作用，森林植被的消失改变了滇东北地区的气候条件。嘉庆年间的《永善县志略》中记载当地以前的气候情况是："县治山高菁密，春秋之间时多雪霰，四季常有露雾小雨；夏月连阴；初冬唯沿金沙江岸一带，夏月酷热，有瘴，秋冬温暖无热，地势高仰者偏于寒。"到嘉庆年间，气候已经有所变化，原因是"现今居民生聚日繁，气候亦渐（变化）。"[②]据民国《昭通志稿》记载："昭境在初（土归）流之后，土旷人稀，林木丰茂，不乏甘流，雨水滋多。冬季雪霜最盛。"[③]但这种情况只是"就初开辟时言之也"。此后，昭通地区"移民渐多，人口顿增"，为获得更多粮食以求生存，人们"变林地为农场，追木材需用甚广"，于是"四处滥伐，遂使高山峻岭竟成濯濯。"[④]森林减少，缺少了调节气候的基础条件，于是，昭通地区出现"泉源稀少，雨阳不时"[⑤]之现象。更为严重的是，由于缺乏对水汽的调节，"每当夏秋之季，遇东南湿风一至，霪雨旬月不止，河川泛滥"，导致"秋成减收"，而这些都

① 中国第一历史档案馆选编，黄建明、曲木铁西整理：《清代皇帝御批彝事珍档》，成都：四川民族出版社，2000年，第71-72页。
② 嘉庆《永善县志略》卷一《气候》，1924年铅印本。
③ 民国《昭通志稿》卷一《气候》，1924年铅印本。
④ 民国《昭通志稿》卷一《气候》，1924年铅印本。
⑤ 民国《昭通志稿》卷一《气候》，1924年铅印本。

是“森林缺乏之所致”[①]。森林迅速消退，以至于到民国时期，造林成为滇东北地区重要的政府工作，“培养水源，调和气候，非由造林入手不为功。”甚至发出，“欲救昭通，必兴水利，欲兴水利，造林实为根本之要图也”[②]的感慨。

森林消退也直接影响区域内的动植物生存环境。雍正年间，东川府城后的灵壁山风景秀美，生态环境较好，山间“层峦迭嶂，林木蓊郁，野竹沿山，四时苍翠，俨若图绘。”而府城西北的米粮坝的凉山则是“多产野兽、杂木。”[③]府城西边一百五十里的小凉山也是“多野兽”[④]。清初人们对东川府周边的开发力度较小，当地的生态环境保存相对较好，东川府的巧家厅米粮坝堂狼山，在乾隆年间山上还“多毒草，行人十里外闻药气，盛夏飞鸟过之不能去。”[⑤]山上毒草较多，其实是大量动植物腐烂所散发气味形成的有毒气体，周琼认为是这是瘴气的一种，[⑥]而优越的地理环境是瘴气存在的基础，可见乾隆年间巧家厅米粮坝的生态环境较好。

清初，滇东北的许多地区经常群虎出没，动植物种类丰富，如东川府在康熙五十九年（1720 年）还有“虎入城”[⑦]的记载，在昭通府镇雄县，雍正四年（1726 年）冬，有“虎入土府大堂”的记载。但清中期以后，滇东北的生态环境发生了巨大变化，原本满山遍野的森林消退了，一些地区在开矿和农垦的推进下，出现濯濯童山的

① 民国《昭通志稿》卷一《气候》，1924 年铅印本。
② 民国《昭通志稿》附《今后注意之点・造林》，1924 年铅印本。
③ 乾隆《东川府志》卷四《山川附》，清乾隆辛巳（1761 年）刻本。
④ 乾隆《东川府志》卷四《山川附》，清乾隆辛巳（1761 年）刻本。
⑤ 乾隆《东川府志》卷四《山川附》，清乾隆辛巳（1761 年）刻本。
⑥ 周琼：《清代云南瘴气与生态变迁研究》，北京：中国社会科学出版社，2007 年。
⑦ 民国《新纂云南通志（二）》卷二〇《气象考三・物候》，昆明：云南人民出版社，2007 年，第 518 页。

局面。森林消失，许多动植物失去赖以生存的外部环境，野生动植物逐渐减少。昭通的永善县“旧为夷疆，处万山崎岖之中，人稀地广，荒僻特甚。……丛林众焉，有行数程而不见天日矣。由是虎豹依之为家室，盗窃缘之为巢穴，黄昏而野兽入城者有之，冲突而颠越行旅者有之”，但是到嘉庆年间，到永善为官的顾海描述当时所见情形，“今永之民，生聚日繁，取资日广，铜炉银厂需碳尤多。……十年后（1816年），吾见其有濯濯矣。”[①]虎豹等赖以生存的森林植被在农业垦殖及矿业开发过程中消失了，野生动物也就逐渐消退了。今天的昭通许多地方还有以虎命名的地名，如老虎坡、老虎洞、老虎山、老虎窝等，有一些地名则更是形象地反映了历史时期当地老虎等动物甚多的历史事实，如威信县的约伴沟[②]，就是因为老虎较多，所以经过这些地方时得结伴同行，而如今，这些地名只有其名而不具其实了。

除动物消退外，野生的植物也受影响较大。到民国时期，原东川府的巧家县野生林木几近砍伐殆尽，“惜地方人民多不勤远利，未能推广种植，致野生林木亦将有砍伐日尽之虞。”[③]除明清一直在进行的“皇木”采办对滇东北，特别是永善、绥江等地的野生林木有巨大破坏外，矿区周边的野生植被也在开矿及农垦中急剧减少。到民国时期，昭通大关、巧家等地区，已经是四处“濯濯童山”，民国《大关县志稿》记载：“惜乎山多田少，旷野萧条，加以承平日久，森

---

①（清）顾海：《劝种树说》，（清）查枢：《永善县志略》卷一《物产》，《昭通旧志汇编（三）》，昆明：云南人民出版社，2006 年。此段文字乃清廷官员顾海嘉庆十一年（1806年）到永善任官十年后（1816年），对当地森林植被遭受严重破坏的记载，有较高史料价值。

② 傅奠基、陈劲梅：《研究环境史变迁的重要史料——昭通动植物地名中的环境信息》，《昭通高等师范专科学校学报》2004 年第 3 期。

③ 民国《巧家县志稿（二）》卷六之三“农政”，《中国地方志集成·云南府县志辑 9》，南京：凤凰书社，上海：上海书店，成都：巴蜀书社，2009 年，第 279 页。

林砍伐殆尽而童山濯濯，蓄水无多，遇一干旱，则多栽插不上。”[①]，野生植被也难逃浩劫。东川府在清初，野生药材十分丰富，诸如“茯苓、茯神、黄精、玉竹、何首乌、五加皮、黄蘖、赤芍药、丹皮、谷精草、元参、苦参、菊花参”[②]等等，可谓种类齐全，但在之后的百年时间里，在开矿及农业开垦对森林的大量砍伐下，森林、植物之间互相依存的生态系统被严重破坏，许多珍贵的野生药用植物也就逐渐消失了。

## 四、生态变迁与环境灾害

当人们的索取严重超越环境负载能力并打乱其规律时，生态系统的平衡必遭破坏而形成危机，在森林锐减、土壤流失、水源枯竭、气候变更之下的各类灾害自然频频发生；其结果，轻者使社会经济遭受损失，粮食歉收，人民生产、生活受到影响，重者致田地荒芜，人口流徙死亡，最后引发社会动乱。这是人类破坏生态环境导致的恶劣后果，可称之为人类活动所导致的环境灾害。

森林等植被的破坏，不仅影响了滇东北地区的物种及农业生态系统的多样性，还直接作用于人类。最明显的标志就是水旱灾害的增多。从整体上看，云南自清代以来，自然灾害的频率明显增多，据统计，明代云南的各种灾害累计约 380 余次，清代则达 820 余次[③]。这与云南开发的整体趋势及生态剧变的大背景有关。从滇东北地区看，当地的灾害也明显增多。

① 民国《大关县志稿》卷三《形势》，《昭通旧志汇编》（五），昆明：云南人民出版社，2006 年，第 1318 页。

② 乾隆《东川府志》卷一八《物产》，清乾隆辛巳（1761 年）刻本。

③ 古永继：《云南历史上的自然灾害考析》，《农业考古》2004 年第 1 期。

1．水旱灾害不断、饥荒严重

植被对于某一地区的水旱灾害的防治具有十分重要的作用，植被覆盖率高，可以涵养水源，减少地表径流，遇大雨不致成水灾，遇干旱而不致成旱灾。然而，清代以来，滇东北地区由于对植被的大量砍伐、破坏，使许多地区，特别是矿区周边，森林植被急剧减少，而出现遍山皆无树木之局面，加重了滇东北地区的水旱灾害程度。

（1）水灾发生频率逐渐增加

从目前所见史料来看，清代滇东北地区的灾害中，大水灾的比重较大，破坏性也最强，发生大雨、暴雨的频率随时间推移而增加，雍正、乾隆初年，相对较少，但是进入嘉道以后，大雨、暴雨的频率、次数明显增多，特别是到光绪年间，更为严重。

从《新纂云南通志》中对灾异的记载来看，乾隆年间发生在东川地区的大水灾主要有两次，分别是“乾隆二年（1737年），东川大水，冲没木姑等处田。”[①]和“乾隆十八年（1753年），东川大水，冲没米粮坝田。”[②]木姑和米粮坝都是东川地区地势较为平坦的沿河农垦区。昭通地区在清初水灾较少，当然这可能与史料记载的缺陷有关。道光年间，东川及昭通的许多地方都出现了大水冲毁民田、民屋之记载，如“道光三年（1823年），五月，东川起蛟，淹没民居。”[③]同年三月，昭通永善地区，“山水陡发，冲塌兵民房屋，淹毙老妇六人，田禾间有被淹。”[④]同治年间，水灾导致的灾害程度也

① 民国《新纂云南通志（二）》卷一八《气象考一》，昆明：云南人民出版社，2007年，第480页。

② 民国《新纂云南通志（二）》卷一八《气象考一》，昆明：云南人民出版社，2007年，第480页。

③ 民国《新纂云南通志（二）》卷一八《气象考一》，昆明：云南人民出版社，2007年，第484页。

④ 云南省永善县人民政府编纂：《永善县志》，昆明：云南人民出版社，1995年，第77页。

加重，同治二年（1863 年）“夏四月，巧家雨雹大如卵、如拳、如块，内有鸡毛，损民房无数。”[①]同治十年（1871 年）夏，东川府连日大雨，大水将府城周边庄稼冲走，“平地水深数尺，淹至罗乌门外，经月始退”，是年“大饥，米粮骤涨数倍。”[②]同治十二年（1873 年）四月，“昭通雨雹，大如鸡卵，伤人畜、豆麦、鹊鸟。”[③]

进入光绪年间，东川、昭通的水灾更为频发，如光绪五年（1879 年）夏，东川“集义乡大水冲废官庄民田数百亩，漂居数十人。”[④]光绪七年（1881 年），东川会泽县属集义乡于六月初旬大雨如注，蛟水暴涨，冲荡民房田亩。[⑤]九年（1883 年），东川会泽地区“朔夜，以濯河出蛟，大水冲坏田禾数百亩。”[⑥]十三年（1887 年），昭通“冬初兼旬大雨，山水暴涨，又将各处堤埂冲塌，恩安气候较迟，正当收获，致将县属西乡之查带讯高家坝、龙山寨、高鲁桥等处，田禾概被淹没。”[⑦]十五年（1889 年），东川“八月大雨如注，山水陡发，该府小江庄，猴子破、鬼冲关等处，官租田亩困在山峡中，尽被沙石冲淹，计冲废官租田共 250 亩另 4 分 3 厘，实均不能再垦。”[⑧]十

① 民国《新纂云南通志（二）》卷一八《气象考一》，昆明：云南人民出版社，2007 年，第 472 页。

② 云南省水利水电勘测设计研究院编：《云南省历史洪旱灾害史料实录（1911 年〈清宣统三年〉以前）》，昆明：云南科技出版社，2008 年，第 265 页。

③ 民国《新纂云南通志（二）》卷一八《气象考一》，昆明：云南人民出版社，2007 年，第 472 页。

④ 云南省水利水电勘测设计研究院编：《云南省历史洪旱灾害史料实录（1911 年〈清宣统三年〉以前）》，昆明：云南科技出版社，2008 年，第 267 页。

⑤ 云南省水利水电勘测设计研究院编：《云南省历史洪旱灾害史料实录（1911 年〈清宣统三年〉以前）》，昆明：云南科技出版社，2008 年，第 267 页。

⑥ 云南省水利水电勘测设计研究院编：《云南省历史洪旱灾害史料实录（1911 年〈清宣统三年〉以前）》，昆明：云南科技出版社，2008 年，第 268 页。

⑦ 云南省地方志编纂委员会总编，云南省水利水电厅编：《云南省志》卷三八《水利志》，昆明：云南人民出版社，1998 年，第 183 页。

⑧《云南省志》卷三八《水利志》，昆明：云南人民出版社，1998 年，第 184 页。

七年（1891年），东川会泽地区，五月中旬至六月初旬“阴雨连绵，山水暴发，县属河堤被冲缺口，近河一带田地被淹，受灾较重。”[①]十八年（1892年），东川会泽县属聚义乡、宁靖等里，迭被水成灾，计被水灾田四顷十三亩余。[②]二十一年（1895年），昭通恩安县先旱后涝“河水涨发，后发甲等四村沿河田地被淹成灾。”[③]二十二年（1896年）四月二十八日午，昭通“忽大雨，雹雷电似风，有谓是日河中起蛟。”[④]二十五年（1899年）昭通，七月十三日至八月末大雨，谷禾俱不熟，恩安县则是，“入秋以来阴雨连绵，积水不消，西乡低洼各田禾均被淹没。”[⑤]三十一年（1905年）东川、会泽、寻甸，入秋以后，“淫雨不止，山水聚涨，丰乐里等村民田官庄田亩被冲没，沙石堆积不易垦，秋收无望。”三十三年（1907年）昭通恩安县，“母鹿寨河堤冲决，淹田3 800余亩。”[⑥]同年，鲁甸阴雨连绵，田禾被水成灾。三十四年（1908年）五月十九日，昭通连降大雨，冲决河堤，“居仁乡一带田禾尽被淹冲，并冲倒民房一百余户。”[⑦]同年五月，昭通“利济河大涨，平地水深数尺，西城外俱淹，冲去豆麦同上芷无

① 云南省水利水电勘测设计研究院编：《云南省历史洪旱灾害史料实录（1911年〈清宣统三年〉以前）》，昆明：云南科技出版社，2008年，第270页。
② 云南省水利水电勘测设计研究院编：《云南省历史洪旱灾害史料实录（1911年〈清宣统三年〉以前）》，昆明：云南科技出版社，2008年，第271页。
③ 云南省水利水电勘测设计研究院编：《云南省历史洪旱灾害史料实录（1911年〈清宣统三年〉以前）》，昆明：云南科技出版社，2008年，第303页。
④ 云南省水利水电勘测设计研究院编：《云南省历史洪旱灾害史料实录（1911年〈清宣统三年〉以前）》，昆明：云南科技出版社，2008年，第303页。
⑤ 云南省水利水电勘测设计研究院编：《云南省历史洪旱灾害史料实录（1911年〈清宣统三年〉以前）》，昆明：云南科技出版社，2008年，第304页。
⑥ 云南省水利水电勘测设计研究院编：《云南省历史洪旱灾害史料实录（1911年〈清宣统三年〉以前）》，昆明：云南科技出版社，2008年，第307页。
⑦ 云南省水利水电勘测设计研究院编：《云南省历史洪旱灾害史料实录（1911年〈清宣统三年〉以前）》，昆明：云南科技出版社，2008年，第308页。

数，坍塌房屋甚多。”[1]整个光绪年间，平均每两年就有一次水灾，部分年份多地皆发水灾。

宣统元年（1909年），昭通镇雄“五月连日大雨，河水泛溢，所属无眼洞等村被淹田地一千四百余亩，冲倒民房二十余间。”[2]昭通鲁甸“六月中旬雷雨连朝，山水暴涨，加以上游，恩安县，支河之水灌入厅境，淹没田禾数十里。”[3]五月十七、十八等日，昭通恩安县属大雨连绵，“所属东西南三乡，田禾多被淹没，悉成巨侵。”东川会泽“六月以来，连日大雨，河水泛涨，附近海坝各塘及迤里河丰乐里等处田亩均被淹没，并冲毁民房三十余户。”[4]从史料的分布情况来看，清初甚至到乾隆年间，滇东北地区的水灾相对较少，但进入道光年间以后，水灾频率明显加大。当然，在灾害史研究中，有这样的一种共识，即年代越往后，灾害史料记载越丰富，反之则越稀少。在滇东北的水灾史料分布上，应该也存在这种情况。但是，前后期反差如此之大，单用史料分布不均来解释就有点过于牵强了。而如果将水灾与生态环境变迁联系起来，这个问题就可以找到较为合理的解答。

水灾的频率增加，虽有气候的原因，但小区域水灾密集发生，森林植被遭到严重破坏应是其中一个十分关键的因素。树木的枝叶本可以涵养水源，林中地面的腐殖物质也可以减低地面径流的流速，

① 民国《新纂云南通志（二）》卷一八《气象考一》，昆明：云南人民出版社，2007年，第483页。

② 云南省水利水电勘测设计研究院编：《云南省历史洪旱灾害史料实录（1911年〈清宣统三年〉以前）》，昆明：云南科技出版社，2008年，第308页。

③ 云南省水利水电勘测设计研究院编：《云南省历史洪旱灾害史料实录（1911年〈清宣统三年〉以前）》，昆明：云南科技出版社，2008年，第308页。

④ 云南省水利水电勘测设计研究院编：《云南省历史洪旱灾害史料实录（1911年〈清宣统三年〉以前）》，昆明：云南科技出版社，2008年，第308页。

暴雨过后，雨水再缓慢地流入河川，保证河川的径流量相对稳定。[①]而相反，森林消失后，森林滞洪的功能散失，当暴雨来时，雨水立即倾泻而下，泛滥成灾。这也就是清中期后，滇东北地区水灾明显增多的一个重要原因。

（2）旱灾频发、饥荒横行

清中期以后，滇东北地区的旱灾明显也在增多，如乾隆三十四（1769 年）、三十五（1770 年）、四十一年（1776 年），由于大旱，“镇雄岁饥”[②]。原本很少有较大旱灾的昭通永善县，在光绪二十四、二十五年（1898 年、1899 年）发生严重干旱，致使“苞谷连种三、四次均被晒死，稻田 80%未栽上，雨后改地达 50%，江边河谷地区收成只二至六成。”[③]光绪二十六年（1900 年），永善县旱灾程度加重，旱灾发生“正值青黄不接，城中无升斗存粮，几至无从觅食。”而“稍有存粮之户，皆自深藏，场市偶到升米，互相争买，以至粮价愈涨，每一京斗，竟至千钱。”当地“各属饥民，纷纷请赈，不无匪类，趁机掳抢，人心惶惶，道路愁叹。”[④]旱灾严重程度至此，亦属少见。

相对于水灾，旱灾具有持续时间长、影响范围广的特点。旱灾的大量发生，导致饥荒不断。至道光年间，昭通地区的饥荒已十分严重，出现大量青壮年向外逃荒，民食草根的情况，“道光十四年（1834 年），昭通大饥，民多饥殍，壮者散四方，妇女掘食草根尽，

① ［美］赵冈等编著：《清代粮食亩产量研究》，北京：中国农业出版社，1995 年，第 146 页。

② 民国《新纂云南通志（二）》卷一九《气象考二》，昆明：云南人民出版社，2007 年，第 504 页。

③ 云南省水利水电勘测设计研究院编：《云南省历史洪旱灾害史料实录（1911 年〈清宣统三年〉以前）》，昆明：云南科技出版社，2008 年，第 308 页。

④ 云南省水利水电勘测设计研究院编：《云南省历史洪旱灾害史料实录（1911 年〈清宣统三年〉以前）》，昆明：云南科技出版社，2008 年，第 306 页。

取白泥为粮，名曰观音粉，死者不计其数。”[①]咸丰六年（1856年），又是“昭通大饥。”八年（1858年），“东川……岁大饥，饿殍盈途”。[②]同治元年（1862年）东川“岁大饥，难民剥树皮草根殆尽。”[③]光绪三年（1877年），东川会泽“岁旱，民大饥”，“米价腾贵，民食颇形拮据”。[④]十九年（1893年），昭通又发生大饥荒，“民觅观音粉食之。三楚会馆开粥厂，继以疫死者甚众，一匣辄装数人”。[⑤]晚清饥荒之惨烈实属少见。

2．泥石流灾害频发

滇东北地区在清代还有一个严重的生态问题那就是土地退化，土地退化的主要形式是水土流失。水土流失的因子有自然和人文两个方面。自然因子主要是气候、地形、地表组成物质和地面覆盖情况等；人文因子主要是不合理的社会经济活动，诸如滥伐森林等。由自然因子引起的水土流失过程缓慢，而由人为因子引起的水土流失则速度很快，在短期内能将千百年才形成的土壤流失殆尽。

滇东北地区有大量的石灰岩岩溶山地，这些地区的土壤容易分化，特别是在植被破坏后很容易出现水土流失。加上雨量大，降水集中，一旦破坏很难恢复。而清代中期以来滇东北地区的森林被大

① 民国《新纂云南通志（二）》卷一九《气象考二》，昆明：云南人民出版社，2007年，第534页。

② 民国《新纂云南通志（二）》卷一九《气象考二》，昆明：云南人民出版社，2007年，第535页。

③ 云南省水利水电勘测设计研究院编：《云南省历史洪旱灾害史料实录（1911年〈清宣统三年〉以前）》，昆明：云南科技出版社，2008年，第266页。

④ 民国《新纂云南通志（二）》卷一九《气象考二》，昆明：云南人民出版社，2007年，第504、532页。

⑤ 民国《新纂云南通志（二）》卷一九《气象考二》，昆明：云南人民出版社，2007年，第535页。

量破坏，森林植被不断减少，导致严重的水土流失，河流和水利设施严重淤塞，使河边、山脚和坝区的大量肥沃田地因被泥沙冲埋而荒芜。耕地逐渐陷入增长日少、抛荒日增的困境中，土地沙化，生产力下降，极大地制约和阻碍了滇东北地区农业经济的持续发展。这些都是滇东北地区生态系统发生显著改变的真实反映。也是今天滇东北地区成为云南全省乃至全国环境破坏、水土流失最严重地区之原因所在。

森林破坏，植被减少，滇东北地区破碎的地质土壤，一遇大雨即泥沙与土石皆下，清代中期以后，滇东北地区的泥石流灾害不断，并一直持续到今天。如今，滇东北地区，特别是东川地区，依旧是云南全省泥石流灾害最严重的地区，近些年在国家的综合治理下，情况才开始有所好转。

（1）泥沙毁坏农田

泥石流的泥沙来源主要是沿河坡耕地，坡耕地由于农业开发、植被减少，加之区域降水集中，成为泥石流暴发的集中区和泥沙的主要来源区。杨子生研究认为，“滇东北山区坡耕地年均土壤流失量约占本区全部土地土壤流失量的 90%。”[①]坡耕地开发导致的泥石流灾害不仅使其本身的土壤肥力下降，还危及下游地区及沿河区域的农田及农户安全。

泥石流的发生对沿河农田的破坏是十分严重的，特别是滇东北地区地势高差大，土质疏松，再加上人类活动对森林植被的破坏，地被不能涵养水源，一遇水灾，山上泥沙即随洪水奔腾而下，或者危及人民生命安全，或者泥沙淤积大量沿河农田，致使原本水利设施较好的田地，因大量沙石覆盖，失去耕种能力，导致农田流失，

① 杨子生：《滇东北山区坡耕地水土流失状况及其危害》，《山地学报》1999 年增刊第 17 卷。

进一步影响当地的农业生态系统。

永善县在乾隆八年（1743年），县所属火盆里、副官屯地方，“濒临大江，沿江一带，大山砂石兼生，土性松浮，易于坍卸，于本年七月初七、八、九等日，大雨连绵，山水泛涨，岩石被水浸梭，夹杂泥沙，将靠山沿江田地，逐段冲压。”[①]道光三十年（1850年）永善发生大雹灾，“平地水起，深有数尺，以故房舍坍塌，人民淹毙，牲畜溺死，地土冲坏，田成石磊，近百年来未有之奇灾也。”而“人民逃避他乡以求食者，不可胜数。”其第二甲的青龙乡附近河边原本田土肥美，乃一肥沃富饶之地，但道光末发生的水灾，冲下大量泥沙，使“傍沟之田成为石田，挨山之土成为石板，倚河之地成为石岩，稍平坦者，成为一片汪洋，正所谓土无所用，地不能耕也。”[②]泥沙淤积，田地完全失去耕种能力。

乾隆二十三年（1758年）东川府黑水河地区，“于本年五月内山土松坍，附近民田被水冲砂压约九十余亩，内一半壅积较厚，一半易于挑复。”农田一半被毁，而当时的官员对此次泥沙掩盖农田的原因已经有较为科学的阐述，“查该地本在半山中，凿田如梯，沙石间杂……山形陡峻，土石疏松，更遭大雨，以至山崩沟塌。”[③]土质疏松，加之山上的坡地大量被开垦为耕地，一遇大雨，泥石流灾害发生也就成了必然。

同治三年（1864年），东川碧谷坝因“历年水石冲积，田土不能

---

① 云南省水利水电勘测设计研究院编：《云南省历史洪旱灾害史料实录（1911年〈清宣统三年〉以前）》，昆明：云南科技出版社，2008年，第285页。

② 云南省水利水电勘测设计研究院编：《云南省历史洪旱灾害史料实录（1911年〈清宣统三年〉以前）》，昆明：云南科技出版社，2008年，第297页。

③ 云南省水利水电勘测设计研究院编：《云南省历史洪旱灾害史料实录（1911年〈清宣统三年〉以前）》，昆明：云南科技出版社，2008年，第242页。

开垦，奉文永免碧谷坝官庄租米三百一十五石，小江官庄租米三十四石。”[①]农田被毁，粮食收成自然受影响。

泥石流灾害的泥沙不仅淤积河道周边的田地，毁坏水源条件较好的农田，同时，对于山坡上的耕地而言，其危害也是极大的。山区坡耕地强烈的水土流失导致山地耕层越冲越薄，不少地方土层已冲刷殆尽，基岩裸露，演变成砂石地或石质荒坡地，使当地耕地适宜性受到很大影响和破坏，甚至难以再耕作。[②]

据杨子生的调查统计，昭通地区1956—1980年因水土流失平均每年毁坏农田约300平方千米；20世纪80年代初期年均水土流失冲毁农田1 530多平方千米；1982—1988年7年间共冲毁农田22 630多平方千米；年均毁田3 230多平方千米。经调查统计汇总，滇东北山区1979—1996年的18年间水土流失灾害共计冲毁耕地7 212 214平方千米，[③]年均冲毁耕地400 679平方千米，约占云南省年均灾毁耕地总面积的40%。可见水土流失灾害对耕地破坏之严重。

基于以上两个方面，泥石流灾害不仅影响山地本身的土壤状况，还对河道下游的沿河区域的农田造成巨大破坏，这样的破坏对有些地区是毁灭性的，一次大规模的泥石流灾害，可能使部分地区的农田完全丧失耕种能力。

泥石流灾害的频繁发生，直接作用于当地的粮食生产能力，导致粮食减产。主要表现在两个方面：一是影响坡耕地的耕种条件；二是使原本耕种条件较好的沿河农田粮食减产或完全失去粮食生产

① 云南省水利水电勘测设计研究院编：《云南省历史洪旱灾害史料实录（1911年〈清宣统三年〉以前）》，昆明：云南科技出版社，2008年，第263页。
② 杨子生：《滇东北山区坡耕地水土流失状况及其危害》，《山地学报》1999年增刊第17卷。
③ 杨子生：《滇东北山区水土流失“灾毁耕地”调查及其长远控制规划》，《山地学报》1999增刊第17卷。

能力。根据杨子生 20 世纪 90 年代末对昭通泥石流灾害对粮食生产的影响研究，昭通地区每年因水土流失所减少的土壤养分就使粮食减产 8.5 万吨，相当于该地区 1996 年粮食总产量 111.7 万吨的 7.61%。而对整个滇东北地区来说，因水土流失每年造成粮食减产量达 20 万～36 万吨，相当于全区 1996 年粮食总产量 183.6 万吨的 10%～20%。①

（2）泥石流灾害发生频次增加、程度加重

滇东北地区原本山川秀丽，泥石流灾害较少发生，清代以前昭通、东川地区很少有记述当地发生泥石流灾害的史料。但是进入清代以后，特别是清中后期，东川、昭通地区的泥石流灾害记载不断增多，灾害影响范围不断加大，程度不断加重。

从史料的记载来看，从清中期开始，滇东北地区的泥石流灾害暴发比较集中，灾害的程度逐渐加重。如乾隆十八年（1753 年），东川府巧家厅县城东南的白泥沟暴雨后发生滑坡型泥石流，掩埋农田一千多亩，死上百人。②光绪六年（1893 年），东川府巧家厅发生严重的山体滑坡事件，这次滑坡造成金沙江断流三日。史料载："巧家厅石膏地山崩，先于更静后，复吼声如雷，夜半从山顶劈开崩移。对岸四川界小田坝，平地成丘，压毙村民数十，金江断流，逆溢百余里，三日始行冲开，仍归故道。"③这次滑坡，是东川府历史上有名的灾害之一，滑下的山体，居然使金沙江完全断流。此次滑坡的痕迹，仍然存于当地，遗迹如今仍清晰可见。

① 杨子生：《滇东北山区坡耕地水土流失状况及其危害》，《山地学报》1999 年增刊第 17 卷。
② 云南省巧家县志编纂委员会编纂：《巧家县志》，昆明：云南人民出版社，1997 年，第 104 页。
③《东川府续志》卷一《祥异》，梁晓强校注：《东川府志 • 东川府续志》，昆明：云南人民出版社，2006 年，第 481 页。

光绪十九年（1893 年），又发生一次较大的山体滑坡事件，史料记载为："白昼斗然腾空而起，奔至距山八里之大村子而止"，山体"覆压民房百余间，压毙十七人，牲畜无数，堵塞村旁三汊河，水道不通，出外耕作之民，仅以身免。"大量泥沙致使"河被堵塞，河水亦泛滥成灾。"①二十五年（1899 年），东川巧家小寨河沟崩塌，截留成海。②山体滑坡与泥石流灾害虽有差别，但孕灾条件基本是相同的，即山体植被覆盖少、土质疏松、降水集中。滑坡灾害在一定条件下可转换为泥石流灾害。可以说，滑坡与泥石流灾害经常是相伴而生的。

泥石流灾害的发生、演变在不同时代，程度有所不同。清中期以后，不断有大规模的泥石流灾害事件发生；民国及 1949 年后，滇东北的许多地区的森林植被依旧没有得到恢复，加之环境破坏后恢复较难，从 20 世纪七八十年代开始，滇东北的东川地区，成为我国西南地区，乃至全国水土流失最严重的地区，也是泥石流灾害发生最集中的地区。东川的小江两岸是著名的"泥石流天然博物馆"，滑坡、泥石流类型齐全，形态多样，当地群众称为"座座山头走蛟龙，条条沟口吹喇叭"。河谷区土地沙石化严重，堪称我国南方土地荒漠化之典型。③小江流域历史上以盛产矿产而闻名，如今却因泥石流灾害而再次闻名。

为了尽量减少洪水泥沙的损害，沿河地区的人民只有不断加高

① 云南省水利水电勘测设计研究院编：《云南省历史洪旱灾害史料实录（1911 年〈清宣统三年〉以前）》，昆明：云南科技出版社，2008 年，第 272 页。

② 云南省巧家县志编纂委员会编纂：《巧家县志》，昆明：云南人民出版社，1997 年，第 104 页。

③ 陈循谦：《云南小江流域土地荒漠化及其防治对策》，《中国地质灾害与防治学报》1999 年第 4 期。

河堤，“巧家属境地宽远，内山外水，金江环绕，水性甚激，势甚奔腾，宽处两岸多属砂碛，狭处两岸多属陡岩，千里之遥，众流汇归而入川。其边水低洼处所沙聚水涌，概难培解成田，仅滨临高埠之区，乃能开种，然不尽受江水之济资，仍多仰泉源之灌溉，一遇夏秋多雨水涨，其迎流顶浪各处，辄被淹浸，甚至冲没，每至秋成失望”针对这样的情况，只有“沿边筑堤以作屏蔽……但受害各处亦皆修筑，名曰打埂……凡切近江岸，频遭水患之区，各自按田聚费，或用石块，或兴土方，务须培修高宽，堤埂修筑稳固，总期一劳永逸，足以备防御而安耕获。”[①]光绪年间，滇东北的一些地方开始对河道周边地区限制开发，以免引发泥石流灾害。光绪五年（1879 年）昭通老鸦岩石峡，“但建碑禁开山场，凡高山深谷，一律封禁，以免砂石冲下，淤塞河堤流。”[②]

水旱灾害及泥石流等灾害的发生，是滇东北地区生态环境发生改变的直接反映，而正如上文所述，滇东北地区的生态破坏是围绕矿业开发而产生的，开矿本身对森林植被的破坏，以及为解决因开矿而大量进入滇东北地区的人口所需的粮食，而进行大规模的土地开垦与农业的垦殖，不合理的开垦模式导致滇东北地区在开发资源的同时，严重破坏了当地的生态环境，导致滇东北地区的生物多样性遭到破坏，农业系统的多元化也受到影响。而更为严重的是，由于生态环境的破坏，滇东北地区的水旱灾害不断增多，饥荒更加严重。生态破坏的恶果还一直持续到现当代，其对滇东北地区的经济社会发展产生极大的负面影响。

---

① 云南省水利水电勘测设计研究院编：《云南省历史洪旱灾害史料实录（1911 年〈清宣统三年〉以前）》，昆明：云南科技出版社，2008 年，第 298 页。

② 云南省水利水电勘测设计研究院编：《云南省历史洪旱灾害史料实录（1911 年〈清宣统三年〉以前）》，昆明：云南科技出版社，2008 年，第 297 页。

基于这样的背景，人们应从历史的灾难中吸取教训，借鉴前人经验，在经济开发中，将治理环境污染、维护生态平衡、保护野生动物放在重要位置，将生态效益与社会效益结合起来，合理开发和利用自然资源，才能尽量减少各类灾害的发生，并将其危害控制和降到最低限度，避免重蹈历史覆辙。值得欣慰的是，滇东北地区的生态环境在退耕还林政策指导下，逐渐开始好转。

# 结 语

金沙江流域因其复杂的气候和特殊的地理环境，呈现出地形多样、气候复杂、物产丰富、河流众多的自然环境分布格局，并造就了民族众多、宗教多元的人文环境特征，是一个集边疆安全、生态安全、多民族族际经济文化交流的整体性多功能富集区。环境史研究的本质是探讨人与环境的关系，涵盖人类对环境的认知、人与自然关系的定位、人类生产生活活动与环境的相互作用等方方面面的问题，是一门极具人文关怀的社会科学学科。本书以明清以来的金沙江矿业开发为切入点，选取金沙江滇西段和滇东北段两个空间区域，考察不同历史时期的矿业开发与区域环境的互动，即地方政权的势力扩张、移民垦殖、粮食供应、人口格局乃至区域文化与区域环境的互动，去探寻区域生态变迁的内驱力和影响机制，呼应环境史研究之本质与内涵。

## 一、征服·共生：文明进程中的生态观

1962 年，蕾切尔·卡森的《寂静的春天》“犹如旷野中的一声

呐喊”，描述出鸟儿消失、植物枯萎、鱼类死亡、农药危害等人类避而不谈却是真实的世界，开启了“现代环境运动”，越来越多的人开始关注人类以外的自然，发现环境问题揭开的是人类社会发展进程中的一道道伤疤，自然因由人类社会的发展走向“自然的终结”“自然的死亡”“地球的危机”，而问题似乎出在人类社会为了满足自身的生存、发展需要不断去“征服”自然，人类征服欲望还在不断地延伸，从征服自然到征服另一个社会、另一种文化，一发不可收拾，无限制的征服带来的，是情况越来越糟，自然环境越来越糟糕，人类社会也只呈现着“竭泽而渔”式的发展。在“征服”欲下，毫无疑问，人类处于整个生态系统的中心，甚至，人类和自然生态系统被视作两个相互独立的系统，这样的生态观几乎占据了此前人类社会发展的绝大部分时间，直至人类生产力水平不断提高的工业社会彻底激化了这个问题，使人类开始反思过去的生态观念。

我们在金沙江滇西段的矿产开发中看到，明清两季木氏土司打着守疆固边的名义，怀着攫取“他者”自然资源的私心去开疆拓土，无疑是去征服一片陌生的自然区域，征服另一个社会、另一种文化；农民农闲间隙去淘洗砂金，也是征服自然维持其生存。说到征服，其实是一把“双刃剑”，往好了说，就是人类社会的经营开发，木氏土司在金沙江流域的金矿开采，达到了维护边疆稳定、边疆社会发展的目的。因掠夺攫取资源，木氏土司将其势力范围涉足藏区，在新的征服区建立健全了基层社会组织，使原本械斗、纷争不断的边疆地区维持了一段时间的稳定。并推行移民实边，从腹里地区迁徙人口到荒无人烟之地，经营开发山区半山区，矿区形成新的人口聚居区，很多矿区今天仍是金沙江沿线主要的人口分布局、经济发展区。对于征服者——木氏土司、矿主、淘金者而言，金矿开采创造了社会财富和经济价值，这无疑也是征服型资源开发产生的基本驱动力和直接收益。同时，金矿开采促进文化的交流、交往、交融，矿产开发带来人口的流动和迁徙。木氏土司采取的移民实边是规模较大、影响较大的一种途径，“三江口”俄亚大村就是因为金矿而发展壮大的，矿产开发的人口流动，也改变了地区的人口分布和民族分布。金沙江流域山陡谷深、地形险要，极大地阻碍了民族之间的交往，可通达性差，同一个南北走向的河谷与其他河谷地带的联系很少，“矿利”驱动却可最大限度地克服这些不利因素，促进人口、文化的区域性流动。征服也带来了不好的一面，而这种恶果在区域的自然生态系统上呈现得最为明显。人类为了一己私欲，无限制地攫取目力所及、足力可达、双手可取的一切自然资源，使自然生态环境遭受巨大变迁。一地的资源不能满足己欲，“硐老山空”便弃而不用，继续征服下一个目标。

人类的征服欲是无止境的，而自然生态系统却在维持着自身的能量守恒，一旦突破自然的临界值，便会遭受自然的反噬。金沙江流域历经历史时期的持续开发，引发一系列的水土流失、自然灾害便是一个个鲜活的例证，也唯有遭受反噬，人类感受到切肤之痛，才会发出旷野中那声呐喊，才会反观自身。人类社会就是经历了漫长的人口迁徙、经济交往、族际争端、资源共享、文化交流，才能明晰自身在地球历史中的“生态位”，一步步走向自然，走向和谐共生的生态观念——生态文明。

## 二、矿区生态链与景观生态研究

对于滇东北地区的矿业开发所导致的生态破坏，传统史学基本都认为开矿对矿区及周围森林造成极大破坏，而清代滇东北铜矿产量居全国之首，消耗了大量木炭，森林的急剧减少引发了严重的灾害，东川至今仍是泥石流重灾区，本书中也阐述了这样的逻辑关系，即开矿—森林破坏—水土流失—环境灾害。然而，德国学者金兰中通过利用地理信息系统设计植被变迁模型，计算不同矿区森林破坏的面积，得出的结论却与传统史学观点有所不同，认为矿业确实严重地破坏了森林面积，但却不是森林消失的唯一原因，滇东北森林消失的原因是多元的，与农业垦殖及商业、柴薪需求等也有密切关系。[①]笔者在写作过程中也认识到此问题，故而并非讨论滇东北地区矿业开采与环境变迁之间的直接对应关系，而是将矿业开发作为影响滇东北环境变迁的一个重要驱动因子，对矿业开发过程中所形成的人口移民以及之后的农业垦殖进行研究，这对全面把握滇东北地区的生态环境变革更为重要。而通过这种区域内的环境变迁驱动核心要素的对比，可以发现东川与昭通有比较大的差异，东川府受矿业开采的直接影响大于昭通府，但昭通府在人口大量进入、农业种植区域与规模都有极大改变后环境也发生极大改变。因此，对金沙江滇东北段的矿业与环境变迁问题讨论也就需要对具体问题深入分析，不可模糊区域内部之间的差异。

矿业、农业与人口交织推动，互为因果，共同推动了滇东北地

① [德] 金兰中：《清中期东川矿业及森林消耗的地理模型分析（1700—1850）》，周琼译，《云南社会科学》2017 年第 2 期。

区的经济、社会以及生态环境发展、变迁。滇东北地区由于地理环境的限制，并不是传统意义上的粮食主产区。区域内虽水田有限，但稻米生产基本能维持本地民食。清康熙二十年（1681 年）以后，特别是雍正改土归流后，当地的农业垦殖速度加快；此外，该区域的矿业开发也进入黄金时期，人口大量涌入致使当地的粮食供给十分紧张。从乾隆元年（1736 年）以后的米价数据看，东川府的米价波动与矿业开发关系密切。矿业兴盛时米价也相应高昂；矿业走向低迷，米价则持续下滑，矿业开发是影响并主导东川府米价波动的主要因素。昭通府的米价则不同，其米价虽相对较高，波动却十分平稳。米价高主要是由于人口集中的城镇区（包括人口集中的矿业区）对稻米有刚性需求，而交通不便，将稻米需求量大的地区米价抬升；其米价波动平稳，仓储虽然有一定作用，但由于本地产米有限，仓储中稻米有限，故而仓储对当地稻米价格的作用也是有限的。在影响当地米价平稳的因素中，荞麦、玉米、马铃薯等杂粮种植对稻米市场的平衡作用十分关键。

清初期及之前的更长的历史时期里，滇东北地区的生态环境较好，野生动植物种类繁多。长期以来，该区域也是内地所谓的“蛮夷”之地，保存着狩猎与农牧并存的农业生产和生活方式。在内地移民进入后，滇东北地区的农业多元系统被打破，作物种植种类也逐渐向高产的作物转变，一些农作物的种植面积逐渐缩小，甚至是退出农业生产领域。野生动植物逐渐减少或是消退。虽然本书在精确考量滇东北农作物演变过程上仍有不足，但不可否认清代以后美洲高产作物的普遍种植及其对当地粮食结构调整的影响。美洲作物的广泛种植，不可避免地出现作物栽培的单一化趋势。斯科特（James. C. Scott）在《逃避统治的艺术：东南亚高地的无政府主义历史》（*The Art of Not Being Governed：An Anarchist History of Upland Southeast Asia*）中认为玉米、马铃薯等美洲作物具有“逃避作物”性质，它们为更多的人群逃避国家管控创造了条件[①]。这种说法是否适用于云南地区虽仍有很大争议，但确实存在因美洲高产作物的种植，使得大量内地移民向山区深处推进的史实。作物的强适应性与相对高产，使移民群体的生存空间不断拓展，生存区域的地理海拔也不断被突破。森林、本土植物逐渐被美洲作物取代。在学界，对于作物单一化的负面影响一直有持续性的关注，诸如生态学、环境科学乃至环境史学者一直在探讨这方面的问题，正如斯科特所言：“没有空闲土地的单一作物栽培比分散和混合的耕作更缺少环境恢复性（resilient）。它们更容易受作物疾病的影响；在作物歉收的时候，它们更缺少环境的缓冲；它们更容易导致专性虫害（obligate pests）的增加。”[②]因粮食作物种植结构的变化而形成的生态环境变革，成为清中期以后滇东北区域演变要素中的重要内容。当因粮食种植、矿业开采等原因引起的山地环境发生根本变化后，当地将出现新的生态连锁效应：水旱灾害频次越来越多，范围越来越广；土壤侵蚀、地质灾害随之发生，诸如滑坡、泥石流的灾害频繁发生。灾害的发生又影响着农业的生产与粮食的产量，再次形成新的生态链。

生态变迁的外在呈现就是景观的变化。景观分自然景观与人文景观，前述森林植被与农业种植皆可视为自然景观；而人文景观则主要指随着人群进入该区域而人为营造的地域文化景观，诸如基于

① ［美］詹姆士·斯科特：《逃避统治的艺术：东南亚高地的无政府主义历史》，王晓毅译，北京：生活·读书·新知三联书店，2016年。

② ［美］詹姆士·斯科特：《逃避统治的艺术：东南亚高地的无政府主义历史》，王晓毅译，北京：生活·读书·新知三联书店，2016年，第112页。

自然环境背景的东川十景的塑造等。从景观营造与族群关系角度再来认知滇东北的特殊地位，目前已有学者进行了尝试。黄菲的《重塑边疆景观：十八世纪的东川》（*Reshaping the Frontier landscape: Dongchuan in 18th Century Southwest China*）从王朝、地方、土著、移民等多个面向，展现在西南边疆的不同新旧人群互动下，交织而成的边疆景观塑造的历史过程，将汉人精英与矿业开发移民进入后，当地景观的再造过程逐渐揭开，但更多关注的是人文景观的塑造过程，诸如青龙山真武祠与山泉溶洞的龙潭祭祀景观营造，文昌宫的构建所反映的空间争夺等。这种地方景观（人文景观）是多种力量博弈的结果，是文人精英遵循着特定艺文体裁，在不同族群互动及与本地景观的交叠中形成的。虽然人文景观作为考察边疆地区在中央控制与地方文化调和与互动上给了一个极佳的观察视角，但是，作为地表景观的重要组成部分，自然地貌景观的变化以及所折射的生态变化过程，以及在自然景观变化过程中的人群生态，也是考察区域整体史的重要部分。或一定程度上说，揭示这种因生态要素变化而导致的地表景观变化，才是从根本上认知一个区域环境变迁轨迹的核心所在。

在地表景观变化因素中，人类改造作用于环境所导致的自然灾害又在很大程度上改变着周边的地表景观。以泥石流灾害为例，虽然自然因素（包括降水、地表破碎程度及坡度等）是灾害形成的背景，但人类作用于自然导致其生态系统完全改变也是这种地质灾害形成的重要原因。泥石流是一种对人类和人类居住环境有严重危害的山地地质灾害，从灾害生态学的角度看，灾害也是一种景观塑造过程。金沙江南岸支流的小江流域是中国目前泥石流最典型的地区，由于两岸岩层结构松散、植被稀疏，极易形成大规模巨大泥石流。每到洪水季节，泥石流来势凶猛，大大小小的石头被淤泥夹带着，伴随着粗粗细细的残枝断根形成巨大的“河流”，景象令人震撼。龙头山以下90千米范围内共有泥石流沟51条，其中以蒋家沟最为著名，蒋家沟泥石流流域内岩层破碎、地形陡峻、植被稀疏，灾害形式多样。通过对这种自然灾害塑造的地表景观的长时段研究，可以帮助我们更全面地把握区域环境变化的驱动因素及后果。

目前将灾害与景观概念放在一起研究的，有美国学者对灾害与灾害事件与人文景观的塑造研究。从景观入手，探究美国社会对于灾难的态度和认知。[①]泥石流等自然灾害对地表自然景观的塑造，目前还有诸多拓展空间。景观史研究在英国开始得较早，20世纪50年代霍斯金斯从长时段视角梳理了英格兰景观形成与演变的历史过程。一直以来，国内历史地理学也有研究景观的传统，但是在地理学的景观概念中，景观主要是指地表的覆被，包括自然覆被和人为覆被。自然覆被的变化研究是历史自然地理的研究内容，不以景观概之，而是具体研究地理要素与人类活动之间的互动关系；而人为覆被则主要指人工建筑，包括城市、水利工程、大型防御工程（如长城等）等，主要是历史人文地理的研究内容，也较少以景观来统合历史时期的人为覆被构建。对景观、生态问题的研究，目前已经形成了比较成熟的学科：景观生态学。景观生态学概念是德国地理学者特罗尔提出的，1968年特罗尔将景观生态学定义为对某一地域上生物群落与环境的、综合的、因果关系的研究。美国学者温科（A.P.Vink）认为景观生态学是景观研究的一种方法，景观是维持自

① ［美］肯尼斯·福特：《灰色大地——美国灾难与灾害景观》，唐勇译，成都：四川大学出版社，2016年。

然生态系统和文化生态系统的；景观生态学研究生物圈、人类圈和地球表层或非生物组成之间的相互关系。[①]而在史学研究领域，国内的历史地理以及环境史对景观生态学的相关研究方法、路径及成果的关注明显是不够的。在地理学景观概念基础上，我们也吸纳了生态学的景观内涵，即景观不仅仅只是地表覆被，还是区域生态系统的某一特定时刻的稳定形式，将景观生态学介入历史时期特定区域的环境变迁研究，是当前环境史研究的最新尝试，这种尝试将景观视为地表生态系统，从整个生态系统与地表景观的形成角度认知区域人与自然的互动关系。

当前景观史与环境史已经有交叉，虽然二者有区别，但环境史研究仍有诸多可以借鉴景观史之处。高岱认为景观史与环境史在研究对象上有相同之处，即人类活动与客观存在的联系问题，但二者研究的重心与落脚点还是有所不同的，景观史更多关注的是人类活动与山川地貌之间的联系，这些“山川地貌”基本上是在地理学的研究范围内，而环境史研究所关注的“环境”已超出地理学的范围，涉及诸如气象学、生态学等更多学科。[②]此外更为重要的是，环境史研究在理论与路径上有着先天的缺陷，即不自觉地进入古今环境对比的套路之中，由此而延伸出此前环境史研究中已经被学者们认识到并逐步摈弃的“破坏论”。而景观史的研究更多只是关注不同历史时期景观的变化过程，这个变化过程本身没有好坏之分，都是不同历史时期人地关系的一个面相。笔者在对滇东北地区的环境变迁研究中，以矿业开发为导线，进而分析当地矿业移民、农业种植

① 郭晋平主编：《景观生态学》，北京：中国林业出版社，2016 年，第 7 页。
② 高岱：《威廉·霍斯金斯与景观史研究》，[英] W.G.霍斯金斯：《英格兰景观的形成》（中译本序），梅雪芹、刘梦霏译，北京：商务印书馆，2018 年。

与生态环境变迁之间的关系，其本质上是希望揭示长时段区域生态演变的内在驱动力及其后果。这种综合性的考察，特别适合从景观角度展开，然而，限于能力与时间，书中未能得到系统呈现，加之本文乃硕士毕业论文基础上进行的修改，虽已做出改动，但限于当时学识与认知，对许多问题的把握不到位，而在此提出关于未来之研究设想，也只能留待他日。不过，笔者相信，从景观角度系统审视区域社会经济发展、生态环境变迁必是未来环境史研究的重要方向。

# 后　记

本书主体内容为两位作者的硕士毕业论文，虽已有不少修改，但如今看起来仍较为稚嫩。修改有时远比重新写作更为费劲，书稿在原稿基础上有一些调整，部分章节有新添加，除此之外，基本保留了硕士论文原貌。如此处理，虽有不完善乃至错误之处，但也算对当年能力水平的真实呈现。不足之处，敬请读者批评指正。

本册专著的出版，首先感谢云南大学西南环境史研究所周琼教授对论文的指导，为出版我们这一系列的丛书，在出版经费极为紧张的情况下，周老师还是争取将大家所取得的一点成绩公之于众，其间之不易与困难自不待言。其次，感谢环境科学出版社编辑李雪欣老师，为完成丛书出版，李老师多次督促修改，并亲自到昆明就稿件的修订进行商讨。修改稿提交后，又对稿件框架结构给出调整建议，并仔细校对全文，避免了书稿中的不少错误。此外，云南大学西南环境史研究所王彤博士生在稿件收集，与出版社沟通修订上费时颇多，在此一并感谢。

耿金

2019 年 8 月 22 日

"中国区域环境变迁研究丛书"已出版图书书目

1. 林人共生：彝族森林文化及变迁
2. 清代黄河"志桩"水位记录与数据应用研究
3. 陕北黄土高原的环境（1644—1949年）
4. 矿业·经济·生态：历史时期金沙江云南段环境变迁研究